알기 쉬운

현대대수학

조용욱 지음

KM 경문사

머리말

수학은 수(數, numbers)를 다루고 연구하는 학문이다. 영어의 algebra는 al-jabr라는 아라비아어에서 유래하였으며, 이는 방정식(方程式)의 계산을 뜻한다. 우리가 사용하는 대수학(代數學)은 중국어로, 숫자를 대신하여 문자 또는 기호를 써서 나타내는 학문으로서 중국의 가장 오래된 책《구장산술》제8장 방정식 이론인 방정(方程)에서 유래를 찾아볼 수 있다.

정수, 유리수, 실수, 복소수체계의 특성을 바탕으로, 대수학은 공이 아닌 집합 상에서 이항연산의 법칙을 다루는 추상적인 수학적 체계를 의미한다.

어쨌든 방정식을 계산하는 것이 이 분야의 출발점이었으나, 지금까지의 대수학은 그것에 그치지 않고 여러 가지 부류의 대수학 및 응용수학 분야로 세분화되고 발전하였으며, 과학 및 수학계 전반의 기초 역할을 하고 있다. 따라서 수학은 모든 과학의 여왕이며, 대수학은 모든 수학의 여왕이라고 일컬어지고 있다.

요즘 21세기가 도래함에 따라 전산학의 발전과 정보화 및 인터넷의 발달로 시대가 변천하고 있으며, 교육 및 강의도 e-러닝 수업 및 사이버 수업으로 진행하는 경우가 점차 많아지고 있다. On Line 및 Off Line 수업을 권장한다.

정수론과 선형대수학을 수강한 학부생들이나 대학원생들이 대수학의 기초지식을 터득하기에 적합하도록 이 책을 저술하였다. 이 책의 구조는 현대대수학의 기본이 되는 군론, 환론, 체론 및 갈루아 이론으로 구성되어 있다.

제1장에는 명제, 집합 및 함수의 개념을 다루고, 제2장에서는 군의 기본개념, 군의 성질, 부분군, 순환군, 잉여류의 개념, 정규부분군, 군 준동형사상, 군 동형사상 등을 공부하고, 제3장은 군의 작용, 실로우(Sylow)정리를 취급한다.

제4장에서는 추상대수학에 필요한 환론을 바탕으로 환, 이데알, 환준 동형 사상, 환 동형 사상, 소이데알, 극대이데알, 정역과 분수체, 다항식 환에 관한 이론을 공부한다.

제5장과 제6장에서는 체론 및 갈루아 이론을 다루었다. 특히 제5장에서는 확대체, 단순확대체, 대수적 확대체, 분해체, 분리확대체, 정규확대체, 유한체를 취급하고, 제6장에서는 갈루아 군, 갈루아 확대체, 갈루아 이론의 기본정리를 다

루었다.

끝으로 이 책의 마지막 부분에는 독자들의 이해를 돕기 위하여 각 절의 선정된 연습문제 해답을 수록하였다. 부족하지만 이 교재를 통해 독자들이 대수학에 대한 이해의 폭을 넓히고 이를 모든 학문분야에 응용할 수 있는 계기가 되기를 바라고, 또한 독자로부터 많은 충고와 조언을 통하여 앞으로 계속 수정 및 보안을 약속드린다.

2015. 8.
저자

차례

CHAPTER1

기초사항

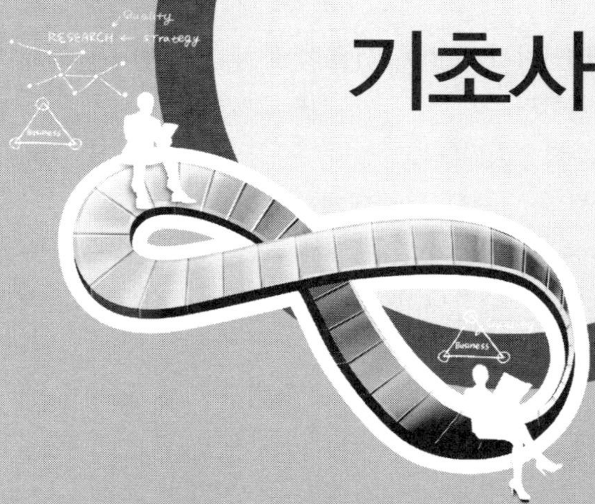

SECTION
1.1 명제, 집합

이 절에서는 **명제**와 **집합**의 기본개념을 익히고, 기본성질을 공부하여 현대대수학에 필요한 지식을 습득하고, 모든 수학 분야에 적용함을 목표로 한다.

정의 **참**(true: T)인지 **거짓**(false: F)인지가 분명한 서술적 문장을 **명제**(statement)라 하고, 보통 p, q, r, $\cdots$로 표현한다.

예를 들어, "나는 현대대수학을 공부하고 있다"는 참인 명제이고, "나는 부자다"는 거짓명제이다. 한 개씩의 명제를 **단순명제**라고 한다.

주어진 명제 p, q에 대하여, p **가 아니다**(not p)는 $\sim p$로 나타내고, 합성명제 p **그리고** q(p and q)는 $p \wedge q$로 나타내고, p **또는** q(p or q)는 $p \vee q$로 표시한다. ■

조건문과 쌍 조건문을 다음과 같이 소개한다.

> 두 명제 p, q에 대하여, p**이면,** q**이다**(p implies q 혹은 if p, then q)를 **조건문**이라고 하며, $p \rightarrow q$로 표시한다.

다음은 조건문 $p \rightarrow q$에 대한 보충설명이다.

> p는 q이기 위한 **충분조건**(sufficient condition)이라고 한다. 또는 q는 p이기 위한 **필요조건**(necessary condition)이라고도 한다.
>
> $p \rightarrow q$가 항상 참인 경우에 이 조건문을 $p \Rightarrow q$로 표시한다.

두 명제 p, q에 대하여 p이면 q이고 q이면 p일 때, 즉 $p \rightarrow q$인 동시에 $q \rightarrow p$일 때, 이를 **쌍 조건문**이라고 하며 $p \leftrightarrow q$로 표시한다.

다음은 쌍 조건문 $p \leftrightarrow q$에 대한 보충설명이다.

p는 q이기 위한 **필요충분조건**(necessary and sufficient condition), 혹은 q는 p이기 위한 **필요충분조건**, 혹은 p와 q는 서로 **필요충분조건**이라 한다.
$p \leftrightarrow q$가 항상 참인 경우에 이 쌍 조건문을 $p \Leftrightarrow q$로 표시하고, 이때 p와 q는 **동치** 혹은 **동등**(equivalent)이다라고 한다.

직관적으로 어떤 사물들(objects)의 모임을 **집합**(set)이라 하고, 이 집합을 이루는 사물을 집합의 **원소**(element)라 한다. 보통 집합은 대문자 $A, B, C, \cdots$ 등으로 표시하고 원소는 소문자 $a, b, c, \cdots$ 등으로 표시한다.

집합 A에 대하여 x가 A의 원소일 때, 이 사실을 $x \in A$로 표시하고, x가 A의 원소가 아닐 때 $x \notin A$로 표시한다.

어떤 집합 A의 원소 중에서 적당한 **성질**(property) P를 만족하는 원소 전체의 집합을 다음과 같이 표시한다.

$$\{x \in A \mid P(x)\} \quad \text{또는} \; \{x \mid x \in A,\; P(x)\}$$

이와 같은 표현을 **조건제시법**이라 하고, 이 집합의 원소를 나열하여 나타낼 경우에는 **원소나열법**이라고 부른다.

보기 1 $A = \{2, 4, 6, 8, \cdots\}$는 원소나열법으로 표현한 것이고, $B = \{x \mid x$는 짝수, $x > 0\}$는 조건제시법으로 표현한 것이다.

정의 두 집합 A, B에 대하여, A의 모든 원소가 B의 원소가 될 때, 즉 $x \in A \Rightarrow x \in B$ 이면 A를 B의 **부분집합**(subset)이라 하고, 이 사실을 $A \subseteq B$로 표시한다. 또 $A \subseteq B$인 동시에 $B \subseteq A$일 때, 즉 $x \in A \Leftrightarrow x \in B$ 이면 A와 B는 **같다**(equal)라고 하고 $A = B$로 표시한다. ■

한편 $A \subseteq B$이고 $A \neq B$이면 A는 B의 **진부분집합**(proper subset)이라 하고, $A \subset B$로 표시한다. 원소를 하나도 갖지 않는 집합을 **공집합**(empty set)이라 하고 이를 $\varnothing$로 표시한다.

명제나 집합의 원소에 대하여, **한정기호**(quantifier)를 다음과 같이 사용한다. **모든**(all) 또는 **임의의**(arbitrary)에 대한 한정기호는 $\forall$이고, **존재한다**(exist) 혹은 **적당한**(some)에 대한 한정기호는 $\exists$이다.

또한 **그렇게 되는**(such that)은 기호 $s.t.$로 나타내고, **다시 말하면**(that is) 또는 **즉**(namely)은 기호 $i.e.$로 표시한다.

정의 고정된 어떤 **전체집합**(universal set) U의 두 부분집합 A, B에 대하여 다음과 같이 자주 쓰이는 **집합의 연산**을 소개한다.

$$A \cup B = \{x \mid x \in A \text{ 또는 } x \in B\}$$
$$A \cap B = \{x \mid x \in A \text{ 그리고 } x \in B\}$$
$$A - B = \{x \mid x \in A \text{ 그러나 } x \notin B\}$$
$$A \times B = \{(a,b) \mid a \in A \text{ 그리고 } b \in B\}$$
$$U - A = \{x \mid x \notin A\}$$

위의 집합을 각각 A와 B의 **합집합**(union), **교집합**(intersection), **차집합**(difference) 혹은 A에 관한 B의 **여집합**(complement), **데카르트 곱집합**(cartesian product)이라 한다. 한편, $U-A$를 A^c라 표시하고, 이를 A의 **여집합**(complement)라 부른다. 여기서 $A \cap B = \phi$ 일 때 A와 B는 **서로소**(disjoint)라고 한다. ■

집합기호 $\mathbb{Z}$, $\mathbb{N}$, $\mathbb{Q}$, $\mathbb{R}$, $\mathbb{C}$는 다음과 같은 집합을 의미한다.

$$\mathbb{Z} = \{0, \pm 1, \pm 2, \pm 3, \cdots\} = \{x \mid x \text{는 정수}\}$$
$$\mathbb{N} = \mathbb{Z}^{+} = \{1, 2, 3, \cdots\} = \{x \mid x \text{는 자연수}\}$$
$$\mathbb{Q} = \left\{\frac{a}{b} \mid a, b \in \mathbb{Z},\ b \neq 0\right\} = \{x \mid x \text{는 유리수}\}$$
$$\mathbb{R} = \{x \mid x \text{는 실수}\}$$
$$\mathbb{C} = \{a + bi \mid a, b \in R,\ i^2 = -1\} = \{x \mid x \text{는 복소수}\}$$

이들을 각각 **정수의 집합**, **자연수의 집합**, **유리수의 집합**, **실수의 집합**, **복소수의 집합**이라고 한다.

보기 2 $A = \{2, 4, 6, 8\}$와 $B = \{1, 3, 5, 7\}$는 서로소이다. 집합 $\mathbb{Z}$, $\mathbb{N}$, $\mathbb{Q}$, $\mathbb{R}$, $\mathbb{C}$에서 **서로소**인 부분집합 들을 구성하여 보아라.

예제 3 두 개의 집합 $A = \{a, b, c\}$, $B = \{c, d, e\}$가 전체집합 $U = \{a, b, c, d, e, f\}$의 부분집합 일 때, A^c, $A \cup A^c = U$, $A \cap A^c = \varnothing$, $A \cup B$, $A \cap B = B \cap A$를 구하고, $A \times B$ 및 $A - B$를 조사하여라.

풀이

$A^c = U - A = \{d, e, f\}$, $A \cup A^c = \{a, b, c, d, e, f\} = U$, $A \cap A^c = \phi$,

$A \cup B = \{a, b, c, d, e\} = B \cup A$, $A \cap B = \{c\} = B \cap A$,

$A \times B = \{(a,c), (a,d), (a,e), (b,c), (b,d), (b,e), (c,c), (c,d), (c,e)\}$,

$A-B=\{a,b\}$

정리 1.1.1 두 집합 A, B에 대하여, 다음이 성립함을 증명하여라.

(1) $A\cup B=B\cup A$

(2) $A\cap B=B\cap A$

증명 (1) $x\in A\cup B \Leftrightarrow x\in A$ or $x\in B$
$\Leftrightarrow x\in B$ or $x\in A$
$\Leftrightarrow x\in B\cup A$

(2) $x\in A\cap B \Leftrightarrow x\in A$ and $x\in B$
$\Leftrightarrow x\in B$ and $x\in A$
$\Leftrightarrow x\in B\cap A$

예제 4 두 개의 집합 $A=\{a,b,c\}$, $B=\{c,d,e\}$에 대하여

$$A\times B,\ A-B,\ B\times A,\ B-A$$

를 구하여라.

풀이 $A\times B=\{(a,c),(a,d),(a,e),(b,c),(b,d),(b,e),(c,c),(c,d),(c,e)\}$,
$A-B=\{a,b\}$,
$B\times A=\{(c,a),(d,a),(e,a),(c,b),(d,b),(e,b),(c,c),(d,c),(e,c)\}$,
$B-A=\{d,e\}$

정리 1.1.2 두 집합 A, B가 전체집합 U의 부분집합일 때 다음 사실이 성립한다.

(1) $(A\cup B)^c=A^c\cap B^c$

(2) $(A\cap B)^c=A^c\cup B^c$

증명 (1) $x\in (A\cup B)^c \Leftrightarrow x\not\in A\cup B$
$\Leftrightarrow x\not\in A$ and $x\not\in B$
$\Leftrightarrow x\in A^c$ and $x\in B^c$
$\Leftrightarrow x\in A^c\cap B^c$

(2) $x\in (A\cap B)^c \Leftrightarrow x\not\in A\cap B$
$\Leftrightarrow x\not\in A$ or $x\not\in B$
$\Leftrightarrow x\in A^c$ or $x\in B^c$
$\Leftrightarrow x\in A^c\cup B^c$

정리 1.1.2의 (1), (2)를 **드 모르간의 법칙**(De Morgan's Law)이라고 부른다.

정의 집합 A의 모든 부분집합을 원소로 갖는 집합을 A의 **멱집합**(power set)이라 하며, 이를 $P(A)$로 나타낸다, 즉 $P(A)=\{X \mid X \subseteq A\}$이다. ■

예제 5 집합 $A=\{a,b,c\}$에 대하여 $P(A)$를 구하여라.

풀이 $P(A)=\{\ \varnothing,\ \{a\},\ \{b\},\ \{c\},\ \{a,b\},\ \{a,c\},\ \{b,c\},\ A\ \}$

정의 집합 A에 대하여 $R \subseteq A \times A$를 만족하는 R을 A 위의 **관계**(relation on A)라고 한다. $(a,b) \in R$일 때, a**는** b**와 관계가 있다**(a is related to b)라 하고 aRb 또는 $a \sim b$로 표시한다. 또한 $(a,b) \not\in R$일 때, a**는** b**와 관계가 없다**(a is not related to b)라 하고 $a \not R b$ 또는 $a \nsim b$로 표시한다. ■

R을 A 위의 관계라 하자. A의 각 원소 a에 대하여 aRa이면 R은 **반사적**(reflexive)이라 한다. aRb이면 bRa일 때, R은 **대칭적**(symmetric)이라 한다. aRb이고 bRc이면 aRc일 때, R은 **추이적**(transitive)이라 한다. 한편, R이 반사적, 대칭적, 추이적일 때 R을 A위의 **동치관계**(equivalence relation on A)라고 부른다.

그림 1.1 반사 및 대칭관계

보기 6 집합 $A=\{a,\ b,\ c\}$에 대하여, A 위의 관계

$$R=\{(a,a),(b,b),(c,c),(a,b),(b,a),(b,c),(c,b),(a,c),(c,a)\}$$

는 동치관계이다.

집합 A 위의 동치관계 R에서 원소 $a\in A$와 동치관계가 있는 A의 원소 전체의 집합 $\overline{a}=\{x\in A \mid a\sim x\}$를 a의 **동치류**(equivalence class)라 한다. 각 $a\in A$에 대하여, $a\in\overline{a}$임을 알 수 있다.

정의 주어진 집합 A의 공집합이 아닌 부분집합의 모임 $\{A_i \mid i\in I\}$가

(1) 임의의 $i, j\in I$ 에 대하여, $A_i\cap A_j=\phi$ 혹은 $A_i=A_j$

(2) $A=\bigcup_{i\in I} A_i$

를 만족할 때 우리는 $\{A_i \mid i\in I\}$를 A의 **분할**(partition)이라 한다. ▪

연습문제 1.1

1 두 명제 p, q에 대하여, $\sim p$, $p \wedge q$, $p \vee q$, $p \Rightarrow q$, $p \Leftrightarrow q$의 **진리표**를 만들어 보아라.

2 두 집합 $A=\{2,\ 3,\ 4\}$와 $B=\{3,\ 4,\ 7,\ 8,\ 9\}$에 대하여 $A \cup B$, $A \cap B$, $B-A$, $A \times B$를 구하여라.

3 집합 A와 전체집합 U에 대하여, 다음이 성립함을 증명하라.

(1) $A \cup A = A$　　(2) $A \cap A = A$　　(3) $A \cup U = U$

(4) $A \cap U = A$　　(5) $A \cup \varnothing = A$　　(6) $A \cap \varnothing = \varnothing$

4 집합 A가 전체집합 U의 부분집합 일 때 다음을 밝혀라.

(1) $(A^c)^c = A$　　(2) $A \cap A^c = \varnothing$　　(3) $A \cup A^c = U$

5 집합 A, B, C 에 대하여, 다음이 성립함을 증명하라.

(1) $(A \cup B) \cup C = A \cup (B \cup C)$

(2) $(A \cap B) \cap C = A \cap (B \cap C)$

(3) $A \cup (B \cap C) = (A \cup B) \cap (A \cup C)$

(4) $A \cap (B \cup C) = (A \cap B) \cup (A \cap C)$

(5) $A \times (B \cup C) = (A \times B) \cup (A \times C)$

(6) $A \times (B \cap C) = (A \times B) \cap (A \times C)$

(7) $A - (B \cup C) = (A - B) \cap (A - C)$

(8) $A - (B \cap C) = (A - B) \cup (A - C)$

6 집합 A의 원소의 개수가 n일 때, $P(A)$의 원소의 개수는 2^n임을 보여라.

7 집합 $A=\{1,\ 2,\ 3,\ 4\}$에 대하여 동치관계의 예를 보여라.

8 R을 집합 A 위의 동치관계라고 할 때, 다음 사실이 성립함을 조사하여라.

(1) $aRb \Leftrightarrow \overline{a} = \overline{b}$

(2) $a \in \overline{b} \Leftrightarrow \overline{a} = \overline{b} \Leftrightarrow b \in \overline{a}$

(3) $\forall\, a, b \in A$에 대하여, (ⅰ) $\overline{a} \cap \overline{b} = \phi$와 (ⅱ) $\overline{a} = \overline{b}$중 하나가 성립한다.

SECTION 1.2 함수의 개념

이 절에서는 제1절에서 공부한 명제와 집합을 바탕으로 두 집합 사이의 관계, 특히 **함수의 개념**을 정의하고, **함수의 종류** 및 **성질**을 공부함을 학습목표로 한다.

우리는 일상생활에서 매일 함수와 함께 생활하고 있음을 깨달아야 한다. 예를 들면, 아침에 일어나면 시계를 본다. 시간을 보면서 어떤 일이나 행동을 시작한다. 이는 시계 속의 숫자와 일이나 행동의 대응관계, 현대대수학 수강학생들의 성적배열순, 신체의 크기순, 몸무게 순서 등은 함수, 또는 사상관계이다.

시장에서 물건을 사고파는 과정, 남여학생들의 미팅하는 과정 등도 함수관계이다. 따라서 우리는 함수들 공간에서 살아가고 있음을 알 수 있다.

1차적 정의 공집합이 아닌 두 집합 A와 B에 대하여, A의 각 원소 x에 대하여 f가 매개체로서, B의 원소 y가 오직 한 개만 대응되는 관계 f를 A로부터 B에로의 **함수**(function) 또는 **사상**(map)이라고 하고, $y = f(x)$, $\forall x \in A$, 또는 $f : A \to B$로 표시한다.

여기서, $y = f(x)$는 함수의 **원소표시법**이고, $f : A \to B$는 함수의 **집합표시법**이다.

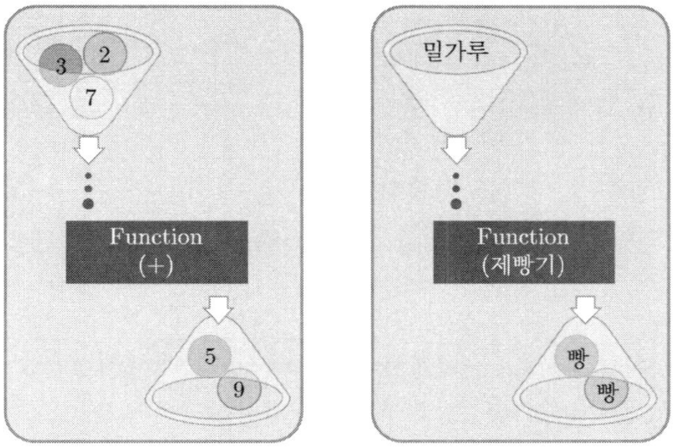

그림 1.2 함수

2차적 정의 A와 B를 두 집합이라 하고 f를 $A \times B$의 부분집합이라 하자. f가 다음 두 조건 (1), (2)를 만족할 때, f를 A로부터 B로의 **사상**(mapping) 또는 **함수**(function)라 하고 $x \in A f: A \to B,\ x \mapsto f(x)$로 나타내고, 이를 간단히 $f: A \to B$ 또는 $y = f(x)\ (x \in A)$로 표시하기도 한다.

(1) 각 원소 에 대하여 $y = f(x)$ 를 만족하는 원소 $y \in B$가 적어도 하나 존재한다.
(2) $y_1 = f(x)$, $y_2 = f(x)$ 이면 $y_1 = y_2$이다. ■

다시 말하면, 두 집합 A와 B가 주어진 경우, A의 각 원소에 대하여 B의 원소가 꼭 하나씩 대응되는 관계를 A에서 B로의 **함수**라고 한다.

함수 $f: A \to B$ 에서 A를 f의 **정의역**(domain), B를 f의 **공역**(co-domain)이라 한다. 위에서 $y = f(x)$ 는 $(x, y) \in f$를 의미하고, 이때 y를 f에 의한 x의 **상**(image) 또는 **함숫값**(value of function)이라 한다. (1)은 A의 각 원소 x가 반드시 상을 갖는다는 의미이고, (2)는 상은 오직 하나만을 갖는다는 뜻이다.

f를 A로부터 B로의 사상이라 하고 $C \subseteq A$, $D \subseteq B$라 하자. 이때 집합

$$f(C) = \{f(x) \in B \mid x \in C\}$$

를 f에 의한 C의 **상**(image)이라 한다. 그리고

$$f^{-1}(D) = \{x \in A \mid f(x) \in D\}$$

를 f에 의한 D의 **원상**(pre-image) 또는 **역상**(inverse image)이라 한다. 특히 $f(A) = \{f(x) \in B \mid x \in A\}$를 f의 **상**(image) 또는 f의 **치역**(range)이라 하고, $\mathrm{Im} f$로 표시한다.

한편 $f^{-1}(b) = \{a \in A \mid f(a) = b\}$를 b의 원상이라 한다.

예제 1 실수 위에서 정의된 함수 $f(x) = \sqrt{5^2 - x^2}$ 의 정의역과 치역을 구하여라.

풀이 위 함수가 의미를 가지려면 $5^2 - x^2 \geq 0$ 이므로 $-(5^2 - x^2) \leq 0$ 이다. 따라서 정의역은 $-5 \leq x \leq 5$ 이고 치역은 $0 \leq f(x) \leq 5$ 임을 알 수 있다.

정의 두 사상 $f, g: A \to B$에서 모든 $x \in A$에 대하여 $f(x) = g(x)$일 때, f와 g는 **같다**(equal)라고 하고, $f = g$로 표시한다.
사상 $f: A \to B$, $g: B \to C$ 에서 모든 $x \in A$에 대하여 $h(x) = g(f(x))$로 주어진 사상 $h: A \to C$를 f와 g의 **합성**(composition)이라 하고, $h = g \circ f$로 표시한다.

집합 A에서 모든 원소 $x \in A$에 대하여 $f(x)=x$ 인 사상 $f : A \to A$를 A 위에서 **항등사상**(identity mapping)이라 하고, 이를 1_A로 표시한다. ■

정리 1.2.1 주어진 함수 $f: A \to B$, $g: B \to C$, $h: C \to D$에 대하여, 다음 등식이 성립한다.

(1) $h \circ (g \circ f) = (h \circ g) \circ f$

(2) $1_B \circ f = f$, $f \circ 1_A = f$

증명 (1) 모든 $x \in A$에 대하여

$$(h \circ (g \circ f))(x) = h\{(g \circ f)(x)\} = h\{g(f(x))\} = h(g(f(x)))$$
$$((h \circ g) \circ f)(x) = (h \circ g)(f(x)) = h\{g(f(x))\} = h(g(f(x)))$$

이다. 따라서 $h \circ (g \circ f) = (h \circ g) \circ f$임을 알 수 있다.

(2) 모든 $x \in A$에 대하여, 적당한 $y \in B$가 존재하여 $f(x) = y$라고 하면 $(1_B \circ f)(x) = 1_B(f(x)) = 1_B(y) = y = f(x)$이다. 따라서 $1_B \circ f = f$이다. 같은 방법으로 $f \circ 1_A = f$도 증명된다.

정의 사상 $f: A \to B$가 주어졌다고 가정하자. $x_1, x_2 \in A$에 대하여 $f(x_1) = f(x_2)$일 때 $x_1 = x_2$가 성립하면 f는 **단사**(injective, 또는 one-to-one)**사상**이라 한다.

또, B의 각 원소 y에 대하여 $f(x) = y$를 만족하는 A의 원소 x가 적어도 하나 존재하면 f는 **전사**(surjective 또는 onto)**사상**이라고 한다.

끝으로, f가 단사사상인 동시에 전사사상일 때, f를 **전단사**(bijective 또는 one-to-one correspondence)**사상**이라 한다.

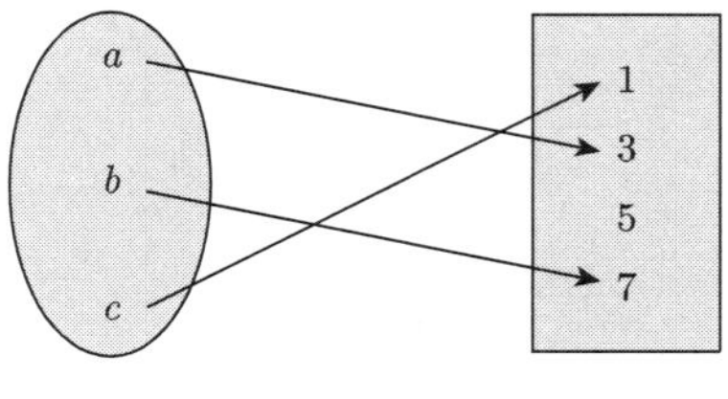

그림 1.3 단사사상

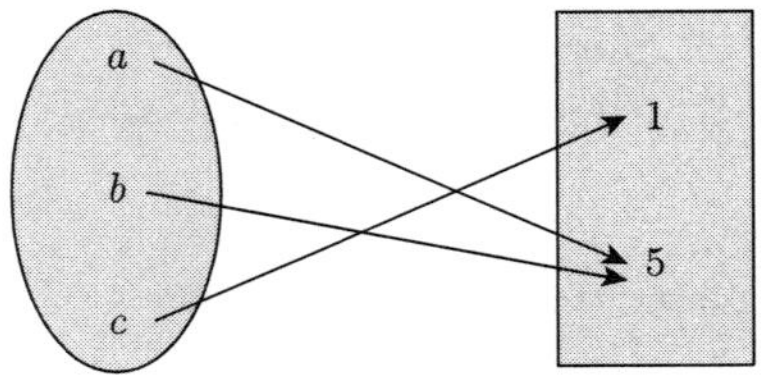

그림 1.4 전사사상

주어진 집합 A에 대하여 **항등함수**(identity function) 1_A는 항상 전단사 사상임을 쉽게 알 수 있다.

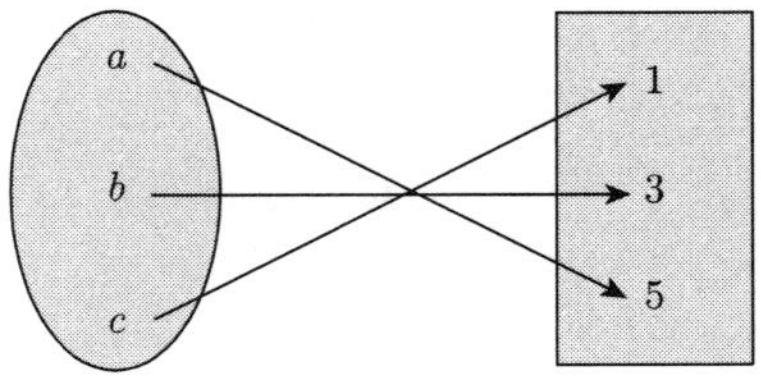

그림 1.5 전단사 사상

아래 나오는 정리들은 유용하므로 내용은 꼭 익히기 바란다. 이 책의 내용을 처음 대하는 경우에는 증명을 생략하여도 무방하다. ■

정리 1.2.2 사상 $f: A \to B$에 대하여 다음 성질들이 성립한다.

(1) 각 $C \subseteq A$ 에 대하여, $C \subseteq f^{-1}(f(C))$. 특히, f가 단사사상이면 $C = f^{-1}(f(C))$.

(2) 각 $C \subseteq A$, $D \subseteq B$ 에 대하여, $f(f^{-1}(D) \cap C) = D \cap f(C)$. 따라서 $f(f^{-1}(D)) = D \cap \operatorname{Im} f$ 이고 $f(f^{-1}(D)) \subseteq D$ 이다. 특히, f가 전사사상이면 $f(f^{-1}(D)) = D$.

증명 (1) $x \in C \Rightarrow f(x) \in f(C) \Rightarrow x \in f^{-1}(f(C))$. 따라서 $C \subseteq f^{-1}(f(C))$ 임을 알 수 있다.

다음으로 f가 단사사상이라 가정하자. $x \in f^{-1}(f(C)) \Rightarrow f(x) \in f(C)$. 따라서 적당한 $c \in C$가 존재하여 $f(x) = f(c)$가 된다. 한편, f가 단사사상이므로 $x = c$ 이고, 따라서, $x \in C$이다. 즉, $f^{-1}(f(C)) \subseteq C$이다. 앞서 $C \subseteq f^{-1}(f(C))$ 임은 이미 보였으므로 $C = f^{-1}(f(C))$ 임을 알 수 있다.

(2) $y \in f(f^{-1}(D) \cap C)$ $\Leftrightarrow$ 적당한 $x \in f^{-1}(D) \cap C$가 존재하여 $y = f(x)$
$\Leftrightarrow$ 적당한 $x \in C$ 가 존재하여 $y = f(x) \in D$
$\Leftrightarrow$ $y \in D \cap f(C)$이다.

따라서 $f(f^{-1}(D)\cap C)=D\cap f(C)$임을 알 수 있다. 다음으로 $C=A$ 라고 두면 $f(f^{-1}(D))=D\cap \mathrm{Im} f$ 와 $f(f^{-1}(D))\subseteq D$는 쉽게 증명된다. 특히, f가 전사사상이라면 $\mathrm{Im} f=B$이므로 $f(f^{-1}(D))=D$ 이다.

정리 1.2.3 두 사상 $f:A\to B$, $g:B\to C$ 에 대하여 다음 성질들이 성립한다.

(1) f와 g가 단사사상이면 $g\circ f$도 단사사상이다.
(2) f와 g가 전사사상이면 $g\circ f$도 전사사상이다.
(3) f와 g가 전단사사상이면 $g\circ f$도 전단사사상이다.
(4) $g\circ f$가 단사사상이면 f는 단사사상이다.
(5) $g\circ f$가 전사사상이면 g는 전사사상이다.
(6) $g\circ f$가 전단사사상이면 f는 단사사상이고 g는 전사사상이다.

증명 (1), (2), (3)은 쉽게 증명된다.

(4) $g\circ f$가 단사사상이라 가정하자. A의 두 원소 x_1, x_2에 대하여 $f(x_1)=f(x_2)$라 하면 $g\circ f(x_1)=g(f(x_1))=g(f(x_2))=g\circ f(x_2)$ 이다. 이 경우, $g\circ f$가 단사사상이므로, $x_1=x_2$이다. 따라서 f는 단사사상이다.

(5) $g\circ f$가 전사사상이라 가정하자. g가 전사사상임을 증명하기 위하여 C의 임의의 원소 z에 대하여, $g\circ f$가 전사사상이므로 적당한 A의 원소 a가 존재하여 $g\circ f(a)=z$ 가 성립한다. 한편 $f(a)\in B$ 이므로 $f(a)=b\in B$라 두면 $g(b)=g(f(a))=g\circ f(a)=z$ 가 되어, g는 전사사상이 된다.

(6)은 (4)와 (5)에 의하여 쉽게 증명된다.

정리 1.2.4 사상 $f:A\to B$ 에 대하여 다음 사실들이 성립한다.

(1) f는 단사사상이다. $\Leftrightarrow$ $g\circ f=1_A$를 만족하는 사상 $g:B\to A$ 가 존재한다.
(2) f는 전사사상이다. $\Leftrightarrow$ $f\circ g=1_B$를 만족하는 사상 $g:B\to A$ 가 존재한다.

증명 항등사상 1_A, 1_B는 전단사사상이므로 (1)과 (2)의 역은 정리 4에 의하여 명백히 성립한다.

(1) $f:A\to B$ 가 단사사상이라 하자. $f(A)$의 임의의 원소 y에 대하여 $f(x)=y$ 를 만족하는 $x\in A$가 오직 하나 있음을 알 수 있다. 따라서 고정된 원소 $t\in A$에 대하여 $g(y)=\begin{cases} x, & y\in f(A) \\ t, & y\notin f(A)\end{cases}$를 만족하는 사상

$g : B \to A$ 가 존재한다. 여기서 $y = f(x)$ $(x \in A)$이다. 따라서 임의의 $x \in A$에 대하여

$$(g \circ f)(x) = g(f(x)) = g(y) = x = 1_A(x)$$

이다. 즉, $g \circ f = 1_A$이다.

(2) $f : A \to B$가 전사사상이라 하자. 그러면 $f(A) = B$이다. 임의의 $y \in B$에 대하여 $f(x) = y$인 $x \in A$가 존재하므로 $\{x \in A \mid f(x) = y\}$는 공집합이 아니다. 이 집합의 특수한 원소 하나를 선택하여 t라 하자(집합론의 '선택공리' 적용). 그리고 $g(y) = t$를 만족하는 사상 $g : B \to A$ 을 정의할 수 있고,

$$(f \circ g)(y) = f(g(y)) = f(t) = y = 1_B(y)$$

임을 알 수 있다. 그러므로 $f \circ g = 1_B$이다.

정리 1.2.5 사상 $f : A \to B$ 가 전단사사상일 필요충분조건은 $g \circ f = 1_A$와 $f \circ g = 1_B$를 만족하는 사상 $g : B \to A$ 가 유일하게 하나 존재하는 것이다.

증명 먼저, 필요조건을 증명해보자. f가 전단사사상이라 하자. 정리 1.2.4를 이용하면, $g \circ f = 1_A$, $f \circ h = 1_B$를 만족하는 사상 $g, h : B \to A$가 존재한다. 그리고 임의의 $y \in B$에 대하여 $f(x) = y$인 $x \in A$가 오직 하나 존재한다.

합성함수의 정의에 의하여

$$g(y) = g(f(x)) = g \circ f(x) = 1_A(x) = x$$

이고,

$$f(h(y)) = f \circ h(y) = 1_B(y) = y$$

이다.

또한, f가 단사사상이므로 $f(h(y)) = f(x)$에서 $h(y) = x$이다. 따라서 $g = h$임을 알 수 있다. 이제 유일성을 증명해보자. $g' \circ f = 1_A$, $f \circ g' = 1_B$를 만족하는 사상 $g' : B \to A$ 가 존재한다고 가정하면, 모든 $y \in B$에 대하여

$$\begin{aligned} g'(y) &= (1_A \circ g')(y) = [(g \circ f) \circ g'](y) \\ &= [g \circ (f \circ g')](y) = (g \circ 1_B)(y) = g(y) \end{aligned}$$

이다. 따라서 $g = g'$ 이다.

다음으로 충분조건은 정리 1.2.4에 의하여 증명된다.

$f : A \to B$가 전단사사상이라 하면 정리 1.2.5에 의하여 $g \circ f = 1_A$, $f \circ g = 1_B$를 만족하는 사상 $g : B \to A$가 유일하게 존재한다. 이 유일한 사상 g를 f의 **역사상**(inverse mapping) 또는 f의 **역함수**(inverse function)이라 하고 f^{-1}로 표시한다. 따라서 $f^{-1} \circ f = 1_A$, $f \circ f^{-1} = 1_B$ 이고, 정리 1.2.5의 증명 과정에서

$$f(x) = y \;\Leftrightarrow\; f^{-1}(y) = x\,,\; (f^{-1})^{-1} = f$$

임을 알 수 있다.

예제 2 $f(x) = 5x - 2$ 의 역함수를 구하여라.

풀이 $y = f(x) = 5x - 2$ 를 x에 관하여 풀면, $x = \dfrac{y+2}{5}$ 이다. 이 등식에서 변수 x와 y를 교환하면 $y = \dfrac{x+2}{5}$ 이다. 따라서 $f(x)$ 의 역함수는 $f^{-1}(x) = \dfrac{y+2}{5}$ 이다. 이는 원래 함수 $f(x) = 5x - 2$ 이 $y = x$에 관하여 대칭임을 알 수 있다.

연습문제 1.2

1 실수 위에서 정의된 아래 함수 의 정의역과 치역을 구하여라.

(1) $y = \sqrt{10^2 - x^2}$ (2) $y = \begin{cases} 2, & x \geq 0 \\ -2, & x < 0 \end{cases}$

2 다음 함수(사상)의 예를 보여라.

(1) 단사사상 (2) 전사사상

(3) 전단사사상 (4) 단사가 아닌 전사사상

(5) 전사가 아닌 단사사상 (6) 전단사가 아닌 사상

3 다음 함수의 역함수를 구하여라.

(1) $y = 2x^2 + 3$ $(x \geq 0)$ (2) $y = 5x + 7$

(3) $y = x^3 - 2$ (4) $y = \sqrt{x-4}$

4 $f: A \to B$ 와 $g: B \to C$가 전단사사상이라면 $g \circ f$의 역사상은 $f^{-1} \circ g^{-1}$임을 밝혀라.

5 사상 $f: A \to B$가 주어졌을 때, $A_1, A_2 \subseteq A$, $B_1, B_2 \subseteq B$에 대하여 다음을 증명하여라.

(1) $f(A_1 \cap A_2) \subseteq f(A_1) \cap f(A_2)$

(2) $f^{-1}(B_1 \cap B_2) = f^{-1}(B_1) \cap f^{-1}(B_2)$

(3) $f^{-1}(B_1 \cup B_2) = f^{-1}(B_1) \cup f^{-1}(B_2)$

6 함수 $f: A \to B$가 주어졌을 때, 지금까지는 $a \mapsto f(a)$라는 함수의 **왼쪽표기법**(left hand side function)을 사용해 왔다. 마찬가지로 $a \mapsto af$ 처럼 함수의 **오른쪽표기법**(right hand side function)으로 나타낼 수 있다.

두 함수 $f: A \to B$, $g: B \to C$가 함수의 오른쪽표기법으로 주어졌다면 모든 $a \in A$에 대하여 $ah = a(fg) = (af)g$ 로 정의하면 h는 A로부터 C로의 함수가 되는데, 이 함수 $h = fg$를 f와 g의 **곱 함수**(product function)라 한다.

이때, 두 함수 $f: A \to B$와 $g: B \to C$에 대하여, 함수의 왼쪽표기법의 합성함수 $g \circ f$는 함수의 오른쪽표기법의 곱 함수 fg와 같음을 보여라.

7 정리 1.2.3의 (1), (2), (3), (6)을 증명하여라.

8 $f(x) = 12x - 14$ 의 역함수를 구하여라.

CHAPTER 2

군 론

SECTION

2.1 군의 기본개념

공집합이 아닌 집합 G 위의 이항연산은 $G\times G$에서 G에로의 함수이고, 이를 $\cdot : G\times G \to G$로 표시하고 $*$, $+$, $\circ$ 등으로도 나타낸다. 4가지 성질을 만족하는 군 G의 개념을 다음과 같이 정의한다.

정의 공집합이 아닌 집합 G 위의 이항연산 $\cdot$ 가 있어서, 쌍 $(G, \cdot)$이 다음의 조건을 만족할 때, G는 $\cdot$ 를 연산으로 갖는 **군**(group)이라고 한다.

이때, G는 $\cdot$ 에 관하여 닫혀있다. 즉, 모든 $a, b\in G$에 대하여 $a \cdot b\in G$이다. 이를 $ab\in G$로 표시한다.

(1) 결합성(associativity): 모든 $a, b, c\in G$에 대하여

$$(ab)c = a(bc).$$

(2) 항등원(identity)의 존재: G의 원소 e가 존재하여, 모든 $a\in G$에 대하여

$$ae = ea = a.$$

(3) 역원(inverse)의 존재: 임의의 $a\in G$에 대하여 G의 원소 a'가 존재하여

$$aa' = a'a = e.$$

공집합이 아닌 집합 G 위의 이항연산 $\cdot$ 가 있어서 결합법칙을 만족할 때 $(G, \cdot)$를 **반군**(semigroup)이라 하고, 항등원을 갖는 반군을 **모노이드**(monoid)라 한다.

다음의 조건 (4)를 만족하는 군을 **아벨군**(abelian group) 또는 **가환군**(commutative group)이라 한다. 가환이 아닌 군을 **비아벨군**(non- abelian group) 또는 **비가환군**(non-commutative group)이라 한다.

(4) 모든 $a, b\in G$에 대하여 $ab = ba$이다. ■

보기 1 집합 $\mathbb{Z}(\sqrt{2})=\{a+b\sqrt{2} \mid a, b\in \mathbb{Z}\}$는 항등원을 갖는 반군이다. 여기서, 이항연산은 집합 $\mathbb{Z}(\sqrt{2})$ 위에서의 곱셈연산이다. 임의의 두 원소

$a+b\sqrt{2}$, $c+d\sqrt{2}$에 대하여

$$(a+b\sqrt{2})(c+d\sqrt{2}) = (ac+2bd)+(ad+bc)\sqrt{2}.$$

또 $1=1+0\sqrt{2}$를 항등원으로 갖는 모노이드임을 알 수 있다.

보기 2 합 $S=\mathbb{R}^*\times\mathbb{R}^*$, $\mathbb{R}^*=\mathbb{R}-\{0\}$ 위의 이항연산이 다음과 같다고 하자.

$$(a,b)*(c,d)=(ac,bd)$$

그러면 $(1,1)$은 $(S,*)$의 항등원이다. 한편, 임의의 $(a,b)\in S$에 대하여

$$(a,b)*\left(\frac{1}{a},\frac{1}{b}\right)=\left(a\frac{1}{a},b\frac{1}{b}\right)=(1,1)$$

그러므로 (a,b)의 역원은 $\left(\frac{1}{a},\frac{1}{b}\right)$이다. 따라서 $(S,*)$는 아벨군을 이룬다.

보기 3 전체집합 X의 멱집합 $P(X)$와 집합연산 $\cap$, $\cup$에 대하여 $(P(X),\cap)$, $(P(X),\cup)$를 생각하여 보자. 임의의 $A\in P(X)$에 대하여

$$A\cup\varnothing=\varnothing\cup A=A$$
$$A\cap X=X\cap A=A$$

이다. 그러므로 $\cup$에 관한 항등원은 $\varnothing$, $\cap$에 관한 항등원은 A이다. $A\neq\varnothing$이면 $A\cup X=\varnothing$이 되는 $A\subseteq X$는 존재하지 않는다. $A\cap B=X$가 되는 A, B는 전체집합 X뿐이다. 따라서 $(P(X),\cup)$, $(P(X),\cap)$는 항등원을 갖는 반군이나 군은 아니다.

공집합이 아닌 집합 G가 덧셈연산 $+$에 대하여 군을 이룰 때 이를 **덧셈군**(additive group)이라 하고, 쌍 $(G,+)$으로 표시한다. 이때 항등원을 0으로 나타내고 **영원**(zero element)이라 부른다. 각 원소 $a\in G$의 역원을 $-a$로 나타내고 a의 **음원**(negative element)이라 한다.

모든 덧셈군 $(G,+)$는 항상 가환군 즉, 아벨군인 것으로 약속한다.

보기 4 집합 $\mathbb{Z}$, $\mathbb{Q}$, $\mathbb{R}$, $\mathbb{C}$는 모두 덧셈연산 $+$에 관하여 아벨군을 이룬다. 이들의 영원은 0이고 원소 a의 음원은 $-a$이다.

보기 5 다음 집합 $\mathbb{Q}^+$, $\mathbb{R}^+$, $\mathbb{Q}^* = \mathbb{Q} - \{0\}$, $\mathbb{R}^* = \mathbb{R} - \{0\}$, $\mathbb{C}^* = \mathbb{C} - \{0\}$은 모두 곱셈연산에 관한 가환군이다. 이들의 항등원은 1이며, a의 역원은 a^{-1}이다.

군 $(G, \bullet)$에서 G가 유한집합이면 **유한군**(finite group), 무한집합이면 **무한군**(infinite group)이라 한다. 이때 G의 원소의 개수를 G의 **위수**(order)라고 부르고 $|G|$으로 표시한다.

> G의 원소의 개수가 $n\,(\in \mathbb{Z}^+)$이면, $|G| = n$이고, G가 무한집합이면 $|G| = \infty$을 위수로 표시한다.

지금부터 군의 구조를 밝히는데 자주 응용되는 군들을 살펴보고자 한다.

보기 6 **대칭군과 치환군** 집합 $X\,(\neq \varnothing)$위의 전단사 사상(즉, X 위의 치환) 전체의 집합 $S(X)$는 함수의 합성 $\circ$ 에 의하여 군을 이룬다. 전단사 사상의 합성은 전단사이고, 항등사상 1_X은 전단사 사상이고, 전단사 사상의 역사상도 전단사 사상이다. 또 합성연산 $\circ$ 은 결합법칙을 만족한다.

이때 군 $(S(X), \circ)$는 집합 X위의 **대칭군**(symmetric group)이라 하고, 대칭군의 부분군을 **치환군**(permutation group)이라고 말한다.

지금부터, 임의의 두 치환 σ, τ에 대하여 $(\tau \circ \sigma)(x)$를 $x(\sigma \bullet \tau) = x(\sigma\tau) = (x\sigma)\tau$로 생각한다.

집합 $\{1, 2, \cdots, n\}$ 위의 대칭군을 n**차 대칭군**이라 하고, S_n으로 나타낸다. $|S_n| = n!$ 이므로 S_n은 위수가 $n!$인 유한군이다. 군 S_n은 유한군론에 중요한 역할을 한다.

치환 $\sigma \in S_n$을 원소의 대응 관계를 알기 쉽게 나타내기 위하여 다음으로 표시한다.

$$\sigma = \begin{pmatrix} 1 & 2 & \dots & n \\ 1\sigma & 2\sigma & \dots & n\sigma \end{pmatrix}$$

예를 들면, 두 4차 치환 $\sigma = \begin{pmatrix} 1 & 2 & 3 & 4 \\ 2 & 3 & 4 & 1 \end{pmatrix}$, $\tau = \begin{pmatrix} 1 & 2 & 3 & 4 \\ 4 & 1 & 3 & 2 \end{pmatrix} \in S_4$에 대하여 다음이 성립한다.

$$\sigma\tau = \begin{pmatrix} 1\,2\,3\,4 \\ 2\,3\,4\,1 \end{pmatrix}\begin{pmatrix} 1\,2\,3\,4 \\ 4\,1\,3\,2 \end{pmatrix} = \begin{pmatrix} 1\,2\,3\,4 \\ 1\,3\,2\,4 \end{pmatrix}, \quad \tau\sigma = \begin{pmatrix} 1\,2\,3\,4 \\ 4\,1\,3\,2 \end{pmatrix}\begin{pmatrix} 1\,2\,3\,4 \\ 2\,3\,4\,1 \end{pmatrix} = \begin{pmatrix} 1\,2\,3\,4 \\ 1\,2\,4\,3 \end{pmatrix}$$

(1) 2차 치환군 S_2는 다음의 두 원소로 되어 있다.

$$1=\begin{pmatrix}1&2\\1&2\end{pmatrix},\ \sigma=\begin{pmatrix}1&2\\2&1\end{pmatrix}$$

(2) 3차 치환군 S_3의 원소는 다음의 여섯 개다.

$$\begin{pmatrix}1&2&3\\1&2&3\end{pmatrix},\ \begin{pmatrix}1&2&3\\2&3&1\end{pmatrix},\ \begin{pmatrix}1&2&3\\3&1&2\end{pmatrix}$$
$$\begin{pmatrix}1&2&3\\2&1&3\end{pmatrix},\ \begin{pmatrix}1&2&3\\3&2&1\end{pmatrix},\ \begin{pmatrix}1&2&3\\1&3&2\end{pmatrix}$$

이들을 순환치환으로 나타내면 각각

$$1,\ (1\ 2\ 3),\ (1\ 3\ 2),\ (1\ 2),\ (1\ 3),\ (2\ 3)$$

이 된다. 한편, $(1\ 2\ 3)(1\ 3)=(1\ 2)$, $(1\ 3)(1\ 2\ 3)=(2\ 3)$이므로 S_n은 가환군이 아니다.

보기 7 **잉여류 군과 기약 잉여류 군** 양의 정수 n에 관한 잉여류 전체의 집합

$$\mathbb{Z}_n=\{\overline{0},\ \overline{1},\ \dots,\ \overline{n-1}\}$$

위의 덧셈과 곱셈을 다음으로 정의한다.

$$\overline{a}+\overline{b}=\overline{a+b},\ \overline{a}\,\overline{b}=\overline{ab}$$

$(\mathbb{Z}_n, +)$는 $\overline{0}$을 영원, $\overline{a}$의 음원이 $-\overline{a}=\overline{-a}=\overline{n-a}$인 가환군이다. $(\mathbb{Z}_n, \bullet)$는 $\overline{1}$을 항등원으로 갖는 반군이 된다.

임의의 $\overline{a}\in Z_n$에 대하여 $\overline{a}\cdot\overline{x}=\overline{x}\cdot\overline{a}=\overline{1}$이 되는 $\overline{x}$가 존재할 필요충분조건은 $(a, n)=1$이다. 법 n에 관한 기약 잉여류 전체의 집합

$$\mathbb{Z}_n^*=\{\overline{a}\in\mathbb{Z}_n \mid (a, n)=1\}$$

은 곱셈에 대하여 군을 이룬다.

덧셈군 $(\mathbb{Z}_n, +)$을 법 n에 관한 **잉여류 군**(residue class group modulo n)이라 하고, 곱셈군 $(\mathbb{Z}_n^*, \bullet)$을 법 n에 관한 **기약 잉여류 군**(reduced residue class group modulo n)이라 한다.

소수 p에 관하여 곱셈군 $\mathbb{Z}_p^* = \{1, 2, \cdots, p-1\} = \mathbb{Z}_p - \{\overline{0}\}$ 는 $|Z_p^*| = p-1$ 인 가환군이 된다.

보기 8 **사원수군** 집합 $Q = \{1, -1, i, -i, j, -j, k, -k\}$의 곱셈을 다음으로 정의하자.

$$i^2=j^2=k^2=-1$$

$$ij=-ji=k,\ jk=-kj=i,\ ki=-ik=j$$

그러면 Q는 8개의 원소를 가진 비가환군이 된다. 이 곱셈군을 **사원수군**(quaternion group)이라 한다.

보기 9 **정이면체 군** 하나의 정삼각형을 그 자신과 같은 모양으로 포갤 수 있는 대응에 대하여 살펴보자.

이러한 대응은 중점 O를 고정하여 120도, 240도, 360도 회전과 직선 l_1(꼭지점 1과 점 0를 잇는 직선), l_2, l_3에 관한 대칭이 있다. 120도 회전을 a, 대칭 l_1을 b라 하면 회전과 대칭의 모임은 군이 되고 다음과 같은 집합으로 나타낸다.

$$D_3 = \{e,\ a,\ a^2,\ b,\ ab,\ a^2b\}.$$

한편, $a^3 = e$, $b^2 = e$, $ba = a^2b$이므로 D_3는 비가환군이 되고, 다음과 같이 나타낼 수 있다.

$$D_3 = \langle a,\ b | a^3 = e, b^2 = e, ba = a^2b \rangle$$

이 군 D_3를 **3차 정이면체 군**(dihedral group of degree 3)이라 한다.

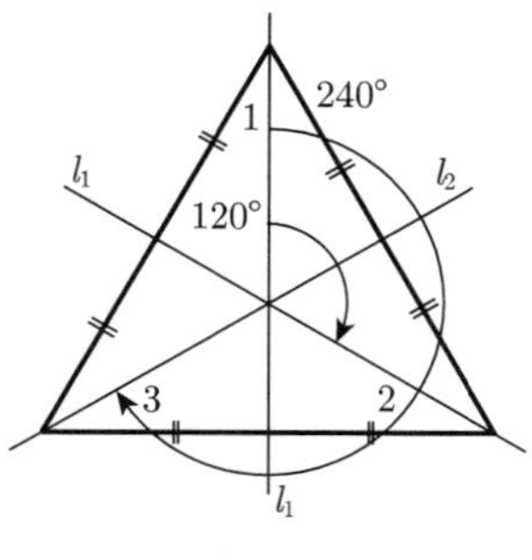

그림 2.1

보기 10 **정이면체 군** 정사각형을 자신과 포갤 수 있는 대응을 살펴보자.

중점 O를 중심으로 시계방향으로 90도 회전을 a, y축에 관한 대칭을 b라 하면 회전과 대칭의 모임은 군이 되고 다음과 같은 집합으로 나타낸다.

$$D_4 = \{e, a, a^2, a^3, ab, a^2b, a^3b\}$$

이런 군을 **4차 정이면체 군**(dihedral group of degree 4)이라 한다. 이는 다시

$$D_4 = \langle a, b \mid a^4 = e, b^2 = e, ba = a^3b \rangle$$

이 된다.

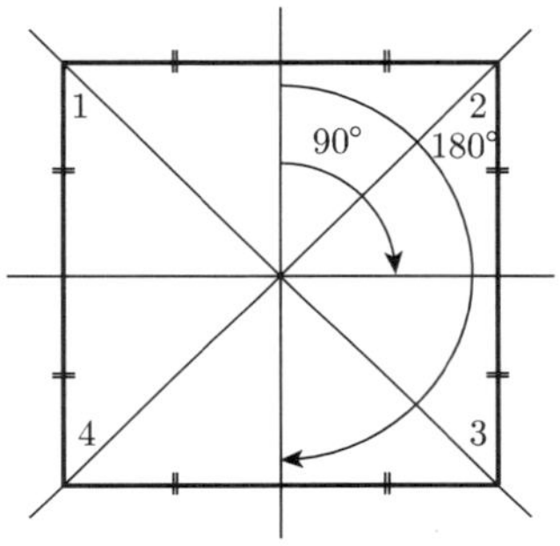

그림 2.2

연습문제 2.1

1 소수 p에 관하여 $\mathbb{Z}_p^* = \{\overline{1}, \overline{2}, \cdots, \overline{p-1}\} = \mathbb{Z}_p - \{\overline{0}\}$ 는 곱셈연산에 대하여 위수 $|\mathbb{Z}_p^*| = p-1$인 가환군임을 밝혀라.

2 위수가 3인 군은 $G = \{e, a, a^2\}$의 형태뿐임을 보여라.

3 집합 $\mathbb{R}^2 = \{(a,b) \mid a,b \in \mathbb{R},\ a \neq 0\}$위의 연산이 $(a,b)(c,d) = (ac, bc+d)$와 같이 주어져 있다. 이러한 집합이 비가환군임을 보이고, 이의 항등원과 역원을 구하여라.

4 폐구간 $(0,1)$ 위의 연속인 실함수 전체의 집합 $C([0,1])$의 두 함수 f, g의 합이 다음과 같다. 이때 $(C([0,1]), +)$이 군을 이룸을 보여라.

$$(f+g)(x) = f(x) + g(x),\ \ 0 \le x \le 1$$

5 순서쌍의 집합 $G = \{(0,0), (0,1), (1,0), (1,1)\}$는 법 2(modulo 2)인 덧셈연산에 관하여 군을 이룬다는 것을 밝혀라. 이 군의 항등원과 역원을 구하여라.

6 Klein 4원군의 곱셈표를 만들어라.

7 실수 $\mathbb{R}$ 위의 행렬식이 영이 아닌 2×2행렬 전체의 집합 $M(\mathbb{R})$는 곱셈연산에 관하여 군을 이룬다는 것을 보여라. 이때 가역행렬 $A = \begin{bmatrix} a\ b \\ c\ d \end{bmatrix}$의 역원을 구하여라.

8 집합 $\mathbb{R}^n = \{(x_1, x_2, \cdots, x_n) \mid x_i \in \mathbb{R}, i = 1, 2, \cdots, n\}$ 위의 덧셈연산 $+$가 다음과 같다. 이때 $\mathbb{R}^n$은 가환군임을 보여라.

$$(x_1, x_2, \cdots, x_n) + (y_1, y_2, \cdots, y_n) = (x_1 + y_1, x_2 + y_2, \cdots, x_n + y_n)$$

9 집합 X의 멱집합 $P(X)$는 다음의 연산에 의하여 군을 이룬다. 이 군의 항등원과 역원을 구하여라.

$$A \triangle B = (A \cup B) - (A \cap B),\ \ \forall A, B \subseteq X$$

10 고정된 양의 정수 n에 대하여, $x^n = 1$인 복소수 전체의 집합은 곱셈연산에 관해 군을 이룸을 보여라.

11 5차 이면체군 D_5의 곱셈표를 작성하여라.

12 사원수군 $Q = \{1, -1, i, -i, j, -j, k, -k\}$ 의 곱셈표를 작성하여라.

SECTION

2.2 군의 기본성질

이 절에서는 군 G의 기본적인 성질을 공부하여 다음에 나오는 군의 성질에 활용함을 수업목표로 한다.

정의 군 $(G, \bullet)$에서, 모든 $a \in G$에 대하여 $ae = a$를 만족하는 G의 원소 e를 **우측항등원**(right identity), $ea = a$를 만족하는 e를 **좌측항등원**(left identity)이라고 한다.

모든 $a \in G$에 대하여 $aa' = e$인 원소 a'를 a의 **우측역원**(right inverse), $a'a = e$인 원소 a'를 a의 **좌측역원**(left inverse)이라 한다. ■

정리 2.2.1 반군 G가, 군이 되기 위한 필요충분조건은 G의 좌측항등원과 모든 $a \in G$에 대하여, a의 좌측역원이 존재하는 것이다. 즉 반군 G가 좌측항등원과 좌측역원을 갖는다면 이들은 각각 항등원, 역원과 같게 된다.

두 가지 방법으로 증명할 수 있다.

증명1 G를 좌측항등원과 좌측역원을 가지는 반군이라 하자.
G의 좌측항등원을 e라 하고, $a \in G$에 대하여 a의 좌측역원을 a^{-1}라 하면,

$$ea = a, \ a^{-1}a = e$$

이다.

여기서, $ae = a$과 $aa^{-1} = e$을 보이면 e와 a^{-1}가 각각 우측항등원과 a의 우측역원이 됨을 보임으로써 증명이 완성된다.

G의 원소 a^{-1}에 대하여, a^{-1}의 좌측역원 $(a^{-1})^{-1}$가 존재하여 $(a^{-1})^{-1}a^{-1} = e$이다. 그러므로 $aa^{-1} = e(aa^{-1}) = ((a^{-1})^{-1}a^{-1})(aa^{-1}) = (a^{-1})^{-1}(a^{-1}a)a^{-1} = (a^{-1})^{-1}(e)a^{-1} = (a^{-1})^{-1}a^{-1} = e$이 성립한다. 또한,

$$ae = a(a^{-1}a) = (aa^{-1})a = ea = a$$

이다. 그러므로 G는 군이 된다.

증명2 위의 증명1과 별도로 $ae=a$과 $aa^{-1}=e$을 보임으로써 증명을 완성하고자 한다.

먼저, $cc=c$인 G의 원소 c는 e가 된다. 왜냐하면, $cc=c$이면

$$c=ec=(c^{-1}c)c=c^{-1}(cc)=c^{-1}c=e$$

이기 때문이다.

또한, 좌측역원의 정의에 의하여

$$(aa^{-1})(aa^{-1})=a(a^{-1}a)a^{-1}=a(e)a^{-1}=aa^{-1}$$

이 성립한다. 즉, $(aa^{-1})(aa^{-1})=aa^{-1}$이므로 $aa^{-1}=e$이다.

한편, 임의의 $a\in G$에 대하여,

$$ae=a(a^{-1}a)=(aa^{-1})a=(e)a=a$$

이 된다.

반대방향의 증명은 군의 정의에 의하여 분명히 성립한다. 그러므로 G는 군이 된다.

정리 2.2.2 군 G에 대하여 다음이 성립한다.

(1) 항등원 e는 하나뿐이다.

(2) 임의의 $a\in G$의 역원 a^{-1}는 하나뿐이다.

(3) 좌우 소거법칙이 성립한다. 즉,

$$ab=ac \Rightarrow b=c \text{ 이고 } ba=ca \Rightarrow b=c$$

(4) 임의의 $a,b\in G$에 관한 방정식 $ax=b$와 $ya=b$는 유일한 해 $x=a^{-1}b$와 $y=ba^{-1}$를 갖는다.

(5) 임의의 $a,b\in G$에 대하여

$$(a^{-1})^{-1}=a,\ (ab)^{-1}=b^{-1}a^{-1}$$

이다.

증명 (1) 두 원소 e, f를 G의 항등원이라 하자.

그러면, 임의의 $a\in G$에 대하여

$$ae = ea = a\text{과 } af = fa = a$$

이 성립한다. 여기서, $a = f$일 경우, $fe = ef = f$이 성립하고, 또 $a = e$일 경우, $ef = fe = e$이 성립한다. 따라서

$$f = ef = e$$

이다.

(2) $a \in G$의 또 다른 역원을 b라 하자. 그러면, $ab = ba = e$이므로,

$$b = be = b(aa^{-1}) = (ba)a^{-1} = (e)a^{-1} = a^{-1}$$

이다. 즉, a의 역원은 a^{-1}로 유일하다.

(3) $ab = ac$라 하자. 이 식의 양변에 a^{-1}를 곱하면

$$a^{-1}(ab) = (a^{-1}a)b = eb = b$$
$$a^{-1}(ac) = (a^{-1}a)c = ec = c$$

이다. 따라서 $b = a^{-1}(ab) = a^{-1}(ac) = c$이다. 마찬가지로 $ba = ca$라 하면,

$$b = be = b(aa^{-1}) = (ba)a^{-1} = (ca)a^{-1} = c(aa^{-1}) = ce = c$$

이다.

(4) 일단, $a(a^{-1}b) = (aa^{-1})b = eb = b$이므로, $a^{-1}b$는 $ax = b$의 해이다. 이 해의 유일성은 위 (3)에 의하여 성립한다. 마찬가지 방법으로 ba^{-1}또한 $ya = b$의 유일한 해이다.

(5) $a \in G$의 역원은 a^{-1}이고, a^{-1}의 역원은 $(a^{-1})^{-1}$이다. 그러므로

$$aa^{-1} = a^{-1}a = e$$
$$(a^{-1})(a^{-1})^{-1} = (a^{-1})^{-1}a^{-1} = e$$

이 된다. 고로, a^{-1}의 역원은 a와 $(a^{-1})^{-1}$이고, 이들은 유일성에 의하여 $a = (a^{-1})^{-1}$이 된다.

마찬가지 방법으로

$$(ab)(b^{-1}a^{-1}) = a(bb^{-1})a^{-1} = a(ea^{-1}) = aa^{-1} = e$$

이므로, ab의 유일한 역원은 $(ab)^{-1} = b^{-1}a^{-1}$이다.

보기 1 실수의 집합 $\mathbb{R}$을 생각하자. 그리고 $\mathbb{R}\times\mathbb{R}$ 상에서 연산 *를 다음과 같이 정의하자.

$$(a,b)*(c,d)=(ac,bc+d),\ \ \forall (a,b),\ (c,d)\in\mathbb{R}\times\mathbb{R}$$

그러면 주어진 연산 *에 의하여 $\mathbb{R}\times\mathbb{R}$ 역시 군을 이룬다.

모든 $(a,b)\in\mathbb{R}\times\mathbb{R}$ 에 대하여

$$(a,b)*(1,0)=(1,0)*(a,b)=(a,b)$$

이므로 $(1,0)$은 항등원이다.

또, 임의의 $(a,b)\in\mathbb{R}\times\mathbb{R}$ 에 대하여

$$(a,b)*\left(\frac{1}{a},-\frac{b}{a}\right)=(1,0)=\left(\frac{1}{a},-\frac{b}{a}\right)*(a,b)$$

이므로 $(a,b)^{-1}=\left(\frac{1}{a},-\frac{b}{a}\right)$이다. 여기서 $\mathbb{R}\times\mathbb{R}$는 *에 관하여 비가환군임을 알 수 있다.

예를 들어, $(1,3)^{-1}=(1,-3)$, $(2,4)^{-1}=\left(\frac{1}{2},-2\right)$이고, $(1,3)*(2,4)=(2,10)$, $(2,4)*(1,3)=(2,7)$이다.

한편, $(2,10)^{-1}=\left(\frac{1}{2},-5\right)$, $((1,3)*(2,4))^{-1}=(2,10)^{-1}=\left(\frac{1}{2},5\right)$,

$$(2,4)^{-1}*(1,3)^{-1}=\left(\frac{1}{2},-2\right)*(1,-3)=\left(\frac{1}{2},5\right),$$

$$(1,3)^{-1}*(2,4)^{-1}=(1,-3)*\left(\frac{1}{2},-2\right)=\left(\frac{1}{2},-\frac{7}{2}\right)$$

이므로, $(1,3)*(2,4)\neq(2,4)*(1,3)$, $((1,3)*(2,4))^{-1}\neq(1,3)^{-1}*(2,4)^{-1}$임을 알 수 있다.

정리 2.2.3 군 G에 대하여 다음이 성립한다.

(1) G가 가환일 필요충분조건은 모든 $a,b\in G$에 대하여 $(ab)^{-1}=a^{-1}b^{-1}$가 되는 것이다.

(2) 모든 $a\in G$에 대하여 $aa=e$이면 G는 가환군이다.

증명 (1) 군 G가 가환이라 하자. 그러면, $(ab)^{-1}=b^{-1}a^{-1}=a^{-1}b^{-1}$이다.

역으로 임의의 $a,b\in G$에 대하여 $(ab)^{-1}=a^{-1}b^{-1}$가 성립한다고 하자. 그

러면, 앞에서 배운 $(ab)^{-1} = b^{-1}a^{-1}$를 이용하여,

$$ab = ((ab)^{-1})^{-1} = (a^{-1}b^{-1})^{-1} = ((ba)^{-1})^{-1} = ba$$

이 된다. 따라서 G는 가환군이다.

(2) 모든 $a \in G$에 대하여 $a^2 = aa = e$라 하자. 이의 양변에 a^{-1}를 곱하면 $a = a^{-1}$를 얻는다. 고로, 임의의 $a, b \in G$에 대하여

$$ab = (ab)^{-1} = b^{-1}a^{-1} = ba$$

이 된다. 따라서 G는 가환군이다.

지금부터, 군 G의 원소에 대한 **지수법칙**을 다음과 같이 정의하자. 먼저, 군 G의 원소 a, b, c의 곱 $(ab)c$와 $a(bc)$는 같은 원소이므로 이를 abc로 나타낸다. 또한, 양의 정수 n에 대하여 $a^n = aa \cdots a$(n번 연산), $a^{-n} = (a^{-1})^n$, $a^0 = e$으로 정의한다.

정리 2.2.4 군 G의 원소 $a \in G$와 정수 $m, n \in \mathbb{Z}$에 대하여 다음이 성립한다.

(1) $a^n a^m = a^{n+m} = a^m a^n$

(2) $(a^n)^m = a^{nm} = (a^m)^n$

(3) $a^{-n} = (a^n)^{-1}$

증명 편의상 (3)을 먼저 증명한다.

(3) $a \in G$이고, $m, n \in \mathbb{Z}$이라 하자. 먼저, $n \geq 0$일 때, $(a^n)^{-1} = (a^{-1})^n$임을 수학적 귀납법으로 증명해보자. $n = 0$일 때, $(a^0)^{-1} = (e)^{-1} = e = (a^{-1})^0$이 성립한다. 또한, $n = k > 0$일 때, $(a^k)^{-1} = (a^{-1})^k$가 성립한다고 가정하자. 그러면,

$$(a^{k+1})^{-1} = (a^k a)^{-1} = a^{-1}(a^k)^{-1} = a^{-1}(a^{-1})^k = (a^{-1})^{k+1}$$

이 성립하여, 수학적 귀납법으로써 $n \geq 0$이면 $(a^n)^{-1} = (a^{-1})^n$임이 증명되었다.

다음으로, $n < 0$일 때, $(a^n)^{-1} = (a^{-1})^n$임을 위의 내용을 이용하여 증명해보자. $n < 0$이므로, $-n > 0$이다. 그러므로 위의 증명에 의하여

$(a^{-n})^{-1} = (a^{-1})^{-n}$이 성립한다. 그러면

$$(a^n)^{-1} = (a^{-(-n)})^{-1} = ((a^{-1})^{-n})^{-1} = ((a^{-1})^{-1})^{-n} = a^{-n} = (a^{-1})^n$$

이 된다. 따라서 모든 $n \in \mathbb{Z}$에 대하여 $(a^n)^{-1} = (a^{-1})^n$이 증명되었다. 또한, 정의에 의하여 $a^{-n} = (a^{-1})^n$이므로, $a^{-n} = (a^n)^{-1}$이 성립함을 알 수 있다.

(1) $n > 0$, $m > 0$이면, a를 각각 n, m번 곱한 a^n와 a^m의 곱 $a^n a^m$은 a를 $n+m$번 곱한 것이므로 $a^n a^m = a^{n+m}$이다.

또한, $n < 0$, $m < 0$이면, a, n, m을 각각 a^{-1}, $-n$, $-m$에 대하여, $-m > 0$, $-n > 0$이므로 $(a^{-1})^{-n}(a^{-1})^{-m} = (a^{-1})^{(-n)+(-m)}$이 성립한다. 따라서 (3)을 이용하면,

$$a^n a^m = (a^{-1})^{-n}(a^{-1})^{-m} = (a^{-1})^{(-n)+(-m)} = a^{n+m}$$

이 된다.

그리고, $n = 0$ 또는 $m = 0$인 경우를 살펴보자. $n = 0$이면, $a^n = e$이고,

$$a^n a^m = e a^m = a^m = a^{0+m} = a^{n+m}$$

이다. $m = 0$이면, $a^m = e$이고,

$$a^n a^m = a^n e = a^n = a^{n+0} = a^{n+m}$$

이다.

$m > 0$, $n < 0$ 또는 $m < 0$, $n > 0$인 경우에도 m, n에 관한 위의 법칙(예를 들어 $m > 0$, $-n > 0$)을 이용하여 유사하게 증명할 수 있다.

(2) $n = 0$이면 분명하다.

또한, $n > 0$이면 n에 관한 수학적 귀납법으로 증명할 수 있고, 이를 이용하여 $n < 0$일 때도 성립함을 같은 방법으로 증명할 수 있다.

예제 2 군 G에서 $x^3 = e$일 필요충분조건은 임의의 $y \in G$에 대하여 $(y^{-1}xy)^3 = e$가 되는 것임을 보여라.

풀이 먼저, 군 G의 원소 x에 대하여 $x^3=e$라고 가정하자. 그러면, 임의의 $y\in G$에 대하여

$$(y^{-1}xy)^3=(y^{-1}xy)(y^{-1}xy)(y^{-1}xy)=y^{-1}xexexy=y^{-1}x^3y=y^{-1}ey=e$$

이다.

역으로, G의 원소 x, y에 대하여 $(y^{-1}xy)^3=e$라 가정하면, $y^{-1}x^3y=e$이다. 따라서

$$x^3=yy^{-1}x^3yy^{-1}=y(y^{-1}x^3y)y^{-1}=yey^{-1}=e$$

이다.

끝으로, 덧셈 군 G의 $a,b\in G$에 대하여 $a+(-b)=a-b$와 같이 차를 정의하고, 다음과 같은 성질이 있음을 상기하자.

$$-(-a)=a,\ -(a+b)=-a-b,\ a+b=0\Rightarrow b=-a$$

또한, 양의 정수 n에 대하여 덧셈에 관한 지수법칙을 다음으로 정의하자.

$$na=a+a+a+\cdots+a\ (n\text{번})$$
$$0a=0,$$
$$(-n)a=n(-a)$$

이때 $0a$의 0는 정수의 영, 우변의 0는 군 G의 영원(항등원)이다. 정수의 영과 G의 영원을 같은 기호로 나타내기로 한다.

다음 명제는 쉽게 증명된다.

따름정리 2.2.5 가환군$(G,+)$, 원소 $a,b\in G$, 정수 $n\in\mathbb{Z}$에 대하여 다음이 성립한다.

(1) $(n+m)a=na+ma$

(2) $m(na)=mna$

(3) $(-n)a=-(na)$

(4) $n(a+b)=na+nb$

연습문제 2.2

1 군 G에 대하여 모든 $a, b \in G$에 대하여 $(ab)^2 = a^2b^2$이면 G는 가환임을 밝혀라.

2 $a*b \neq b*a$인 군 G의 원소를 a, b라 하면 $e, a, b, a*b, b*a$는 서로 다른 원소임을 보여라.

3 위수가 3 이상인 군G 에 $ab = ba, a \neq b, a \neq e, b \neq e$인 원소 $a, b \in G$가 존재함을 보여라.

4 군 G에 관한 방정식 $x^2 = x$의 해(solution)는 $x = e$뿐임을 보여라.

5 군 G에 대하여 $a^{-1}ba = b^{-1}$, $b^{-1}ab = a^{-1}$인 원소 $a, b \in G$는 $a^4 = b^4 = e$임을 만족한다.

6 군 G의 고정된 원소 a에 대하여 다음 사상 $f_a : G \rightarrow G$을 좌 이동사상(left translation)이라 한다.

$$f_a(x) = ax, \; x \in G$$

(1) f_a는 전단사이다.

(2) f_a, f_b에 대하여 $f_a \circ f_b = f_{ab}$가 성립한다.

(3) $\{f_a | a \in G\}$는 합성 $\circ$에 대하여 군을 이룬다.

7 원소의 개수가 2 또는 3인 군은 모두 가환군임을 보여라.

8 원소의 개수가 짝수인 군 G는 $a^2 = e, a \neq e$인 원소 a를 적어도 하나 가짐을 보여라.

9 비가환군은 적어도 여섯 개의 원소를 가짐을 보여라.

10 양의 정수 n에 대하여, 군 G에서 $x^n = e$일 필요충분조건은 임의의 $y \in G$에 대하여 $(y^{-1}xy)^n = e$가 되는 것임을 보여라.

11 좌우 소거법칙을 만족하는 **유한 반군**(finite semigroup) G 는 군을 이룬다. 그러나 G가 무한집합이면 군을 이룬다고 할 수 없음을 보여라.

12 따름 정리 2.2.5를 증명하여라.

SECTION 2.3 부분군, 순환군

이 절에서는 군 G의 부분군의 성질 및 군 G의 한 원소에 의해서 생성된 순환군에 대하여 학습함을 수업목표로 한다.

정의 군 $(G, \cdot)$의 공집합이 아닌 부분집합 H가 있어서 $(H, \cdot)$가 또 하나의 군을 이룰 때 $(H, \cdot)$를 $(G, \cdot)$의 **부분군**(subgroup)이라 한다. 이를 간단히 H는 G의 부분군이라 하고, 이의 표시를 $H < G$ 또는 $(H, \cdot) < (G, \cdot)$로 나타낸다.
특히, 대칭군의 부분군을 **치환군**(permutation group)이라 한다. ■

H가 G의 부분군이면 집합 H가 연산 $\cdot$에 의하여 군을 이루므로, 임의의 $a, b \in H$에 대하여, $ab \in H$이고 (i) $(ab)c = a(bc), \ \forall a, b, c \in H$ (ii) $\exists e' \in H, \ ae' = a = e'a, \ \forall a \in H$, (iii) 임의의 $a \in H$에 대하여 $aa^{-1} = a^{-1}a = e'$가 되는 $a^{-1} \in H$가 존재한다.
한편, (ii)에서 $e'e' = e'$이므로, 양변에 $(e')^{-1}$를 곱하면 $e = e'$가 되고, $e \in H$이다.

보기 1 잉여류군 $(\mathbb{Z}_6, +)$의 부분집합 $H = \{\overline{0}, \overline{2}, \overline{4}\}$는 덧셈에 관한 부분군이다. 실제로 $\overline{0} + \overline{2} = \overline{2}$, $\overline{0} + \overline{4} = \overline{4}$, $\overline{2} + \overline{4} = \overline{0}$이므로 H는 $+$에 관하여 닫혀있다. 여기서, $\overline{0}$는 H의 영원이고, $-\overline{0} = \overline{0}$, $-\overline{2} = \overline{4}$, $-\overline{4} = \overline{2}$이다.

보기 2 $(\mathbb{Z}_4, +)$의 부분집합 $\{\overline{0}, \overline{2}\}$, $\{\overline{0}\}$는 $\{\overline{0}\} < \{\overline{0}, \overline{2}\} < \mathbb{Z}_4$인 관계가 되는 부분군들이다.

군 G는 그 자신의 부분군이고 항등원 하나만으로 된 집합 $\{e\}$도 G의 부분군이다. 이때 군 $\{e\}$를 G의 **자명한 부분군**(trivial subgroup)이라 한다. $H \neq G$, $H \neq \{e\}$인 부분군 H를 G의 **진부분군**(proper subgroup)이라 한다.

예제 3 소수 p에 관한 잉여류군 $(\mathbb{Z}_p, +)$는 진부분군을 갖지 않는다. 이를 밝혀라.

부분집합들을 포함관계 $\subset$로서 가장 큰 것은 가장 위에 놓고 가장 작은 것을 가장 밑에 놓고 나머지 부분군을 그 사이에 배열한 그림을 **부분군의 격자**(subgroup lattice)라 한다.

보기 4 $(\mathbb{Z}_4, +)$의 부분군은 $\{\overline{0}\}$, $\{\overline{0}, \overline{2}\}$뿐이다. 이 군의 부분군의 격자는 그림과 같다.

$$\begin{array}{c} \mathbb{Z}_4 \\ | \\ \{\overline{0}, \overline{2}\} \\ | \\ \{\overline{0}\} \end{array}$$

그림 2.3

보기 5 대칭군 $S_3 = \{1, (1\ 2\ 3), (1\ 3\ 2), (2\ 3), (1\ 3), (1\ 2)\}$의 우 치환 전체의 집합인 교대군은 $A_3 = \{1, (1\ 2\ 3), (1\ 3\ 2)\}$이다. 다른 부분군 $\{1\}$, $\{1, (1\ 2)\}$, $\{1, (1\ 3)\}$, $\{1, (2\ 3)\}$을 각각 H_0, H_1, H_2, H_3라 하면 S_3의 부분군의 격자는 다음과 같다.

$$\begin{array}{ccccccc} & & & S_3 & & & \\ & / & / & | & \backslash & & \\ A_3 & & H_2 & H_2 & & H_3 & \\ & \backslash & \backslash & | & / & & \\ & & & H_0 & & & \end{array}$$

그림 2.4

주의 H가 군 G의 부분군이면 H는 G의 부분집합이므로 H에서 결합법칙은 자동적으로 성립한다.

정리 2.2.3 **부분군 Criterion** H가 군 G의 공집합이 아닌 부분집합일 때, 다음 사실은 서로 동치조건이다.

(1) $H < G$.

(2) (i) $a, b \in H \Rightarrow ab \in H$ (ii) $a \in H \Rightarrow a^{-1} \in H$.

(3) $a, b \in H \Rightarrow ab^{-1} \in H$.

증명 부분군의 정의와 조건 (2)의 (i), (ii)에 의하여 (1) $\Rightarrow$ (2) $\Rightarrow$ (3)는 명백하다. (3)$\Rightarrow$(1) 주어진 조건 (3)을 가정할 때, 임의의 $a \in H$에 대하여 $e = aa^{-1} \in H$이다. 다음으로, 임의의 $a \in H$에 대하여, $e \in H$이므로 $a^{-1} = ea^{-1} \in H$. 또, $a, b \in H$이면 $b^{-1} \in H$이므로 $ab = a(b^{-1})^{-1} \in H$. 따라서 $H < G$이다.

정리 2.3.2 군 G의 유한집합 H가 부분군일 필요충분조건은 모든 $a, b \in H$에 대하여 $ab \in H$가 되는 것이다.

증명 H가 G의 부분군이면 모든 $a, b \in H$에 대하여 $ab \in H$가 되는 것은 분명하다.

역으로 모든 $a, b \in H$에 대하여 $ab \in H$라 하자. 그러면, 임의의 $a \in H$에 대하여 a^2, a^3, a^4, $\cdots$ 는 H의 원소이다. H가 유한집합이므로 $a^n = e$가 되는 양의 정수 n이 존재한다. $n = 1$인 경우, $a = e$이고, $n > 1$인 경우, $a^{-1} = a^{n-1}$이다. 따라서 정리 2.3.1의 (2)에 의하여 $H < G$이다.

정리 2.3.3 군 G의 부분군들의 모임인 집합족 $\{H_i \mid i \in \Lambda\}$ 에 대하여 교집합 $\cap H_i$는 군 G의 부분군이다.

증명 G의 항등원 e는 모든 H_i의 원소이므로 $\cap H_i \neq \varnothing$ 이다. $a, b \in \cap H_i$이면 모든 i에 대하여 $a, b \in H_i$이다. 각 i에 대하여 H_i가 군 G의 부분군이므로 정리 2.3.1의 (3)에 의하여 $ab^{-1} \in H_i$이다. 모든 i에 대하여 $ab^{-1} \in H_i$이므로 $ab^{-1} \in \cap H_i$이다. 따라서 다시 정리 2.3.1의 (3)에 의하여 $\cap H_i$는 군 G의 부분군이다.

보기 6 정이면체군 D_4에서 $H_1 = \{1,\ \sigma,\ \sigma^2,\ \sigma^3\}$, $H_2 = \{1,\ \sigma^2,\ \tau,\ \sigma^2\tau\}$는 D_4의 부분군이다. 여기서 σ는 $\dfrac{\pi}{2}$만큼 반시계방향으로 회전이고, τ는 (1, 3)축에 대한 반사이다.

더욱이, $H_1 \cap H_2 = \{1,\ \sigma^2\}$는 D_4의 부분군이다.

보기 7 군 $(\mathbb{Z}_{12},\ +)$에서 $H_1 = \{\bar{0},\ \bar{6}\}$, $H_2 = \{\bar{0},\ \bar{4},\ \bar{8}\}$는 $\mathbb{Z}_{12}$의 부분군이다. 그러나 $H_1 \cup H_2 = \{\bar{0},\ \bar{4},\ \bar{6},\ \bar{8}\}$에서 $\bar{4} + \bar{6} = \overline{10}$, $\bar{6} + \bar{8} = \bar{2}$ 이므로 $H_1 \cup H_2$는 덧셈에 의하여 닫혀있지 않다. 따라서 $H_1 \cup H_2$는 $\mathbb{Z}_{12}$의 부분군이 아니다.

따름정리 2.3.4 G의 부분군 H_1, H_2에서 $H_1 \cup H_2$가 부분군이 되기 위한 필요충분조건은 $H_1 \subseteq H_2$ 또는 $H_2 \subseteq H_1$이 되는 것이다

증명 먼저, 필요조건을 증명해보자. 대우 명제에 의하여 $H_1 \not\subseteq H_2$ 이고 $H_2 \not\subseteq H_1$ 이면 $H_1 \cup H_2$는 부분군이 아님을 보이면 충분이다. $H_1 \not\subseteq H_2$ 이고 $H_2 \not\subseteq H_1$ 라고 가정하자. 그러면 $a \in H_1 - H_2$, $b \in H_2 - H_1$가 되는 a, b가 존재한다. 여기서, $ab \in H_1$이라 하면 $b = a^{-1}(ab) \in H_1$이 되어 모순이다.

마찬가지로 $ab \in H_2$이면 $a = (ab)b^{-1} \in H_2$가 되어 모순이다.

즉 $a,\ b \in H_1 \cup H_2$이나 $ab \notin H_1 \cup H_2$. 따라서 $H_1 \cup H_2$는 부분군이 아니다.

이제, 충분조건을 증명해보자. $H_1 \subseteq H_2$이면 $H_1 \cup H_2 = H_2$가 되어 $H_1 \cup H_2$는 부분군이 되고, $H_2 \subseteq H_1$이면 $H_1 \cup H_2 = H_1$이 되어 $H_1 \cup H_2$는 부분군이 된다.

정의 군 G의 모든 원소와 가환인 G의 원소 전체의 집합을 G의 **중심**(center)이라 한다. 이를 다음과 같은 집합으로 나타낸다.

$$Z(G) = \{a \in G \mid ax = xa,\ \ \forall x \in G\}$$

G가 가환군이면 $G = Z(G)$이다. ■

보기 8 $Z(S_3) = \{1\}$, $Z(D_4) = \{1,\ \sigma^2\}$.

정리 2.3.5 군 G의 중심 $Z(G) = \{a \in G \mid ax = xa,\ \ \forall x \in G\}$는 G의 부분군이다.

증명 항등원 e는 G의 모든 원소와 가환이므로 $Z(G) \neq \varnothing$이다. 임의의 $a,\ b \in Z(G)$에 대하여 $ax = xa$, $bx = xb$, $\forall x \in G$이므로

$$(ab^{-1})x = a(b^{-1}x) = a(x^{-1}b)^{-1} = a(bx^{-1})^{-1}$$
$$= a(xb^{-1}) = (ax)b^{-1} = (xa)b^{-1} = x(ab^{-1})$$

따라서 $ab^{-1} \in Z(G)$이다. 정리 1의 (3)에 의하여 $Z(G)$는 군 G의 부분군이다.

지금부터 군 G의 부분군을 생성하는 일반적인 방법을 생각하여 보자.

정의 군 G의 부분집합 $S(\neq\emptyset)$를 포함하는 G의 부분군 전체의 교집합을 S에 의하여 **생성된 부분군**(subgroup generated by S)이라 하고, $< S >$로 나타낸다. 즉,

$$< S > = \cap \{H \mid S \subseteq H,\ \forall H < G\}.$$

군 G의 부분군들의 교집합은 G의 부분군이고, 모든 $H \supseteq S$이므로 $< S >$는 S를 포함하고 있는 최소의 부분군이다. S의 원소를 $< S >$의 **생성원**(generator)이라 한다. ■

군 G의 부분집합 $T \neq S$에 대하여, $< T > = < S >$인 경우가 있을 수 있다. $S = \{a_1,\ \cdots,\ a_n\}$이면 $< S > = < a_1,\ \cdots,\ a_n >$으로 나타낸다.

특히 $G = < S > = < a_1,\ \cdots,\ a_n >$이면 G는 **유한생성**(finitely generated)**군**이라고 하고, $\{a_1,\ \cdots, a_n\}$을 G의 **생성원 집합**(generating set)이라 한다.

보기 9 군 $(\mathbb{Z},\ +)$는 모든 홀수에 의하여 생성되고, $\mathbb{Z}_{12}$는 모든 홀수 1, 3, 5, 7, 9, 11에 의하여 생성된다. 또 $\mathbb{Z}_2 \times \mathbb{Z}_3$는 (1, 1), (1, 2)에 의하여 생성된다.

정리 2.3.6 $< S >$의 원소는 $a_i \in S$ 또는 $a_i \in S^{-1}$의 유한 곱 $a_1 a_2 \cdots a_n$, $(i = 1, 2, \cdots, n)$의 꼴로 표시 된다.

즉 $< S > = \{a_1 a_2 \cdots a_n | a_1,\ a_2,\ \cdots,\ a_n \in S \cup S^{-1}\}$이다.

증명 $H = \{a_1 a_2 \cdots a_n | a_i \in S$ 또는 $a_i^{-1} \in S\}$라 하자.

임의의 $x = a_1 a_2 \cdots a_n$, $y = b_1 b_2 \cdots b_n \in H$에 대하여

$$xy^{-1} = a_1 a_2 \cdots a_n b_n^{-1} \cdots b_2^{-1} b_1^{-1}$$

이므로 $xy^{-1} \in H$이고, H는 군 G의 부분군이다.

특히, $S \subseteq H$이고 $< S >$는S 를 포함하고 있는 모든 부분군의 교집합이므로 $< S > \subseteq H$. $< S >$는 S를 포함하고 있는 부분군이므로 $a_i \in$S 또는 $a_i^{-1} \in$S에 대하여 $a_1 a_2 \cdots a_n \in < S >$. 그러므로 $< S > \supseteq H$ 이로서$H = < S >$임이 증명된다.

정의 군 G의 원소 a에 의하여 생성된 부분군 $< a >$를 a에 의하여 생성된 **순환부분군**(cyclic subgroup generated by a)라고 한다. $G = < a >$일 때, G는 a를 생성원으로 갖는 **순환군**(cyclic group)이라고 한다.

순환군은 여러 개의 생성원을 가질 수 있다. $< a > = < a^{-1} >$이므로 a와 a^{-1}는 생성원이다. 순환군 $G = < a >$의 임의의 원소는 a^n, $n \in \mathbb{Z}$의 꼴로 표시된다. 즉 $< a > = \{a^n | n \in \mathbb{Z}\}$. ■

보기 10 정수 군 $(\mathbb{Z}, +)$에서는 원소 $a \in \mathbb{Z}$에 의하여 생성된 순환군은 $< a > = \{na | n \in \mathbb{Z}\}$이다. 예를 들어

$$< 0 > = \{0\}, \quad < 1 > = \mathbb{Z}, \quad < 3 > = 3\mathbb{Z}$$

는 각각 0, 1, 3을 생성원으로 갖는 순환군이다.

보기 11 대칭군 $S_3 = \{1, (1\,2\,3), (1\,3\,2), (1\,2), (1\,3), (2,3)\}$의 부분군 $< 1 > = \{1\}$, $< (1\,2\,3) > = \{1, (1\,2\,3), (1\,3\,2)\} = < (1\,3\,2) >$, $< (1\,2) > \geqq \{1, (1\,2)\}$, $< (1\,3) > = < 1, (1\,3) >$, $< (2\,3) > = \{1, (2\,3)\}$은 모두 순환 부분군이다. 그러나 S_3는 순환군이 아니다

보기 12 법 n에 관한 잉여류군 $\mathbb{Z}_n$은 $\bar{1}$를 생성원으로 갖는 순환군이다.

정의 군 G의 원소 a에 의하여 생성된 부분군 $< a >$의 원소의 개수를 a의 **위수**(order)라 한다. a의 위수가 n이면, n은 $a^n = e$가 되는 최소 양의 정수이다. 이와 같은 정수 n이 존재하지 않을 때 a는 **무한위수**(infinite order)를 갖는다고 한다. ■

보기 13 이면체군 $D_3 = \{1,\ \sigma,\ \sigma^2,\ \tau,\ \sigma\tau,\ \sigma^2\tau\}$의 각 원소의 위수는 다음과 같다.

원소	1	σ	σ^2	τ	$\sigma\tau$	$\sigma^2\tau$
위수	1	3	3	2	2	2

보기 14 정이면체군 $D_4 = \{1,\ \sigma,\ \sigma^2,\ \sigma^3,\ \tau,\ \sigma\tau,\ \sigma^2\tau,\ \sigma^3\tau\}$의 각 원소의 위수는 다음과 같다.

원소	1	σ	σ^2	σ^3	τ	$\sigma\tau$	$\sigma^2\tau$	$\sigma^3\tau$
위수	1	4	2	4	4	4	4	4

정리 2.3.7 군 $< a > = \{a^n \mid n \in \mathbb{Z}\}$의 원소의 개수가 n이면 $< a > = \{e,\ a,\ a^2,\ \cdots,\ a^{n-1}\}$이다.

증명 $< a > = \{a^n \mid n \in \mathbb{Z}\}$가 원소의 개수가 n인 유한군이므로 n은 $a^n = e$인 최소의 양의 정수이다.

지금, 임의의 $a^k \in < a >$를 택하자. 그러면 나눗셈의 정리에 의하여 $k = qn + r,\ 0 \le r < n$ 인 정수 $q,\ r$이 존재한다.

임의의 $a^k \in < a >$ 에 대하여

$$a^k = (a^n)^q a^r = e a^r = a^r$$

이므로 $a^k = a^r \in \{e,\ a,\ a^2,\ \cdots,\ a^{n-1}\}$ 이다. 따라서

$$< a > = \{e,\ a,\ a^2, \cdots,\ a^{n-1}\}$$

이 된다.

주의 클라인 사원군의 모든 부분군은 순환군이나 그 군 자체는 순환군이 아님을 알 수 있다.

정리 2.3.8 군 G의 원소 a의 위수를 n라고 한다면 a^k의 위수는 $\dfrac{n}{d}$, $d = (k,\ n)$이다.

증명 a^k의 위수가 m이라고 가정한다면 $e=(a^k)^m=d^{km}$. 연습문제 9에 의하여 $n|km$이다. 그래서 $\frac{n}{d}$는 $\left(\frac{k}{d}\right)m$의 약수이고 $\frac{n}{d}$과 $\frac{k}{d}$는 서로소이므로 $\frac{n}{d}$은 m의 약수이다.

반면에, $(a^k)^{\frac{n}{d}}=(a^n)^{\frac{k}{d}}=e$이므로 m은 $\frac{n}{d}$의 약수이다. 따라서 $m=\frac{n}{d}$이다.

따름정리 2.3.9 G는 위수가 n인 유한군이다. $a^k\in G$가 G의 생성원이기 위한 필요충분조건은 $(k,n)=1$ 이다.

정리 2.3.10 순환군의 부분군은 역시 순환군이다.

증명 $G=<a>$이고, H가 순환군 G의 부분군이라 하자. $H=\{e\}$이면 $H=<e>$이므로 순환부분군이다. $H\neq\{e\}$라 하면 $a^m\in H$, $m\neq 0$가 되는 m이 존재하고, $a^{-m}\in H$. m, $-m$ 중 적어도 하나는 양의 정수이므로 $a^l\in H$, $l>0$인 정수 l이 존재하고, 이들 중 최소인 양의 정수 n이 존재하여 $a^n\in H$이다. 우리는 $H=<a^n>$임을 증명할 것이다.

a^n의 멱은 또 H의 원소이므로 $<a^n>\subseteq H$는 분명하다.

$H\subseteq<a>=\{a^k|k\in Z\}$이므로 임의의 $b\in H$는 $b=a^k$로 표시된다. 나눗셈 정리에 의하여 정수 q, r이 존재하여

$$k=qn+r,\ 0\leq r<n,\ a^k,\ a^n\in H$$

이므로 $a^r\in H$, 즉 $a^r=a^{k-qn}=a^k(a^n)^{-q}\in H$이다.

n의 정의에 의하여 $r=0$이고 $k=qn$이다. 따라서

$$b=a^k=(a^n)^q\in<a^n>$$

이다. 즉, $H\subseteq\langle a^n\rangle$이다. 그러므로 $H=\langle a^n\rangle$임이 증명되었다.

연습문제 2.3

1 가환군 G에 대하여 다음 집합이 부분군임을 보여라.

(1) $H=\{a\in G|\ a^n=e,\ n\in\mathbb{Z}^+ : fixed\}$

(2) $H=\{a\in G|\ a=b^2,\ \text{for}\ some\ \ b\in G\}$

(3) $H=\{a\in G|\ a^3\in K,\ K< G\}$

(4) $H=\{a\in G|\ (ax)^2=(xa)^2,\ x\in G\}$

2 군 G위의 함수 $f: G\to G$에 대하여,

$$H=\{a\in G|\, f(x)=f(ax),\ x\in G\}$$

는 G의 부분군임을 보여라.

3 잉여류군 $(\mathbb{Z}_{12},\ +)$의 부분군의 격자를 만들어라.

4 Klein 사원군의 부분군의 격자를 만들어라.

5 $\left\{\frac{a}{2^n3^m}|\ a,\, n,\, m\in\mathbb{Z}\right\}$는 $(Q^+,\ \cdot\ )$의 부분군이나 순환부분군이 아님을 보여라.

6 군 $(\mathbb{Q}^*,\ \cdot)$, $\mathbb{Q}^*=\mathbb{Q}-\{0\}$은 순환군이 아님을 보여라.

7 모든 순환군은 가환군임을 보여라.

8 오직 하나의 생성원을 갖는 순환군 G의 원소는 한 개 또는 두 개임을 보여라.

9 군 G의 원소 a의 위수가 n이면 $a^k=e$ 일 필요충분조건은 $n|k$ 임을 보여라.

10 $G=< a,b >$, $ab=ba$ 이면 G는 가환군임을 보여라.

11 군 G의 원소 a의 위수가 n일 때 a^k의 위수가 n일 필요충분조건은 $(k,\, n)=1$임을 보여라.

12 군$\left(\mathbb{Z}_7^*,\ \cdot\ \right)$의 각 원소의 위수를 구하여라.

13 무환 순환군 $G=\langle a\rangle$의 생성원은 $a,\ a^{-1}$뿐임을 보여라.

14 군 $(\mathbb{Z}_{20},\ +)$는 $\bar{1}$에 의하여 생성된 가환군이다. 부분군들의 격자를 구하여라.

15 위수가 24인 순환군의 부분군을 모두 구하고, 그의 격자를 그려라.

16 위수가 n인 순환군 G에 의하여 다음이 성립함을 보여라.

(1) G의 부분군의 위수는 n의 약수이다.

(2) $k \mid n$, $k > 0$이면 위수가 k인 부분군은 존재하며 오직 하나뿐이다.

17 가환군 G의 유한 위수인 원소 전체의 집합 $H=\{a \in G \mid \exists\, n \in \mathbb{Z},\ a^n = e\}$은 부분군임을 보여라.

18 가환군 G의 원소 a, b의 위수가 각각 m, n이면 위수가 m, n의 최소공배수인 원소 $c \in G$가 존재함을 보여라.

SECTION

2.4 라그랑주 정리

유한군의 부분군의 위수는 원래군의 위수의 약수가 된다는 군론의 기본성질을 증명하기 위하여 군의 부분집합의 곱에 대하여 공부하고, 이를 활용하여 유한군의 기본정리인 라그랑주 정리를 증명하고 응용함을 수업목표로 한다.

정의 군 G의 부분집합 H, K에 대하여 집합

$$HK = \{hk \mid h \in H,\ k \in K\}$$

를 H와 K의 **곱**(product)이라고 한다.

$K = \{a\}$이면 $H\{a\} = \{ha \mid h \in H\}$를 H의 **우 잉여류**(right coset)이라 하고, Ha로 나타낸다. 마찬가지로 $H = \{a\}$일 때 $\{a\}K = \{ak \mid k \in K\}$를 K의 **좌 잉여류**(left coset)라 하고, aK로 나타낸다. ■

군 $(G, +)$에서는 임의의 부분집합 $H \subseteq G$의 우 잉여류 $H + a = \{h + a \mid h \in H\}$와 좌 잉여류 $a + H = \{a + h \mid h \in H\}$는 같다. 가환군 G에서도 $Ha = aH$, $a \in G$가 성립한다. 그러나 G가 비 가환이면 Ha와 aH는 서로 다를 수 있다.

보기 1 정이면체군 $D_3 = \{1,\ \sigma,\ \sigma^2,\ \tau,\ \sigma\tau,\ \sigma^2\tau\}$의 부분집합 $H = \{\sigma,\ \sigma^2\}$, $K = \{1,\ \tau\}$에서 $HK = \{\sigma,\ \sigma^2, \sigma\tau,\ \sigma^2\tau\}$이다.

보기 2 대칭군 $S_3 = \{1,\ (1\,2\,3),\ (1\,3\,2),\ (1\,2),\ (1\,3),\ (2\,3)\}$의 부분군 H, K을 생각하자.

$$H = \{1,\ (1\,2\,3),\ (1\,3\,2)\},\ K = \{1,\ (2\,3)\}.$$

H의 우 잉여류 = H의 좌 잉여류: $\{1,\ (1\,2\,3),\ (1\,3\,2)\}$, $\{(1\,2),\ (1\,3),\ (2\,3)\}$
K의 우 잉여류: $\{1,\ (2\,3)\}$, $\{(1\,2),\ (1\,2\,3)\}$, $\{(1\,3),\ (1\,3\,2)\}$
K의 좌 잉여류: $\{1,\ (2\,3)\}$, $\{(1\,2),\ (1\,3\,2)\}$, $\{(1\,3),\ (1\,2\,3)\}$

보기 3 정수군 $(\mathbb{Z}, +)$의 부분군 $3\mathbb{Z}$ 및 $5\mathbb{Z}$의 잉여류는 다음과 같다.

$$0+3\mathbb{Z}=\overline{0},\ 1+3\mathbb{Z}=\overline{1},\ 2+3\mathbb{Z}=\overline{2},$$
$$0+5\mathbb{Z}=\overline{0},\ 1+5\mathbb{Z}=\overline{1},\ 2+5\mathbb{Z}=\overline{2},\ 3+5\mathbb{Z}=\overline{3},\ 4+5\mathbb{Z}=\overline{4}.$$

보기 4 정이면체군 D_4의 부분군 $H=\{1, \sigma\tau\}$, $K=\{1, \tau\}$에서 곱 $HK=\{1, \sigma, \tau, \sigma\tau\}$는 부분군이 아니다. K의 우 잉여류는 모두 네 개다.

$$K1=\{1, \tau\}=K\tau,$$
$$K\sigma=\{\sigma, \tau\sigma\}=\{\sigma, \sigma^3\tau\}=K\sigma^3\tau,$$
$$K\sigma^2=\{\sigma^2, \tau\sigma^2\}=\{\sigma^2, \sigma^2\tau\}=K\sigma^2\tau,$$
$$K\sigma^3=\{\sigma^3, \tau\sigma^3\}=\{\sigma^3, \sigma\tau\}=K\sigma\tau.$$

군 G의 부분집합 H에서 $H^{-1}=\{h^{-1}|h\in H\}$로 나타내면

$$(H^{-1})^{-1}=H,\ (HK)^{-1}=K^{-1}H^{-1}$$

이다. 또 부분집합 A, B, C에 대하여 $(AB)C=A(BC)$이다.

정리 2.4.1 군 G의 부분군 H에 대하여 다음 동치조건이 성립한다.

(1) $H<G$

(2) $HH=H,\ H^{-1}=H$

(3) $HH^{-1}=H$

증명 (1) ⇒ (2). $HH=\{xy|x, y\in H\}\subseteq H$,

$$H=\{h|h\in H\}=\{he|h\in H\}=He\subseteq HH. \text{ 따라서 } HH=H.$$

만약 $a\in H$이면, $a^{-1}\in H$이므로 $a=(a^{-1})^{-1}\in H^{-1}$. 역으로 $a\in H^{-1}$이면, $b\in H$가 존재하여 $a=b^{-1}$이고, $a=(a^{-1})^{-1}=b^{-1}\in H$ 이다. 그러므로 $H^{-1}=H$.

(2) ⇒ (3). (2)를 가정하자. 그러면 $HH^{-1}=HH=H$.

(3) ⇒ (1). (3)을 가정하자. 그때, 임의의 $a, b\in H$에 대하여 $ab^{-1}\in HH^{-1}=H$이므로 $H<G$가 된다.

공집합이 아닌 임의의 부분집합 $S(\subseteq G)$에 대하여 $SG=G=GS$이다. 실제로 임의의 $a\in G$에 대해 $a=s(s^{-1}a)\in SG$이기 때문이다.

군 G의 부분집합 H, K가 부분군이라 하여 HK가 부분군이 되는 것은 아니다. 예제 4에서 H, K는 D_4의 부분군이지만 HK는 부분군이 아니었다.

정리 2.4.2 군 G의 부분군 H, K에 대하여 HK가 G의 부분군이 될 필요충분조건은 $HK=KH$가 되는 것이다.

증명 HK가 G의 부분군이라 하자. 그러면 정리 1에 의하여

$$KH=K^{-1}H^{-1}=(HK)^{-1}=HK.$$

역으로 $HK=KH$라고 가정하면 역시 정리 1에 의하여

$$HK(HK)^{-1}=HKK^{-1}H^{-1}=HKH^{-1}=KHH^{-1}=KH=HK.$$

따라서 정리 1에 의하여 HK는 G의 부분군이다.

따름정리 2.4.3 H, K가 가환군 G의 부분군이면 HK도 G의 부분군이다.

보기 5 대칭군 S_3의 부분군 $H=\{1,\ (2\,3)\}$, $K=\{1,\ (1\,3)\}$에서 $HK\neq KH$이고 HK, KH는 부분군이 아니다.

대칭군 S_3의 부분군 $H=\{1,\ (2\,3)\}$의 좌 잉여류들 H, $(2\,3)H$, $(1\,3)H$의 원소의 개수는 모두 2이다. 우 잉여류들 H, $H(2\,3)$, $H(1\,3)$의 원소의 개수도 모두 2이다.

예를 들면, 집합 $H(1\,3)=\{(1\,3),\ (1\,3\,2)\}=(1\,2)H$과 $(1\,3)H=\{(1\,3),\ (1\,2\,3)\}=H(1\,2)$의 원소의 개수가 같다. 한편 $(1\,2)H\neq H(1\,2)$, $(2\,3)H=H=H(2\,3)$이다.

정리 2.4.4 군 G의 공집합이 아닌 부분집합 H와 잉여류 Ha(또는 aH) 사이에는 일대일 대응관계가 있다.

증명 사상 $f_a: H\to Ha$, $f_a(x)=ax$, $x\in H$가 전단사임을 보이자. $xa\in Ha$이면

$f_a(x) = ax$이므로 f_a는 전사이다. 만약 $f_a(x) = f_a(y)$이면 $ax = ay$이고, 소거의 법칙에 의하여 $x = y$이다. 그러므로 f_a는 단사이다. 따라서 H와 잉여류 Ha는 일대일 대응이다. 마찬가지로 H와 잉여류 aH도 일대일 대응이다.

일대일 대응관계에 있는 두 집합은 같은 **개수**(cardinality)를 갖는다고 한다. 위의 정리 4에 의하면 모든 우 잉여류, 좌 잉여류는 같은 개수를 갖는다. 실제로 이들의 개수는 H의 원소의 개수와 같다.

따름정리 2.4.5 H가 유한군 G의 부분군이면 다음이 성립한다.

$$|H| = |Ha| = |aH|, \ a \in G.$$

보기 6 정이면체군 D_4의 부분군 $K = \{1, \tau\}$의 우 잉여류는

$$\begin{aligned} &K1 = \{1, \tau\} = K\tau, \\ &K\sigma = \{\sigma, \tau\sigma\} = \{\sigma, \sigma^3\tau\} = K\sigma^3\tau, \\ &K\sigma^2 = \{\sigma^2, \tau\sigma^2\} = \{\sigma^2, \sigma^2\tau\} = K\sigma^2\tau, \\ &K\sigma^3 = \{\sigma^3, \tau\sigma^3\} = \{\sigma^3, \sigma\tau\} = K\sigma\tau \end{aligned}$$

이다. 이들의 원소의 개수는 모두 2이다.

주의 군 G의 부분군 H와 $a \in G$에 대하여, $b \in Ha$이 되기 위한 필요충분조건은 $Ha = Hb$이다.

정리 2.4.6 군 G의 부분군 H의 잉여류집합 $\{Ha | a \in G\}$는 G의 분할이다. 즉,

(1) $Ha \cap Hb \neq \varnothing$ 이면 $Ha = Hb$

(2) $G = \cup Ha$.

증명

(1) $Ha \cap Hb \neq \varnothing$ 라고 가정하면 $x \in Ha \cap Hb$인 x가 존재한다. 그러면 위의 주의에 의하여 $Ha = Hx = Hb$.

(2) 임의의 $a \in G$에 대하여, $a \in Ha$이므로 $G \subseteq \cup Ha$. 한편, $Ha \subseteq G$이므로 $\cup Ha \subseteq G$이다. 따라서 $G = \cup Ha$임이 증명되었다.

정리 2.4.7 **라그랑주 정리** H가 유한군 G의 부분군 이라고 하면 $|H|$는 $|G|$의 약수이다.

증명 G가 유한군이면, 부분군 H도 유한이고 우(좌)잉여류의 개수도 유한이다. $|G|=n$, $|H|=m$이고, 우 잉여류의 개수를 k라고 둔다면 위의 정리 5와 6에 의하여

$$n=km\text{이고, } m|n\text{이다.}$$

따라서 $|H|\,|\,|G|$이다.

다음 정리는 라그랑주 정리를 응용하는데 사용되는 도구이다.

따름정리 2.4.8 G를 유한군이라고 하면 다음이 성립한다.

(1) G의 임의의 원소 a에 대하여 $|a|\,|\,|G|$이다.

(2) $|G|=n$이면, G의 임의의 원소 a에 대하여 $a^n=e$이다.

증명 (1) a의 위수는 $|<a>|$이므로 정리 7에 의하여 $|<a>|\,|\,|G|$. 따라서 a의 위수는 $|G|$의 약수이다.

(2)는 (1)에 의하여 분명하다.

따름정리 2.4.9 군 G의 위수가 소수 p이면 G는 순환군이다.

증명 $a\in G$이고 $a\neq e$이면 $|<a>|\,|\,|G|=p$이므로 $|<a>|=1$ 또는 $|<a>|=p$이다.

$|<a>|=1$ 이면 $<a>=e$, $a=e$이므로 모순이다.

$|<a>|=p$ 이면 $<a>=G$이므로 G는 a에 의하여 생성된 순환 군이다.

정의 H가 군 G의 부분군일 때 서로 다른 우 잉여류(좌 잉여류)의 개수를 G에서 H의 **지수**(index)라 하고, $[G:H]$ 로 나타낸다. 집합 $\{Ha|\,a\in G\}$가 무한집합이면 H는 G에서 **무한지수**(infinite index)를 갖는다고 한다. ■

G가 유한군이면 라그랑주 정리에 의하면 다음이 성립한다. $|G|=[G:H]|H|$ 이고,

$$[G:H]=\frac{|G|}{|H|}=\frac{G\text{의 위수}}{H\text{의 위수}}.$$

보기 7 정이면체군 D_4의 부분군 $H=\{1,\ \sigma^2,\ \sigma\tau,\ \sigma^3\tau\}$의 지수는 $\frac{8}{4}=2$이다. 또 부분군 $K=\{1,\ \tau\}$의 위수는 $\frac{8}{2}=4$이다. 군 D_4의 부분군의 위수는 1, 2, 4, 8뿐이다. 지수가 1인 부분군은 1개, 2인 부분군은 4개, 4인 부분군은 5개, 8인 부분군은 1개이다.

p가 소수이고 $(p\ a)=1$이면 $a^{p-1}\equiv 1(\bmod p)$가 된다는 것은 페르마(Pierre Fermat)가 증명하였고 '페르마의 작은 정리'로 알려져 있다.

오일러 함수 $\varnothing(n)$에 관한 다음 정리는 오일러 정리로서 페르마의 정리를 일반화한 것이다.

정리 2.4.10 정수 a와 n이 서로소이면 $a^{\phi(n)}\equiv 1(\bmod n)$이다.

증명 n에 관한 기약잉여류군 $\mathbb{Z}^*{}_n$의 원소 $\bar{a}$에 대하여 정리 8 (2)에 의하여

$$\bar{1}=(\bar{a})^{\varnothing(n)}=\overline{a^{\varnothing(n)}}$$

따라서 $a^{\varnothing(n)}\equiv 1(\bmod n)$이다.

또 $n=p$(소수)이면 $\varnothing(p)=p-1$ 이므로

$$a^{p-1}\equiv 1(\bmod p)$$

이다.

라그랑주 정리 증명의 보다 현대적인 방법을 소개하기 위하여 합동에 관한 성질을 생각하여 보자.

정의 군 G의 부분집합 H에서

$$ab^{-1} \in H \Leftrightarrow a \equiv b \pmod{H}$$

로 정의된 관계 $\equiv$를 a는 법 H에 관하여 b와 **우 합동**(right congruent)이라 한다.

마찬가지로 $a^{-1}b \in H \Leftrightarrow a \equiv b \pmod{H}$를 a와 b의 법 H에 관한 **좌 합동**(left congruent)이라 한다. ■

정리 2.4.11 군 G의 부분군 H에 관한 우(좌) 합동 $\equiv$는 동치관계이다. 또 동치류는 H의 우(좌) 잉여류이다.

증명 먼저 $\equiv$가 동치관계임을 보이자.

(i) $aa^{-1} = e \in H$이므로 $a \equiv a(\text{mod}\, H)$.

(ii) $a \equiv b \pmod{H}$라고 하면 즉, $ab^{-1} \in H$이면 $ba^{-1} = (ab^{-1})^{-1} \in H$이므로 $b \equiv a \pmod{H}$이다.

끝으로 (iii) $a \equiv b \pmod{H}$, $b \equiv c \pmod{H}$이면 $ab^{-1} \in H$, $bc^{-1} \in H$이므로 $ac^{-1} = (ab^{-1})(bc^{-1}) \in H$, $a \equiv b \pmod{H}$이다. 따라서 우 합동 $\equiv$는 동치관계이다.

임의의 $a \in G$에 관한 동치류는 다음과 같다.

$$\begin{aligned}\bar{a} &= \{x \in G \mid x \equiv a(\text{mod}\, H)\} = \{x \in G \mid xa^{-1} \in H\} \\ &= \{x \in G \mid x \in Ha\} = \{ha \mid h \in H\} = Ha\end{aligned}$$

따름정리 2.4.12 군 G의 부분군 H에 대한 우 잉여류 전체의 집합을 $\{Ha \mid a \in G\}$라 할 때 다음이 성립한다.

(1) $b \in Ha \Leftrightarrow Ha = Hb$

(2) $G = \cup Ha$

(3) 임의의 $a, b \in G$에 대해 다음 중 하나만이 성립한다.

  (i) $Ha \cap Hb \neq \varnothing$

  (ii) $Ha = Hb$.

Ha에 대하여 a를 잉여류 Ha의 **대표원**(representative)이라 한다. $b \in Ha$이면, $Ha = Hb$이므로 Ha의 모든 원소는 Ha의 대표원이 된다. 위의 따름정리에 의해서 집합족 $\{Ha \mid a \in G\}$는 G의 분할이다.

H가 유한집합이면 모든 Ha도 유한집합이고 H와 같은 개수의 원소를 갖는

다. 서로 다른 우 잉여류가 m개이면, 즉 $[G:H]$ =m,

$$G = Ha_1 \cup Ha_2 \cup \cdots \cup Ha_m,\ Ha_1 = H,\ Ha_i \cap Ha_j = \varnothing,\ i \neq j.$$

한편 $|G| = |Ha_1| + |Ha_2| + \cdots + |Ha_m| = m|H| = [G:H]|H|$이므로 $|H|$는 $|G|$의 약수이다. 이는 라그랑주 정리의 새로운 증명방법이다.

따름정리 2.4.13 $K \subseteq H \subseteq G$를 만족하는 유한군 G의 부분군 K, H의 지수는 다음 관계를 갖는다.

$$[G:K] = [G:H][H:K]$$

증명 $[G:H]$ =m, $[H:K]$=n이라 하면 서로소인 우 잉여류의 집합 $\{Ha_i | a_i \in G\}$, $\{Kb_j | b_j \in H\}$가 존재하여

$$G = \bigcup_{i=1}^{m} Ha_i,\ H = \bigcup_{j=1}^{n} Kb_j$$

그러면

$$G = \bigcup_{i=1}^{m} \left(\bigcup_{j=1}^{n} Kb_j \right) a_i = \bigcup_{i=1}^{m} \bigcup_{j=1}^{n} Kb_j a_i$$

이고 $Kb_j a_i$의 개수는 많아야 $m \times n = mn$개다. $Kb_j a_i = Kb_r a_t$인 경우는 $j = r$, $i = t$임을 보이기만 하면 서로소인 $Kb_j a_i$는 mn개가 됨을 알 수 있기 때문에 이 정리의 증명은 완성된다.

실제로 $Kb_j a_i = Kb_r a_t$라 하면 $e \in K$이므로 $b_j a_i = kb_r a_t$ 인 $k \in K$가 존재한다.

$b_j, b_r, k \in H$ 이므로 다음 식에서 $i = t$ 이다.

$$Ha_i = Hb_j a_i = Hkb_r a_t = Ha_t$$

한편, $i = t$이면 $b_j = kb_r$이고 $Kb_j = Kkb_r = Kb_r$에서 $j = r$.

정리 2.4.2에 의하면 부분군 H, K에서 HK가 부분군이기 위한 필요충분조건은 $HK = KH$가 되는 것이었다. 아래의 정리는 H, K가 유한군이면 HK가 유한집합이 된다는 것을 보여준다.

정리 2.4.14 H, K가 군 G의 유한부분군이면 다음이 성립한다.

$$|HK| = \frac{|H||K|}{|H \cap K|}$$

증명 $D = H \cap K$는 K의 부분군이므로 K에서 D의 지수가 m이면

$$K = Dk_1 \cup Dk_2 \cup \cdots \cup Dk_m,\ k_i \in K$$

가 되는 서로 다른 우 잉여류 $\{Dk_i | k_i \in K\}$가 존재한다.
$HD = H(H \cap K) = H$이므로

$$HK = Hk_1 \cup Hk_2 \cup \cdots \cup Hk_m$$

여기서, $i \neq j$일 때 $Hk_i \neq Hk_j$임을 보이자. $x \in Hk_i \cap Hk_j$이면 $h_1, h_2 \in H$가 존재하여 $x = h_1k_i = h_2k_j$. 이것은 다시 $k_i = h_1^{-1}h_2k_j$, $k_ik_j^{-1} = h_1^{-1}h_2 \in H \cap K$이므로 $k_ik_j^{-1} \in D$, 그래서 $k_i \in Dk_j$이고 $Dk_i = Dk_j$이다. 이는 $\{Dk_i | k_i \in K\}$의 선택에 모순이다. 모든 i에 대하여 $|Hk_i| = |H|$이므로

$$|HK| = m|H| = \frac{|K|}{|D|}|H| = \frac{|H||K|}{|H \cap K|}$$

이다.

따름정리 2.4.15 유한인 군 G의 부분군 H, K에 대하여 $[H: H \cap K] \leq [G: K]$가 성립한다.

증명 H에서 부분군 $H \cap K$의 우 잉여류 전체의 집합 X, G에서 K의 우 잉여류 전체의 집합 Y라고 하고 $f((H \cap K)h) = Kh$, $h \in H$로 주어진 대응 $f: X \to Y$이 사상임을 밝히자. $(H \cap K)h_1 = (H \cap K)h_2$이면 $h_1h_2^{-1} \in H \cap K \subseteq K$이므로 $Kh_1 = Kh_2$이다. 그러므로 f는 X에서 Y로의 사상이다. 또 $Kh_1 = Kh_2$이면 $(H \cap K)h_1 = (H \cap K)h_2$이므로 f는 일대일이다. 따라서 $|X| \leq |Y|$, 즉 $[H: H \cap K] \leq [G: K]$.

연습문제 2.4

1 대칭군 S_3의 모든 진부분군은 순환군임을 보여라.

2 군 G의 부분군 H, K에 대하여 HK가 G의 부분군이 될 필요충분조건은 $< H,K > = KH$가 되는 것임을 보여라.

3 군 G의 부분군 H, K의 위수가 각각 5,7이면 $H \cap K = \{e\}$임을 보여라.

4 위수가 p^2(P는 소수) 인 군 G에는 위수가 p인 부분군이 적어도 하나 존재하고, 이러한 군은 $p+1$개를 넘지 않는다.

5 위수가 $2p$ (p는 소수)인 유한군 G의 모든 부분군은 순환군임을 보여라.

6 군 G의 부분군 H에서 $a^{-1}b \in H \Leftrightarrow a \equiv b (\text{mod } H)$로 정의하면 $\equiv$은 동치관계이고, 동치류는 aH임을 보여라.

7 라그랑주 정리를 이용하여 다음을 증명하여라.

(1) 대칭군 S_7은 위수가 11인 부분군을 갖지 않는다.

(2) 정이면체군 D_4는 위수가 5인 부분군을 갖지 않는다.

8 군 $G = (R^2, +)$의 부분집합 $H = \{(x, mx) | x \in R\}$에 대하여 다음에 답하여라.

(1) $H=\{(x, 2x) | x \in R\}$의 잉여류는 평면을 어떻게 분할하는가?

(2) $H=\{(0, x) | x \in R\}$의 잉여류 전체의 집합을 구하여라.

(3) $H=\{(x, mx) | x \in R$, m은 상수$\}$는 G의 부분군인가?

9 위수가 짝수인 군 G에는 $x^2 = e, x \neq e$인 원소 x가 항상 존재함을 보여라.

10 군 G의 부분집합 H_i, $a \in G$ 에서 $(\cap H_i)a = \cap H_i a$ 임을 보여라.

11 군 G의 부분군 H에 대하여 다음이 성립함을 보여라.

(1) $aH = H \Leftrightarrow a \in H$　　　　(2) $aH = bH \Leftrightarrow a^{-1}b \in H$.

12 위수가 유한인 군 G의 부분군 H, K에 대하여
$[H : H \cap K] = [G : K]$일 필요충분조건은 $G = KH$이다.

13 $K \subseteq H \subseteq G$를 만족하는 유한군 G의 부분군 K, H의 지수에 대해 다음을 밝혀라.

$$[G : K] = [G : H][H : K]$$

14 정이면체군 D_4의 모든 부분군을 구하여라.

SECTION

2.5 정규 부분군, 치환군

군 G의 부분군 H의 우 잉여류 전체의 집합 $\{Ha | a \in G\}$와 좌 잉여류 전체의 집합 $\{aH | a \in G\}$에서 이 두 집합의 원소의 개수는 같은가, 또 이들은 G를 같은 형태로 분할하는지 살펴보자.

대칭군 $S_3 = \{1, (1\,2), (1\,3), (2\,3), (1\,2\,3), (1\,3\,2)\}$의 부분군 $H = \{1, (1\,3)\}$에서 우 잉여류 집합족과 좌 잉여류 집합족은 각각 $\{1, (1\,3), (1\,2), (1\,3\,2)\}$, $\{(2\,3), (1\,2\,3)\}$과 $\{\{1, (1\,3)\}, \{(1\,2), (1\,2\,3)\}, \{(2\,3), (1\,3\,2)\}$로 같지 않다. 그리고 $(1\,2\,3)H \neq H(1\,2\,3)$이다.

그러나 부분군 $K = \{1, (1\,2\,3), (1\,3\,2)\}$에서는 우 잉여류 집합족과 좌 잉여류 집합족이 다같이 $\{\{1, (1\,2\,3)\}, (1\,3\,2)\}, \{(1\,2), (1\,3), (2\,3)\}\}$으로 같고, 모든 $a \in S_3$에 대하여 $aK = Ka$이다. 이러한 관점에서 보면 부분군 H와 K는 현저한 차이가 있음을 알 수 있다.

정의 모든 $a \in G$에 대하여 $aN = Na$인 군 G의 부분군 N을 G의 **정규부분군** (normal subgroup)이라 하고, 이를 $N \Delta G$ 또는 $(N, \ \cdot\ ) \Delta (G, \ \cdot\ )$로 나타낸다. ■

보기 1 대칭군 S_3의 정규 부분군은 $\{1\}$, $\{1, (1\,2\,3), (1\,3\,2)\}$, S_3뿐이다.
그러나 $\{1, (1\,2)\}, \{1, (1\,3)\}, \{1, (2\,3)\}$은 정규부분군이 아니다.

정리 2.5.1 **정규부분군 Criterion** 군 G의 부분군 N에서 다음은 서로 동치관계이다.

(1) N이 G의 정규부분군이다.

(2) 모든 $a \in G$에 대하여 $aNa^{-1} = N$ 즉 모든 $a \in G$, $x \in N$에 대하여 $axa^{-1} \in N$.

(3) 모든 $a \in G$에 대하여 $a^{-1}Na = N$ 즉 모든 $a \in G$, $x \in N$에 대하여 $a^{-1}xa \in N$.

증명 (1) $\Rightarrow$ (2) 모든 $a \in G$에 대하여 $aN = Na$이므로 임의의 $n \in N$에 대하여 $an = n'a$인 $n' \in N$이 존재한다.

$$(an)a^{-1} = (n'a)a^{-1} = n' \in N\text{이므로 } aNa^{-1} \subseteq N.$$

역으로, aN=Na에서 임의의 $n \in N$에 대하여 $an' = na$인 $n' \in N$이 존재하여 $n = an'a^{-1} \in aNa^{-1}$이 성립한다. 따라서 $aNa^{-1} = N$이다.

(2) $\Rightarrow$ (1) 임의의 $a \in G$를 취하면, a^{-1}에 대하여 $a^{-1}N(a^{-1})^{-1} = a^{-1}Na = N$이므로 $aN = a(a^{-1}Na) = (aa^{-1})Na = Na$ 이다.

(1) $\Leftrightarrow$ (3)도 같은 방법으로 증명할 수 있다.

보기 2 정이면체군 $D_3 = \{1,\ \sigma,\ \sigma^2,\ \tau,\ \sigma\tau,\ \sigma^2\tau\}$의 부분군 $\{1\}$, $A_3 = \{1, \sigma, \sigma^2\}$, D_3은 정규부분군이다. 그러나

$$K_1 = \{1,\ \tau\},\ K_2 = \{1,\ \sigma\tau\},\ K_3 = \{1,\ \sigma^2\tau\}$$

은 정규부분군이 아니다. 실제로

$$\sigma^{-1}K_1\sigma = \{1, \sigma\tau\} = K_2,\ \ \sigma^{-1}A_3\sigma = \{1, \sigma, \sigma^2\} = A_3$$

이다.

가환군 G의 임의의 부분군 H에서는 $a^{-1}ha = h$가 항상 성립하므로 H는 정규부분군이다. 덧셈군 $(G, +)$는 항상 가환이므로 G의 모든 부분군은 정규부분군이다.

정리 2.5.2 군 G의 부분군 H의 지수가 2이면 H는 정규부분군이다.

증명 임의의 $a \in G$에 대하여 $a \in H$ 또는 $a \in G - H$이다. (i) $a \in H$이면 $aH = H = Ha$이다. (ii) $a \notin H$이면 $H \neq Ha$이므로 $H \cap Ha = \varnothing$ 이다. 따라서 $Ha = G - H = aH$임을 알 수 있다. 그러므로 $H \lhd G$.

정리 2.5.3 군 G의 중심 $Z(G) = \{a \in G \mid ax = xa,\ \forall x \in G\}$는 G의 정규부분군이다.

증명 $Z(G)$의 원소는 모든 G의 원소와 가환이므로 G의 정규부분군이다. 또 $Z(G)$는 가환군이므로 이 군의 모든 부분군은 정규부분군이다.

보기 3 4원수군 $Q = \{\pm 1, \pm i, \pm j, \pm k\}$는 비가환군이나 모든 부분군은 정규부분군이다. 또 $Z(Q) = \{1, -1\}$도 정규부분군이다.

보기 4 정이면체 $D_4 = \{1, \sigma, \sigma^2, \sigma^3, \tau, \sigma\tau, \sigma^2\tau, \sigma^3\tau\}$의 중심은 $Z(D_4) = H_1 = \{1, \sigma^2\}$이다. 지수가 2인 부분군은 세 개다.

$$H_2 = \{1, \sigma, \sigma^2, \sigma^3\} = < \sigma > = < \sigma^3 >$$
$$H_3 = \{1, \tau, \sigma^2, \sigma^2\tau\} = < \tau > = < \sigma^2\tau >$$
$$H_4 = \{1, \sigma, \sigma^2, \sigma^3\tau\} = < \sigma\tau > = < \sigma^3\tau >$$

따라서 D_4의 정규부분군은 $\{1\}$, H_1, H_2, H_3, H_4, D_4로 여섯 개가 있다. D_4의 정규부분군의 격자는 다음과 같다.

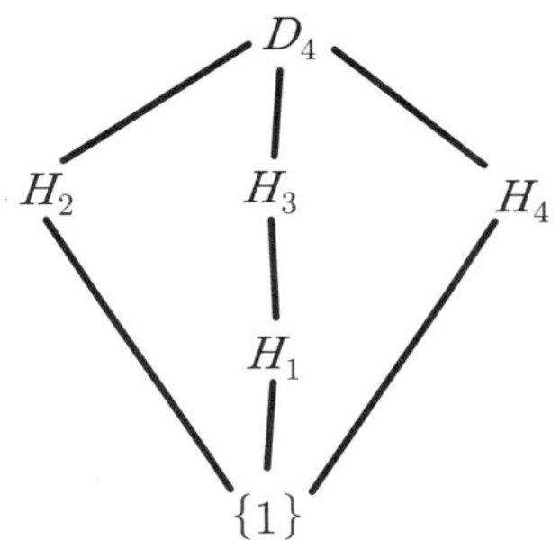

그림 2.5

군 G의 정규 부분군 N를 이용하여 G의 원소보다 적은 수의 원소를 가지며 군의 구조를 간명하게 보여주는 새로운 상군 G/N을 생각할 수 있다.

정리 2.5.4 군 G의 정규 부분군 N로부터 N의 우 잉여류 전체의 전체 $G/N = \{Na | a \in G\}$는 이항연산 $NaNb = Nab,\ a, b \in G$에 의하여 군을 이룬다.

증명 먼저 연산 $\bullet$이 이항연산임을 보이자. $Na = Na'$, $Nb = Nb'$이라 가정하면 $Nab = (Na)(Nb) = (Na')(Nb') = Na'b'$이다. 실제로 $e \in N$이므로 $a' = na$,

$b' = n'b$인 $n, n' \in N$이 존재한다. 한편, $a'b' = nan'b$이고 $N \Delta G$이므로 $aN = Na$로부터 $an' = n''a$를 만족하는 $n'' \in N$가 존재한다. 따라서

$$Na'b' = N(nan'b) = N(nn''ab) = Nab.$$

즉 연산 •는 잘 정의되었다.

다음은 연산 •는 분명히 결합연산이다. 그리고 모든 Na에 대하여 $NaN = NaNe = Nae = Na$이므로 $N = Ne$는 항등원이다. 또 $NaNa^{-1} = N(aa^{-1}) = Ne = N$이므로 Na^{-1}는 Na의 역원, 즉 $Na^{-1} = (Na)^{-1}$이다. 따라서 $G/N = \{Na | a \in G\}$은 N을 항등원으로 갖는 군이다.

정의 군 G의 정규 부분군 N의 잉여류 전체의 집합 $G/N = \{Na | a \in G\}$는 연산 $NaNb = Nab, a, b \in G$ 에 의하여 군을 이룬다. 이러한 군을 N에 관한 G의 **인자군**(factor group 또는 잉여군) 또는 **상군**(quotient group)이라 한다. ■

덧셈군 $(G, +)$의 정규부분군 N의 잉여류 전체의 집합 $G/N = \{N + a | a \in G\}$은 덧셈 군 $(G/N, +)$을 이룬다. 여기서 $(N+a)+(N+b) = N+(a+b)$, $\forall a, b \in G$이고 $N+a$의 역원은 $N+(-a)$이다.

정이면체군 D_4의 상군은 $D_4/\{e\}$, D_4/H_1, D_4/H_2, D_4/H_3, D_4/H_4, D_4/D_4으로 여섯 개뿐이다.

보기 5 군 $(\mathbb{Z}, +)$의 부분군 $nZ = \{na | a \in Z\}$에 대하여 상군 $\mathbb{Z}/n\mathbb{Z}$ 이 n에 관한 잉여류군 $\mathbb{Z}_n = \{\overline{0}, \overline{1}, \dots, \overline{n-1}\}$이다. 즉,

$$\overline{0} = 0 + nZ,\ \overline{1} = 1 + nZ,\ \cdots,\ \overline{n-1} = (n-1) + nZ$$

정리 2.5.5 상군 G/N이 순환 군이고 $N \subseteq Z(G)$ 이면 G는 가환군이다.

증명 상군 G/N이 순환 군이므로

$$G/N = \langle Na \rangle = \{Na^n | n \in Z\}$$

이다. 임의의 $x, y \in G$에 대하여 $n_1, n_2 \in N$이 존재하여 $x = n_1 a^i$, $y = n_2 a^j$로 둘 수 있다.

그러면

$$xy=(n_1a^i)(n_2a^j)=(n_1n_2)(a^ia^j)=(n_2a^j)(n_1a^i)=yx.$$

따라서 G는 가환군이다.

정리 2.5.6 $N\subseteq H$인 군 G의 정규부분군 N과 부분군 H에서 군 H/N은 군 G/N의 부분군이다. 또 H가 G의 정규부분군이면 H/N도 G/N의 정규부분군이다.

증명 먼저 임의의 $Na,\ Nb\in H/N,\ a,\ b\in H$에 대하여 $Na(Nb)^{-1}=Nab^{-1}$, $ab^{-1}\in H$이므로 $Na(Nb)^{-1}\in H/N$. 따라서 H/N은 G/N의 부분군이다.

다음은 $H\Delta G$이면, 임의의 $Na\in G/N,\ Nb\in H/N$,에 대하여

$$(Na)^{-1}NbNa=Na^{-1}NbNa=Na^{-1}ba,$$

$a^{-1}ba\in H$이므로 $(Na)^{-1}NbNa\in H/N$. 따라서 H/N은 G/N의 정규부분군이다.

정의 $\{e\}$와 G 이외의 정규부분군을 갖지 않는 군 G를 **단순군**(simple group)이라 한다. ■

보기 6 소수 p에 대한 군 $(\mathbb{Z}_p,+)$은 단순군이다. 실제로 라그랑주 정리에 의하여 Z_p의 진부분군은 $\{\overline{0}\}$뿐이다.

대칭군 S_n의 교대군 A_n이 단순부분군이 되는가 생각하여 보자.

집합 $\{1,\ 2,\ \cdots,\ n\}$ 위의 전단사함수 전체의 집합 S_n의 원소 σ을 **치환**(permutation)이라 한다. 서로 다른 정수 $i_1,\ \cdots,\ i_r,\ 1\le i_j\le n$에서 $i_1\to i_2\to\cdots\to i_r\to i_1$일 때, 이 치환$(i_1i_2\cdots i_r)$을 길이가 r인 **순환치환**(cyclic permutation)이라 한다.

길이가 1인 치환은 **항등치환**(identity permutation)이라 하고 이를 (1)로 표시한다.

길이가 2인 치환은 **호환**(transposition)이라고 한다. $(i_1i_2\ \cdots\ i_r)$의 **역치환**

(inverse permutation)은 $(i_1 i_2 \cdots i_r)^{-1} = (i_r i_{r-1} \cdots i_1)$이다.

두 순환치환 $\alpha = (a_1\, a_2 \cdots a_r)$, $\beta = (b_1\, b_2 \cdots b_s)$ 에 대하여 $\{a_1, a_2, \cdots, a_r\} \cap \{b_1, b_2, \cdots, b_s\} = \varnothing$ 일 때, α와 β는 **서로소**(disjoint)인 순환치환이라고 한다.

보기 7 치환 $\sigma = \begin{pmatrix} 1\,2\,3\,4\,5\,6\,7\,8 \\ 8\,4\,1\,5\,6\,2\,7\,3 \end{pmatrix}$은 길이가 3인 순환치환 $(1\,8\,3)$, 길이가 4인 순환치환 $(2\,4\,5\,6)$, 길이가 1인 치환 (7)의 곱으로 표시된다. 즉 $\sigma = (1\,8\,3)(2\,4\,5\,6)(7)$.

정리 2.5.7 S_n에 속한 모든 치환은 서로소인 몇 개의 순환치환의 곱으로 표시된다.

증명 연습문제로 남긴다. (보기 7 참고)

보기 8 순환치환 $\alpha = (a_1\, a_2 \cdots a_r)$는 다음과 같이 호환의 곱으로 표시할 수 있다.

$$\alpha = (a_1\, a_2 \cdots a_r) = (a_1\, a_2)(a_1\, a_3) \cdots (a_1\, a_r)$$

또는

$$\alpha = (a_1\, a_2 \cdots a_r) = (a_{r-1}\, a_r)(a_{r-2}\, a_{r-1}) \cdots (a_1\, a_2)$$

더욱이 임의의 호환 $(a\, b) \in S_n$에 대하여 $(a\, b)(a\, b) = (1)$이다.

정리 2.5.8 S_n에서 항등치환 (1)은 짝수개의 호환의 곱으로 표시된다.

증명 항등치환이 다음처럼 $(1) = \tau_1 \tau_2 \cdots \tau_k$ 홀수개의 호환의 곱으로 표시되었다고 가정하자. 숫자 c가 이 호환들의 적어도 하나에서 나타난다고 생각하자.

τ_r을 c가 나타나는 첫째 호환이라고 하고(왼쪽에서 오른쪽), $\tau_r = (c\, d)$라 하자. 그러면 c는 $\tau_1, \tau_2, \cdots \tau_{r-1}$에서는 나타나지 않는다. 따라서 c는 $\tau_1, \tau_2, \cdots \tau_{r-1}$에서 $c \to c$로 고정된다. 만약 $r = k$이면, c는 τ_r을 제외한 모든 호환에서 고정된다.

그래서 $(1) = \tau_1 \tau_2 \cdots \tau_k$에서 $c \to d$로 되고, 이는 모순이다. 따라서 $r < k$이고, 호환 τ_{r+1}을 생각하자. τ_{r+1}는 아래 호환들 중의 하나이다.

$$(1)\ (x\ y)\quad (2)\ (x\ d)\quad (3)\ (c\ y)\quad (4)\ (c\ d)$$

여기서 x, y, c, d는 서로 다른 숫자이고, 결과적으로, $\tau_r \tau_{r+1}$는

$$(1)\ (c\ d)(x\ y)\ (2)\ (c\ d)(x\ d)\ (3)\ (c\ d)(c\ y)\ (4)\ (c\ d)(c\ d)$$

(1)의 경우 $(c\ d)(x\ y) = (x\ y)(c\ d)$가 된다.
(2)의 경우는 $(c\ d)(x\ d) = (x\ d)(x\ c)$이고,
(3)의 경우는 $(c\ d)(c\ y) = (d\ y)(c\ d)$.

따라서 (1), (2), (3)의 경우는 모두 c가 오른쪽 호환으로 계속 이동하여 τ_k에서 나타난다. 이는 위에서처럼 모순이다. 그러므로 경우 (4)만 남는다. 이 경우는 $(c\ d)(c\ d) = (1)$이다. 그래서 $(1) = \tau_1 \tau_2 \cdots \tau_k$는 2개가 적은 호환의 곱으로 표시된다. 이와 같은 방법을 계속하면, $(1) = \tau_1 \tau_2 \cdots \tau_k$는 홀수개의 호환의 곱이므로 $(1) = (a\ b)$이 되어 모순이다.

따라서 항등치환 (1)은 짝수개의 호환의 곱으로 표시된다.

정의 짝수개의 호환의 곱으로 표시되는 치환을 **우치환**(even permutation), 홀수개의 호환의 곱으로 표시되는 치환을 **기치환**(odd permutation)이라고 한다. ■

정리 2.5.9 $\sigma \in S_n$가 우 치환이면 σ^{-1}도 우 치환이다. 같은 방법으로, $\sigma \in S_n$가 기 치환이면 σ^{-1}도 기 치환이다.

증명 $\sigma\sigma^{-1} = (1)$이므로, σ가 짝수개의 호환의 곱으로 표시되고, σ^{-1}가 홀수개의 호환의 곱으로 표시되면 $\sigma\sigma^{-1} = (1)$는 홀수개의 호환의 곱으로 표시된다. 이는 정리 8에 모순이다.

보기 9 정리 7에서 모든 치환은 순서를 제외하고 서로소인 순환치환의 곱으로 유일하게 표시된다. 그러나 호환의 곱으로는 유일하게 표현되지 않는다.

예를 들면,

$$\begin{aligned}
&(1\ 2\ 4) = (1\ 2)(1\ 4),\\
&(1\ 2\ 4) = (1\ 4)(1\ 2)(2\ 4)(1\ 4),\\
&(1\ 2\ 4) = (2\ 4)(1\ 2)(1\ 4)(1\ 2)(1\ 4)(2\ 4),\\
&(1\ 2\ 3\ 5) = (1\ 2)(1\ 3)(1\ 5),
\end{aligned}$$

$$(1\ 2\ 3\ 5) = (2\ 4)(1\ 4)(3\ 5)(2\ 4)(1\ 3)$$
$$(1\ 2\ 3\ 5) = (1\ 2)(2\ 4)(2\ 4)(1\ 3)(2\ 3)(2\ 3)(1\ 5)$$

와 같이 쓸 수 있다.

여기서, $(1\ 2\ 4)$는 짝수개의 호환의 곱, $(1\ 2\ 3\ 5)$는 홀수개의 호환의 곱으로 표시된다는 점에 주목하자.

정리 2.5.10 S_n에서 모든 치환은 기 치환이거나 우 치환이다. 즉, 우 치환이면서 기 치환일 수는 없다.

증명 $\sigma \in S_n$에 대하여 $\sigma = \rho_1\rho_2 \cdots \rho_r = \tau_1\tau_2 \cdots \tau_s$, 여기서 ρ_i, τ_j는 호환이다.

$$\begin{aligned}(1) &= \rho_1\rho_2 \cdots \rho_r(\tau_1\tau_2 \cdots \tau_s)^{-1} = \rho_1\rho_2 \cdots \rho_r\tau_s^{-1} \cdots \tau_2^{-1}\tau_1^{-1} \\ &= \rho_1\rho_2 \cdots \rho_r\tau_s \cdots \tau_2\tau_1\end{aligned}$$

정리 8에 의해서 $r+s$는 짝수이다. 따라서 r, s는 동시에 짝수이거나 동시에 홀수이다.

정리 2.5.11 대칭 군 S_n $(n \geq 2)$에서 모든 우 치환의 모임 A_n은 S_n의 부분군이 되며, 지수가 2이고, $|A_n| = \dfrac{|Sn|}{2} = \dfrac{n!}{2}$인 S_n의 정규부분군이다. 이때, A_n을 **교대군**(alternating group)이라 한다.

증명 모든 기 치환의 모임을 B_n이라고 하다면, $S_n = A_n \cup B_n$, $A_n \cap B_n = \varnothing$이 된다.

항등치환 1은 우 치환이므로 $1 \in A_n$. 우 치환의 곱은 우 치환이고, 우 치환의 역치환도 우 치환이므로 $A_n < S_n$이다.

다음의 사상 $f: A_n \to B_n$, $f(\sigma) = \sigma(1\ 2)$는 전단사함수이다. 따라서 $|A_n| = |B_n|$, $|A_n| + |B_n| = |S_n|$이고, $|A_n| = \dfrac{|S_n|}{2} = \dfrac{n!}{2}$이며 A_n의 지수는 2이다. 그러므로 A_n은 정규부분군이다.

정리 2.5.12 교대군 A_n은 길이가 3인 모든 순환치환에 의하여 생성된다.

증명 길이가 3인 순환치환의 집합 S에 의하여 생성된 S_n의 부분군을 $G=< S >$라 하자. $n \leq 2$이면 $S= \varnothing$이므로 $G=\{1\}$이다. $A_n=\{1\}$이므로 $A_n = G$이다. $n \geq 3$일 때 길이가 3인 순환치환은 우 치환이므로 $G=< S > \subseteq A_n$이다.

다음은 $A_n \subseteq G$가 성립함을 보이면 된다. 우 치환은 짝수개의 호환의 곱으로 표시되므로 A_n의 원소는 다음 형태의 치환의 곱에 의하여 생성된다.

$$\sigma =(i_1 i_2)(i_3 i_4),\ i_1 \neq i_2,\ i_3 \neq i_4$$

다음 세 경우로 생각할 수 있다.

(1) $i_1,\ i_2,\ i_3,\ i_4$ 중에서 어느 두 개만이 다를 경우에는 $(i_1 i_2)(i_3 i_4)=1$. 실제로 $i_1=i_3,\ i_2=i_4$이면 $(i_1 i_2)(i_3 i_4)=1$.

(2) $i_1,\ i_2,\ i_3,\ i_4$중에서 어느 세 개가 다를 때 σ는 길이가 3인 순환치환이다. $i_1=i_3$이면 $(i_1 i_2)(i_3 i_4)=(i_1 i_2 i_4)$.

(3) $i_1,\ i_2,\ i_3,\ i_4$모두가 다를 때 σ는 길이가 3인 두 순환치환의 곱이다. 실제로 $(i_1 i_2)(i_3 i_4)=(i_1\ i_3\ i_4)(i_1\ i_3\ i_2)$.

위의 어느 경우이든 $\sigma \in G=< S >$이므로 $A_n \subseteq G$. 이로서 $A_n =< S >$이 증명된다.

연습문제 2.5

1 군 G의 원소 a, b에 대하여 $[a,b]=a^{-1}b^{-1}ab$라 할 때, 모든 $[a,b]$로 생성된 부분군을 G의 **교환자군**이라 하고, $[a,b]$를 a와 b의 **교환자**라 한다. 이때 다음에 답하여라.

(1) $[a,b]$의 역원을 구하여라.

(2) $G' = \langle [x,y] | x, y \in G \rangle$는 G'의 정규부분군이다.

(3) G가 가환군이기 위한 필요충분조건은 $G' = \{e\}$이다.

2 군 G의 부분군 H가 정규부분군이기 위한 필요충분조건은 모든 $x, y \in G$에 대하여 $xHyH = xyH$가 되는 것임을 보여라.

3 치환군 S_n의 교환자 군을 구하여라.

4 군 G의 부분군 H와 정규부분군 N에서 집합 $HN = \{hn | h \in H, n \in N\}$은 G의 부분군임을 보여라.

5 군 G의 부분집합 S에서 집합 $C(S) = \{a \in G | as = sa,\ \forall s \in S\}$를 G에서의 부분집합 S의 **중심화군**이라 한다. S가 가환부분군이면 S는 $C(S)$의 정규부분군임을 보여라.

6 군 G의 부분집합 S에서 $N(S) = \{a \in G | aS = Sa\}$를 G에서의 S의 정규화군이라 한다. 다음이 성립함을 보여라.

(1) S가 G의 부분군이면 S는 $N(S)$의 정규부분군이다.

(2) S가 G의 정규부분군일 필요충분조건은 $N(S) = G$가 되는 것이다.

7 군 G의 정규부분군 N의 위수가 2이면 N은 G의 중심의 부분집합임을 보여라.

8 S_n에 속한 모든 치환은 서로소인 몇 개의 순환치환의 곱으로 표시된다.

9 교대군 A_n $(n \geq 5)$의 정규부분군 N이 길이가 3인 순환 군을 포함하고 있으면 $N = A_n$이다.

10 교대군 A_n이 치환군 S_n의 단순부분군이기 위한 필요충분조건은 $n \neq 4$가 되는 것이다.

11 $\sigma \in S_n$가 우 치환이면 σ^{-1}도 우 치환임을 밝혀라.

12 군 G의 부분군 N에서 다음은 서로 동치라는 사실을 밝혀라.

(1) N이 G의 정규부분군이다.

(2) 모든 $a \in G$에 대하여 $a^{-1}Na = N$ 즉 모든 $a \in G$, $x \in N$에 대하여 $a^{-1}xa \in N$.

13 대칭 군 S_n $(n \geq 2)$에서 모든 우 치환의 모임 A_n은 S_n의 부분군이 되며, 지수가 2임을 보여라.

SECTION 2.6

군 준동형사상, 군 동형정리

군과 군 사이의 관계를 이어주는 준동형사상 및 동형사상에 대한 정의를 소개하고, 이들의 주요 성질에 대하여 살펴본다.

정의 군 $(G, \ast)$에서 군 $(H, \ \circ)$로의 사상 $f: G \to H$이 모든 $a, b \in G$에 대하여 $f(a \ast b) = f(a) \circ f(b)$를 만족할 때 f를 G에서 H로의 **(군) 준동형사상**(group homomorphism)이라 한다. 만약 $a \ast b = ab$, $f(a) \circ f(b) = f(a)f(b)$로 나타내면 $f(ab) = f(a)f(b)$, $a, b \in G$ 일 때, 사상 $f: G \to H$는 준동형사상이다.

단사인 준동형사상을 **단사 준동형사상**(monomorphism), 전사인 준동형사상을 **전사 준동형사상**(epimorphism), 전단사인 준동형사상을 **동형사상**(isomorphism)이라 한다.

군 G에서 H로의 동형사상이 존재 할 때, G와 H는 **동형**(isomorphic) 관계에 있다고 하고, $G \cong H$로 나타낸다.

G에서 G로의 준동형사상 $f: G \to G$를 자기 준동형사상, 또 동형사상 $f: G \to G$를 **자기 동형사상**(automorphism)이라 한다. ■

보기 1 $f(n) = (-1)^n$, $n \in \mathbb{Z}$로 정의된 사상 $f: (\mathbb{Z}, +) \to \{1, -1\}$은 군 준동형사상이다. $m, n \in Z$에 대하여

$$f(m+n) = (-1)^{m+n} = (-1)^n(-1)^n = f(m)f(n)$$

이므로 f는 준동형사상이다. 그러나 동형사상은 아니다.

보기 2 법 4인 정수군 $G = \mathbb{Z}_4$와 클라인 4군 V는 동형사상이 아니다.

실제로, 동형사상 $f: G \to V$이 존재한다고 가정하면 $f(x) = e, a, b, c$ $(x \neq 0, 2)$ 중 어느 하나이다. $f(x+x) = f(x)f(x) = e^2, a^2, b^2, c^2$ 중 어느 하

나이므로 $a^2=b^2=c^2=e=e^2$에서 $f(x+x)=e$이다. $f(0)=f(0)f(0)=e$이므로 $f(x+x)=f(0)$이다. 그러나 $x+x\neq 0$이므로 f는 단사가 아니다. 따라서 $G \not\cong V$.

보기 3 군 G와 H의 항등원을 각각 e, e'이라 할 때 $f(a)=e'$, $a\in G$로 정의된 사상 $f: G\to H$는 준동형사상이다. 이 사상 f를 **항등상수사상**(identity constant mapping)이라 한다.

또한 $f(a)=a$, $a\in G$로 정의된 준동형사상 $f: G\to G$를 **항등사상**(identity mapping)이라 하고 이를 1_G로 나타낸다.

보기 4 가환군 G에서 $f(a)=a^2$으로 정의된 $f: G\to G$는 자기준동형사상이다.

실제로, 임의의 원소 $a,b\in G$에 대하여 $f(ab)=(ab)^2 = a^2b^2 = f(a)f(b)$이기 때문이다. 그러나 G가 비가환이면 이러한 생각은 일반적으로 부적당하다.

또한 가환군 G에서 $f(a)=a^{-1}$, $a\in G$로 정의된 사상 $f: G\to G$는 자기동형사상이다.

보기 5 사상 $f: \mathbb{Z}\to\mathbb{Z}_n$, $f(a)=\bar{a}$은 덧셈군의 전사 준동형사상이다.
한편, 사상 $g: \mathbb{Q}\to\mathbb{Q}/\mathbb{Z}$, $g(q)=\bar{q}$도 덧셈군의 전사 준동형사상이다.

다음은 군의 준동형사상이 갖는 기본성질에 대하여 살펴보고자 한다.

정리 2.6.1 군 G와 H의 항등원을 각각 e_G, e_H라 하면 준동형사상 $f: G\to H$에서 다음이 성립한다.

(1) $f(e_G)=e_H$.

(2) 모든 $a\in G$에 대하여 $f(a^{-1})=f(a)^{-1}$이다.

(3) K가 G의 부분군이면 $f(K)$는 H의 부분군이다. 특히, $Imf=f(G)$는 H의 부분군이 된다.

증명 (1) $f(a)=f(ae_G)=f(a)f(e_G)$의 양변에 $f(a)^{-1}$를 곱하면

$$f(a)^{-1}f(a) = f(a)^{-1}f(ae_G)$$

$= f(a)^{-1}f(a)f(e_G) = f(e_G)$. 따라서 $e_H = f(e_G)$.

(2) $e_H = f(e_G) = f(aa^{-1}) = f(a)f(a^{-1})$,

$f(a)^{-1}e_H = (f(a)^{-1}f(a))f(a^{-1})$, 이는 다음을 의미한다.

$f(a^{-1}) = f(a)^{-1}$.

(3) 임의의 y_1, $y_2 \in f(K)$이면 x_1, $x_2 \in K$가 존재하여

$f(x_1) = y_1$, $f(x_2) = y_2$가 된다. 그리고 K가 G의 부분군이므로

$x_1 x_2^{-1} \in K$이고

$$y_1 y_2^{-1} = f(x_1)f(x_2)^{-1} = f(x_1)f(x_2^{-1}) = f(x_1 x_2^{-1}) \in f(K).$$

따라서 $f(K)$는 H의 부분군이다.

보기 6 법 4에 관한 잉여류군 $(\mathbb{Z}_4, +)$와 4원군 $Q = \{1, -1, i, -i\}$, $i^2 = -1$은 동형이다.

정리 2.6.1에 의하여 $f(0) = 1$, $f(1) = -1$이라 가정하면 1의 역원은 3이므로

+	0	1	2	3
0	0	1	2	3
1	1	2	3	0
2	2	3	0	1
3	3	0	1	2

•	1	−1	i	$-i$
1	1	−1	i	$-i$
−1	−1	1	$-i$	i
i	i	$-i$	−1	1
$-i$	$-i$	i	1	−1

그림 2.6

$f(3) = f(-1) = f(1)^{-1} = (-1)^{-1} = -1$이다. 그러므로 $f(1) = -1 = f(3)$. $1 \neq 3$이고 $f(1) = f(3)$이므로 이러한 f는 단사가 아니다. $f(1) = i$라 가정하여 보자. 그러면 1의 역원 3의 값은

$$f(3) = f(-1) = f(1) = i = -i,$$
$$f(2) = f(1+1) = f(1) \cdot f(1) = i \cdot i = -1,$$
$$f(3) = f(1+2) = f(1) \cdot f(2) = i \cdot (-1) = -i.$$

따라서 $f : \mathbb{Z}_4 \to Q$를 다음으로 정의하면 f는 동형사상이다.

$f(0) = 1$, $f(1) = i$, $f(2) = -1$, $f(3) = -i$.

실제로 $f(1+2)=f(3)=-i=i\cdot(-1)=f(1)f(2)$이므로 f는 준동형의 조건을 만족한다.

보기 7 군$(\mathbb{Z},+)$와 군 $(\mathbb{Q}^*,\ \cdot)$, $\mathbb{Q}^*=\mathbb{Q}-\{0\}$은 동형이 아니다.

실제로, 동형사상 $f:Z\to Q^*$이 존재한다고 가정한다면 임의의 $a,b\in Z$에 대하여 $f(a+b)=f(a)f(b)$이고 $f(n)=-1$인 $n\in Z$가 존재한다. 한편 정리 1에 의하여 0은 Z의 항등원이고 1은 Q^*의 항등원이므로 $f(0)=1$이다. 따라서

$$f(2n)=f(n+n)=f(n)f(n)=(-1)(-1)=1=f(0)$$

그런데 $2n\neq 0$이므로 f가 단사라는 가정에 어긋난다. 그러므로 Z에서 Q^*에로의 동형사상은 존재하지 않는다.

정리 2.6.2 군 준동형사상 $f:G\to H$, $g:H\to K$의 합성사상 $g\circ f:G\to K$도 군 준동형사상이다.

증명 임의의 $a,b\in G$에 대하여

$$\begin{aligned}(g\circ f)(ab)&=g(f(ab))=g(f(a)f(b))\\&=g(f(a))g(f(b))=(g\circ f)(a)(g\circ f)(b)\end{aligned}$$

이므로 $g\circ f$는 G에서 K로의 준동형사상이다.

정의 군 준동형사상 $f:G\to H$에서 집합 $\{a\in G\,|\,f(a)=e_H\}$을 f의 **핵**(kernel)이라 하고, $\mathrm{Ker}f$로 나타낸다. ■

앞으로 군 G의 항등원 e_G와 군 H의 항등원 e_H를 다같이 e로 나타내면 편리하므로 $e_G=e_H=e$로 나타내자. 그러면 준동형사상 $f:G\to H$에서 $f(a)=e$, $Kerf$가 $\{a\in G|\,f(a)=e\}$이 된다.

정리 2.6.3 군 준동형사상 $f:G\to H$에 대하여 다음이 성립한다.

(1) $\mathrm{Ker}f$는 G의 정규부분군이다.

(2) K가 G의 정규부분군이면 $f(K)$도 $f(G)$의 정규부분군이다.

증명 (1) $a,b\in Kerf$이면 $f(a)=f(b)=e$이므로

$$f(ab^{-1}) = f(a)f(b)^{-1} = e.$$

그러므로 $ab^{-1} \in Kerf$이고, 정리 1에 의하여 $Kerf$는 G의 부분군이다.

다음은, $a \in Kerf$, $g \in G$에 대하여

$$\begin{aligned} f(g^{-1}ag) &= f(g^{-1})f(a)f(g) = f(g)^{-1}f(a)f(g) \\ &= f(g)^{-1}ef(g) = f(g)^{-1}f(g) = e \end{aligned}$$

그러므로 $g^{-1}ag \in Kerf$이다. 따라서 $Kerf \Delta G$임을 알 수 있다.

(2) 정리 1에 의하여 $f(K)$는 H의 부분군이다. $f(G)$도 H의 부분군이고 $f(K) \subseteq f(G)$ 이므로 $f(K)$는 $f(G)$의 부분군이다. 임의의 $h \in f(G)$에 대하여 $f(g) = h$를 만족하는 $g \in G$가 존재한다. 임의의 $l \in f(K)$에 대하여 $f(k) = l$인 $k \in K$가 존재하여

$$\begin{aligned} h^{-1}lh &= f(g)^{-1}f(k)f(g) = f(g^{-1})f(k)f(g) \\ &= f(g^{-1}kg) \in f(K) \end{aligned}$$

그러므로 $f(K) \triangleleft f(G)$.

다음은 준동형사상이 단사사상 또는 전단사사상이 되기 위한 특성을 생각하여 본다.

정리 2.6.4 군 준동형사상 $f : G \to H$에서 다음이 성립한다.

(1) f가 단사사상이기 위한 필요충분조건은 $Kerf = \{e\}$가 되는 것이다.

(2) f가 동형사상이기 위한 필요충분조건은 다음 조건을 만족하는 동형사상 $f^{-1} : H \to G$가 존재하는 것이다.

$$f \circ f^{-1} = 1_H, \ f^{-1} \circ f = 1_G$$

증명 (1) f가 단사사상이라 하자. 정리 1에 의하여 $f(e) = e$ 이므로 $e \in Kerf$이다. 만약 $a \in Kerf$라고 하면, $f(a) = e$이다. 그러면 $f(a) = e = f(e)$이고, f가 단사사상이므로 $a = e$이다. 따라서 $Kerf = \{e\}$이다.

역으로, $Kerf = \{e\}$라 하자. 임의의 $a, b \in G$에 대하여 $f(a) = f(b)$가 성립한다고 하면

$$f(ab^{-1}) = f(a)f(b^{-1}) = f(a)f(b)^{-1} = e$$

이므로 $ab^{-1} \in Kerf$. 그런데 $Kerf = \{e\}$이므로 $ab^{-1} = e$, 즉 $a = b$이다. 따라서 f는 단사사상이다.

(2) f가 전단사사상이면 주어진 조건을 만족하는 역사상 f^{-1}가 존재한다. f^{-1}가 전단사사상이므로, 이는 다시 준 동형임을 보이면 충분하다. 임의의 $x, y \in H$에 대하여 $f(a) = x$, $f(b) = y$가 되는 $a, b \in G$는 각각 하나씩만 존재하여 $f^{-1}(x) = a$, $f^{-1}(y) = b$이다. 이것으로부터 다음을 얻는다.

$$ab = f^{-1}(x)f^{-1}(y),\ xy = f(a)f(b) = f(ab),\ f^{-1}(xy) = ab$$

그래서 $f^{-1}(x)f^{-1}(y) = f^{-1}(xy)$가 된다. 따라서 f^{-1}은 H에서 G에로의 동형사상이다.

보기 8 정수 군 $(\mathbb{Z}, +)$위의 자기 동형사상은 다음의 두 경우뿐이다.

$$1_Z : \mathbb{Z} \to \mathbb{Z},\ 1_Z(a) = a,\ a \in Z$$
$$(-1)_Z : \mathbb{Z} \to \mathbb{Z},\ (-1)_Z(a) = -a,\ a \in Z$$

f가 $\mathbb{Z}$ 위의 동형사상이면 $f(1) = 1$ 또는 $f(1) = -1$이기 때문이다.

보기 9 다음의 준동형사상 $f : (\mathbb{Z}, +) \to (\mathbb{R}^*, \cdot)$, $\mathbb{R}^* = \mathbb{R} - \{0\}$의 핵을 구하여 보자.

$$f(n) = \begin{cases} 1, & n \in 2\mathbb{Z} \\ -1, & n \in 2\mathbb{Z} + 1 \end{cases}$$

$Kerf = \{n \in \mathbb{Z} \mid f(n) = 1\} = 2\mathbb{Z}$, $f(\mathbb{Z}) = \{1, -1\}$이고 $Kerf \Delta Z$이다. 더구나 $Kerf \neq \{0\}$이므로 f는 동형이 아니다.

순환군의 성질을 군 준동형사상으로 알아본다. 일반적인 군의 구조를 규명하기 전에 순환군의 구조를 먼저 살펴본다.

정리 2.6.5 정수 군 $(\mathbb{Z}, +)$의 임의의 부분군 H는 순환군이다. $H \neq <0>$이면 H의 최소양의 정수 m에 대하여 $H = <m>$은 무한군이다.

증명 $H = <0>$ 또는 $H \neq <0>$의 두 가지 경우뿐이다. $H \neq <0>$의 최소양의 정수를 m이라 하면

$$< m > = \{mk | k \in Z\} \subseteq H.$$

역으로, 임의의 $h \in H$를 택한다면, $h = qm + r$, $0 \le r < m$인 정수 q, r이 존재하여 $r = h - qm \in H$이다. m의 최소성에 의하여 $r = 0$, $h = qm \in < m >$. 따라서 $H = < m >$ 이다. 더욱이, $H = \langle m \rangle = mZ$은 무한집합이므로, 자명하지 않은 Z의 모든 부분군은 무한 순환부분군이다.

정리 2.6.6 위수가 n인 모든 유한 순환군은 군 $(\mathbb{Z}_n, +)$와 동형이다. 또 모든 무한 순환군은 $(\mathbb{Z}, +)$와 동형이다.

증명 $G = < a > = \{e, a, a^2, \cdots, a^{n-1}\}$ 이라 하자.

사상 $f : G \to \mathbb{Z}_n$, $f(a^k) = \bar{k}$, $0 \le k < n$이 동형임을 보인다.

실제로, f가 전사사상임은 분명하다. f가 잘 정의되고 단사임을 보이기 위하여, $f(a^k) = f(a^l)$ 일 필요충분조건은 $\bar{k} = \bar{l}$ 이다. 또 이의 필요충분조건은 $k \equiv l \pmod{n}$이고, 다시 이의 동치조건은 $a^k = a^l$ 이다.

임의의 a^k, $a^l \in < a >$ 에 대하여 다음이 성립한다.

$$f(a^k a^l) = f(a^{k+l}) = \overline{k+l} = \bar{k} + \bar{l} = f(a^k) + f(a^l)$$

이로써 f는 전단사인 군 준동형사상, 즉 군 동형사상임이 증명되었다.

다음은, $G = < a >$가 무한군이면 $f : G \to Z$, $f(a^k) = k$, $k \in Z$이 군 준동형사상임은 분명하다. 즉

$$f(a^k a^l) = f(a^{k+l}) = k + l = f(a^k) + f(a^l)$$

따름정리 2.6.7 위수가 같은 두 순환군은 동형이다.

증명 위수가 n인 순환 군 G와 H가 있으면

$$G \cong Z_n, \; H \cong Z_n$$

이므로 $G \cong H$이다.

군 G의 어떤 원소 a에 대하여 $f_a(x) = ax$, $\forall x \in G$로 정의된 전단사사상 $f_a : G \to G$의 전체의 집합 $S_G = \{f_a | a \in G\}$ 는 합성연산에 의하여 군을 이룬다.

실제로, $f_e = 1_G, f_a \in S_G$ 에 대하여

$$(f_e \circ f_a)(x) = (1_G \circ f_a)(x) = 1_G(fa(x))$$
$$= 1_G(ax) = ax = f_a(x),\ x \in G.$$
$$(f_a \circ f_e)(x) = (f_a \circ 1_G)(x) = f_a(1_G(x)) = f_a(x)$$

이므로 $f_e = 1_G$ 은 $S_G = \{f_a | a \in G\}$ 의 항등원이다.

$$\forall a \in G,\ (f_a \circ f_{a^{-1}})(x) = f_a(a^{-1}x) =$$
$$a(a^{-1}x) = (aa^{-1})x = ex = x = 1_G(x),\ \ \forall x \in G$$

따라서 $f_{a^{-1}} = f_a^{-1}$ 이다. 결과적으로 $S_G = \{f_a | a \in G\}$ 는 합성 연산에 의하여 군을 이룬다.

군 G에서 G로의 전단사사상 전체의 집합을 G위의 대칭군이라 하면 군 $S_G = \{f_a | a \in G\}$ 는 이 대칭군의 부분군이다.

다음 명제는 군과 치환군의 관계를 설명하는 중요한 정리이다.

정리 2.6.8 **케일리(Cayley)** 임의의 군 G는 G위의 대칭군의 한 부분군과 동형이다.

증명 임의의 $a \in G$에 대하여 $f(a) = f_a$로 정의된 사상 $f: G \to S_G$는 단사인 준동형 사상이다. 실제로 $a, b \in G$에 관해

$$f(ab) = f_{ab} = f_a \circ f_b = f(a) \circ f(b)$$

$f(a) = f(b)$ 즉, $f_a = f_b$이면 모든 $x \in G$에 대하여

$$f(a)(x) = f_b(x),\ \ ax = bx$$

$x = e$이면 $a = b$. 그러므로 f는 단사사상 이다. 따라서 G는 G위의 대칭군의 한 부분군 S_G와 동형이다.

보기 10 실수 군 $(\mathbb{R}, +)$에 대하여 $f_a(x) = a + x,\ x \in \mathbb{R}$ 인 사상 $f_a : \mathbb{R} \to \mathbb{R}$ 는 a만큼 평행이동을 의미한다.

따름정리 2.6.9 위수가 n인 유한군은 대칭군 S_n의 한 부분군과 동형이다.

지금부터는 군의 동형관계 중에서 중요한 몇 가지를 소개하기로 한다.

정리 2.6.10 N이 군 G의 정규부분군이면, $\pi(a)=Na$, $a\in G$로 정의된 사상 $\pi : G \to G/N$은 N을 핵으로 갖는 전사 준동형사상이다.

증명 군$G/N=\{Na|a\in G\}$ 의 임의의 원소는 Na, $a\in G$이므로 $\pi(a)=Na$, 즉 a는 π에 관한 Na의 원상이다. 그러므로 π는 전사사상이다.

$a, b\in G$에 대하여 $\pi(ab)=Nab=NaNb=\pi(a)\pi(b)$ 이므로 π는 준동형사상이다. 또한,

$$
\begin{aligned}
Ker\pi &= \{a\in G|\pi(a)=N\} = \{a\in G|\, Na=N\} \\
&= \{a\in G|a\in N\}=N,\ Im\pi = G/N
\end{aligned}
$$

위의 사상 π를 G에서 G/N에로의 **표준 준동형사상**(canonical homomorphism) 또는 **자연 준동형사상**(natural homomorphism)이라 한다.

정리 2.6.11 **준동형사상 기본정리** 군 준동형사상 $f: G\to G'$ 와 G의 정규부분군 N에 대하여 $N\subseteq Kerf$이라고 하면 $\overline{f}(Na)=f(a)$, $a\in G$가 되는 군 준동형사상 $\overline{f}: G/N\to G'$가 오직 하나만 존재하여, $\overline{f}\circ\pi=f$이 유도된다. 더욱이 $Im\overline{f}=Imf$, $Ker\overline{f}=Kerf/N$이다.

증명 먼저 대응 $\overline{f}$가 사상임을 보인다. $N\subseteq Kerf$이므로 $Na=Nb$에 대하여 $b=na$, $n\in N$이고

$$f(b)=f(na)=f(n)f(a)=ef(a)=f(a).$$

따라서 $\overline{f}(Na)=\overline{f}(Nb)$이고 $\overline{f}$가 사상임이 잘 정의된다.

다음은 $\overline{f}(Nab)=f(ab)=f(a)f(b)=\overline{f}(Na)\overline{f}(Nb)$이므로 $\overline{f}$는 준동형사상이다. 그리고 임의의 $a\in G$에 대하여

$$(\overline{f}\circ\pi)(a)=\overline{f}(\pi(a))=\overline{f}(Na)=f(a).$$

마지막으로 $\overline{f}$의 유일성을 증명하기 위하여, $f'\circ\pi=f$를 만족하는 f'가 존재한다면

$$f'(Na)=(f'\circ\pi)(a)=f(a)=(\overline{f}\circ\pi)(a)=\overline{f}(Na)$$

이므로 $\overline{f}$의 유일성이 증명된다.

한편 $\overline{f}$의 정의에서 $Imf = Im\overline{f}$ 이고, $Na \in Ker\overline{f} \Leftrightarrow \overline{f}(Na) = e' \Leftrightarrow f(a) = e' \Leftrightarrow a \in Kerf$ 이므로 $Ker\,\overline{f} = \{Na | a \in Kerf\} = Kerf/N$ 이다.

정리 2.6.12 **군 제1동형정리** 군 준동형사상 $f: G \to G'$ 에 대하여 $G/Ker\,f \cong Imf$ 가 성립한다.

증명 $Kerf = K$라고 두면, 군 준동형사상 $f: G \to G'$ 에 대하여 정리 11을 이용하면, 군 준동형사상 $\overline{f}: G/K \to G'$ 가 존재하고 $Im\,\overline{f} = Im\,f$ 및 $Ker\,\overline{f} = (Ker\,f)/K$이 된다.

한편 $Kerf = K$이므로 $Ker\overline{f} = (Ker\,f)/K = \{K\}$ 이고 정리 4에 의하여 $\overline{f}$는 단사사상이다. 따라서 군 제1동형정리 $G/Ker\,f \cong Im\,f$ 가 성립한다.

보기 11 군 G의 교환자군

$$[G: G] = \langle [a, b] = aba^{-1}b^{-1} | a, b \in G \rangle$$

와 군 준동형사상 $f: [G: G] \to G'$ 에서 G'가 가환군이라 하자. 그러면 $f([a, b]) = f(aba^{-1}b^{-1}) = f(a)f(b)f(a)^{-1} = e'$ 이므로 $[G: G] \subseteq Ker\,f$. 따라서 정리 11에 의하여 전사 준동형사상 $\overline{f}: G/[G, G] \to Im\,f$ 가 존재한다.

보기 12 사상 $f: \mathbb{Z} \to \mathbb{Z}_n$, $f(a) = \overline{a}$, $a \in Z$는 전사 준동형사상이다. $Ker\,f = n\mathbb{Z}$ 이므로 $\mathbb{Z}/n\mathbb{Z} \cong \mathbb{Z}_n$이다.

보기 13 군 G의 고정된 원소 a에 대하여 $f: \mathbb{Z} \to G$, $f(n) = a^n$, $n \in \mathbb{Z}$는 $\mathbb{Z}$에서 G의 순환부분군 에로 전사 준동형사상이다. 따라서

$$Ker\,f = \{n \in \mathbb{Z} \,|\, a^n = e\}$$

이므로 제1동형정리에 의하여 $\mathbb{Z}/Ker\,f \cong \langle a \rangle$다.

보기 14 실수 $\mathbb{R}$ 위의 2×2 가역행렬 전체의 집합은 행렬의 곱셈연산에 관하여 군을 이룬다. 이 군을 $\mathbb{R}$ 위의 이차 **일반 선형군**(general linear group)이라 하고,

$GL_2(\mathbb{R})$ 로 나타낸다.

사상 $f: GL_2(\mathbb{R}) \to \mathbb{R}^*$, $f(A) = |A|$, $A \in GL_2\mathbb{R}$ 는 준동형사상이고, $Imf = \mathbb{R}^*$, $Kerf = SL_2(\mathbb{R}) = A \in \{GL_2(\mathbb{R}), |A| = 1\}$. 따라서 $GL_2(\mathbb{R})/SL_2(\mathbb{R}) \cong \mathbb{R}^*$이다.

보기 15 정이면체군 $D_4 = \{e, a, a^2, a^3, b, ab, a^2b, a^3b\}$, 클라인의 사원소군 $V = \{\bar{e}, \bar{a}, \bar{b}, \bar{c}\}$에 대하여 $f(a) = \bar{a}$, $f(b) = \bar{b}$로 주어진 사상 f를 생각한다.

$$a^4 = b^2 = e,\ bab^{-1} = a^{-1},\ \overline{a^2} = \overline{b^2} = (\overline{ab})^2 = e$$

이므로 $Kerf = \{e, a^2\}$. $D_4/\{e, a^2\} \cong V$이 성립한다.

정리 2.6.13 **군 제2동형정리** K, N이 군 G의 부분군이고, N이 군 G의 정규부분군이면, $K/(N \cap K) \cong NK/N$이다.

증명 연습문제 2.5.4에 의해 KN는 G의 부분군이고 N은 KN의 정규부분군이다. 실제로 임의의 $nk \in NK$에 대하여

$$(nk)N(nk)^{-1} = nkNk^{-1}n^{-1} = nNn^{-1} = N.$$

삽입사상 i와 자연준동형사상 π의 합성사상을 f라 두면, 이의 핵은 $N \cap K$이다. 정리 11에 의하여

$$K/N \cap K \cong Imf = NK/N.$$

$$f: K \xrightarrow{i} NK \xrightarrow{\pi} NK/N$$

실제로 $\ker f = \{k \in K | f(k) = N\} = \{k \in K | \pi(k) = N\} = \{k \in K | k \in N\}$이고, 이는 다시 $N \cap K$이다. 그리고

$$Imf = \{Nk \in NK/N | k \in K\} = NK/N$$

이고, 이때 제1동형정리에 의하여 $K/(N \cap K) \cong NK/N$이 성립한다.

정리 2.6.14 **군 제3동형정리** $N \subseteq H$인 군 G의 정규부분군 N, H에 대하여 H/N은 G/N의 정규부분군이고, $(G/N)/(H/N) \cong G/H$이다.

증명 $f(Na)=Ha$, $a\in G$로 정의된 대응 $f: G/N\rightarrow G/H$가 사상임을 보이고자 한다. 실제로, $Na=Nb$, $a, b\in G$이면, $ab^{-1}\in N\subseteq H$이므로 $Ha=Hb$이다. 다음은

$$f(NaNb)=f(Nab)=Hab=HaHb=f(Na)f(Nb)$$

이므로 f는 군 준동형사상이다.

$$Imf=\{f(Na)\mid a\in G\}=\{Ha\mid a\in G\}$$

이고, $\ker f=\{Na\mid a\in G,\ f(Na)=H\}=\{Na\mid a\in H\}=H/N$이다. 따라서 제1동형정리에 의하여 $(G/N)/(H/N)\cong G/H$이다.

보기 16 $\mathbb{Z}$의 부분군 관계 $100\mathbb{Z}\subset 25\mathbb{Z}\subset\mathbb{Z}$에서 $\mathbb{Z}/100\mathbb{Z}\lhd 25\mathbb{Z}/100Z\mathbb{Z}$이므로 $(\mathbb{Z}/100\mathbb{Z})/(25\mathbb{Z}/100\mathbb{Z})\cong\mathbb{Z}/25\mathbb{Z}$이다.

정리 2.6.15 군 준동형사상 $f: G\rightarrow G'$가 전사사상이고 $Kerf=K$라 하면 다음이 성립한다.

(1) H가 G의 부분군이면, $f(H)$는 G'의 부분군이고 $f^{-1}(f(H))=HK=KH$이다.

(2) H'가 G'의 부분군이면, $f^{-1}(H')$는 G의 부분군이고 $K\subseteq f^{-1}(H')$, $f(f^{-1}(H'))=H'$이다.

증명 (1) 정리 1에 의하여 $f(H)$는 G'의 부분군이다. $f^{-1}(f(H))=KH$ 임을 보이자.

만약 $x\in f^{-1}(f(H))$이면, $f(x)\in(f(H))$이므로 $f(x)=f(h)$인 $h\in H$가 존재한다. 이것으로부터, $f(xh^{-1})=f(x)(f(h))^{-1}=e$ 즉, $xh^{-1}\in K$이고 $x\in Kh\subseteq KH$, 따라서 $f^{-1}(f(H))\subseteq KH$.

반면에 $kh\in KH$이면 $f(kh)=f(k)f(h)=ef(h)=f(h)\in f(H)$. 그러면 $kh\in f^{-1}(f(H))$. 따라서 $KH\subseteq f^{-1}(f(H))$.

한편, 제2동형정리에 의해서 $KH<G$이므로 $KH=HK$이다. 결과적으로 $f^{-1}(f(H))=HK=KH$ 이다.

(2) 만약 $a, b\in f^{-1}(H')$이면, $f(a)$, $f(b)\in H'$이고 $f(ab^{-1})=f(a)f(b)^{-1}\in H'$이므로 $ab^{-1}\in f^{-1}(H')$이다. 따라서 $f^{-1}(H')<G$이다. 끝으로 $K=\{x\in G\mid f(x)=e'\}\subseteq f^{-1}(H')$이고 $f(f^{-1}(H'))=H'$는 쉽게 증명된다.

정리 2.6.16 전사 준동형사상 $f: G \to G'$에 대하여 $S(G) = \{H | H < G,\ Kerf \subseteq H\}$과 $S(G') = \{H' | H' < G'\}$는 일대일 대응관계에 있다. 즉, $H \mapsto f(H)$, $H' \mapsto f^{-1}(H')$.

정규부분군 $H \lhd G$와 $H' \lhd G'$에 대해서도 역시 일대일 대응 관계가 성립된다.

증명 만약 $H' \lhd G'$이면, $x \in G$, $a \in f^{-1}(H')$에 대하여 $f(x) \in f(G)$, $f(a) \in H'$이고 $H' \lhd G' = f(G)$이므로

$$f(x^{-1}ax) = f(x)^{-1}f(a)f(x) \in H',\ \text{즉}\ x^{-1}ax \in f^{-1}(H').$$

그러므로 $f^{-1}(H')$는 G의 정규부분군이다.

다음은 정리 3에 의하여 H가 G의 정규부분군이라고 하면 $f(H)$는 $f(G) = G'$의 정규부분군이다.

끝으로 정리 15에 의해서 $H \supseteq Kerf =: K$이면 $f^{-1}(f(H)) = H$, $f(f^{-1}(H')) = H'$이다. 이는 대응

$$H \mapsto f(H),\ H' \mapsto f^{-1}(H')$$

가 일대일임을 의미한다.

따름정리 2.6.17 N이 군 G의 정규부분군이면 G/N의 부분군은 N을 포함하는 G의 부분군 H가 존재하여 H/N의 꼴로 표시된다. 또 G/N의 정규부분군은 K/N, $N \subseteq K \lhd G$의 형태이다.

증명 자연 전사 준동형사상 $\pi: G \to G/N$에서 G/N의 부분군 L에 대하여 정리 15 (2)를 적용하면 $\pi^{-1}(L) = H$이고 $\pi(H) = \pi(\pi^{-1}(L)) = L$이다. 한편 $\pi(H) = H/N$이므로 $L = H/N$, 여기서 $N \subseteq H \subseteq G$이다.

다음은 M이 G/N의 정규부분군이면 $\pi^{-1}(M) = K \lhd G$이고 $M = K/N$, 여기서 $N \subseteq K \lhd G$이다.

연습문제 2.6

1 군 준동형사상 $f: G \to G'$에서 다음이 성립함을 보여라.

(1) H'가 G'의 부분군이면 $f^{-1}(H')$도 G의 부분군이다.

(2) $H' \lhd G'$이면 $f^{-1}(H') \lhd G$이다.

2 군 준동형사상 $f: G \to G'$에서 $Kerf = K$라고 두면, $f(a) = f(b) \Leftrightarrow Ka = Kb$임을 보여라.

3 다음의 사상 중에서 군 준동형사상인지, 아닌지를 조사하여라.

(1) $f: (\mathbb{R}, +) \to (\mathbb{R}, +),\ f(a) = -a,\ a \in \mathbb{R}$

(2) $f: (\mathbb{Z}, +) \to (\mathbb{Z}, +),\ f(a) = a + 1,\ a \in \mathbb{Z}$

(3) $f: (\mathbb{R}^*, \cdot) \to (\mathbb{R}^*, \cdot),\ f(a) = |a|,\ a \in \mathbb{R}^*$

(4) $f: (\mathbb{Z}, +) \to (\mathbb{Q}, +),\ f(a) = \dfrac{a}{b},\ b \neq 0,\ a, b \in \mathbb{Z}$

(5) $f: (\mathbb{R}^*, \cdot) \to (\mathbb{R}^+, \cdot),\ f(a) = a^2,\ a \in \mathbb{R}^*$

4 다음으로 정의된 군 준동형사상 $f: G \to G$는 동형사상임을 보여라.

$$f(x) = axa^{-1},\ x \in G$$

(이를 G위의 **내적인 자기동형사상**(inner automorphism)이라고 부른다.)

5 $f(x) = e^{ix},\ x \in R$로 주어진 사상 $f: (\mathbb{R}, +) \to (\mathbb{C}^*, \cdot)$에 대하여 다음에 답하여라.

(1) f는 준동형사상인가?

(2) Imf와 $Kerf$를 구하여라.

(3) $(\mathbb{R}, +) / \{2\pi n \mid n \in \mathbb{Z}\} \cong \{z \in \mathbb{C} \mid |z| = 1\}$임을 보여라.

6 군 G, G'가 $G \cong G'$를 만족할 때 다음이 성립함을 보여라.

(1) G가 가환이면 G'도 가환이다.

(2) G가 순환군이면 G'도 순환군이다.

7 실수전체의 집합 R에서 군 $(\mathbb{R}, +)$와 $(\mathbb{R}^*, \cdot)$은 동형이 아님을 보여라.

8 위수가 2 또는 3인 모든 유한군은 동형임을 보여라.

9 군 준동형사상 $f, g: G \to G'$에 대하여

$$fg: G \to G',\ (fg)(x) = f(x)g(x),\ x \in G$$

가 준동형사상일 조건을 구하여라.

10 군 $(\mathbb{Z}_8, +)$와 순환군 $G = < a >$, $|G| = 12$에서 $f(0) = f(4) = e$, $f(1) = f(5) = a^3$, $f(2) = f(6) = a^6$, $f(3) = f(7) = a^9$ 로 주어진 사상 f에 대하여 다음에 답하여라.
(1) $Ker f$, $Im f$를 구하여라.
(2) $H = \{e, a^6\}$ 의 원상 $f^{-1}(H)$를 구하여라.

11 f가 단순군 G에서 임의의 군 G로의 전사 준 동형이면 $G \cong G'$ 또는 f는 자명한 준동형사상임을 보여라.

12 군 전사사상 $f: G \rightarrow G'$, $f(a) = a^{-1}$가 군 준동형사상일 필요충분조건은 G가 가환이 되는 것이다.

13 $Ker f = \{e\}$인 군 준동형사상 $f: G \rightarrow G'$에서 $G \cong Im f$ 임을 보여라.

14 사상 $f: (\mathbb{R}^*, \cdot) \rightarrow (\mathbb{R}^+, \cdot)$, $f(a) = a^2$, $a \in R^*$에서 제1동형정리가 성립함을 보여라.

15 이차 일반 선형군 $GL2(\mathbb{R})$은 무한 위수를 갖는 비가환군임을 보여라.

16 군 준동형사상 $f: G \rightarrow G'$, G의 부분군 $H \supseteq Ker f$에 대하여 $f^{-1}(f(H)) = H$ 임을 보여라.

17 군 G의 부분군 N, H에 대하여 $N \subseteq H$일 때, $H/N \lhd G/N$이기 위한 필요충분조건은 $H \lhd G$임을 보여라.

18 고정된 양의 정수 n에 대하여 다음 주어진 사상 $f: (\mathbb{Z}, +) \rightarrow (\mathbb{Z}_n, +)$, $f(a) = \overline{a}$, $a \in \mathbb{Z}$가 준동형사상임을 보이고, 이의 핵을 구하여라.

19 실수 $\mathbb{R}$ 위의 다항식 전체의 집합 $\mathbb{R}[x]$는 덧셈군이다. $\mathbb{R}[x]$ 위의 미분연산자 D는 전사 준동형사상임을 보여라.

20 다음 준동형사상이 동형사상인지 아닌지를 조사하고, 각각의 핵을 구하여라.
(1) $f: (\mathbb{R}^*, \cdot) \rightarrow (\mathbb{R}^*, \cdot)$, $f(a) = 5a$, $a \in \mathbb{R}^*$
(2) $f: (\mathbb{R}, +) \rightarrow (\mathbb{R}, +)$, $f(a) = 5a$, $a \in \mathbb{R}$
(3) $f: \left(\left\{\begin{bmatrix} a & b \\ 0 & d \end{bmatrix} | ad = 0\right\}, \cdot\right) \rightarrow (\mathbb{R}^* \times \mathbb{R}^*, \cdot)$, $f\left(\begin{bmatrix} a & b \\ 0 & d \end{bmatrix}\right) = (a, d)$
(4) $f: (GL_2(\mathbb{R}), \cdot) \rightarrow (R^*, \cdot)$, $f\left(\begin{bmatrix} a & b \\ c & d \end{bmatrix}\right) = (ad - bc)$

21 원소가 4인 모든 군은 $\mathbb{Z}_4$ 또는 $\mathbb{Z}_2 \times \mathbb{Z}_2$와 동형임을 보여라.

22 원소가 6인 모든 군은 $\mathbb{Z}_6$ 또는 S_3와 동형임을 보여라.

23 소인수 P에 대하여 원소가 P인 군은 순환군이고 $\mathbb{Z}_4$와 동형임을 보여라.

SECTION
2.7 직적, 직합

두 개의 군 G, H를 포함하고 있는 확대된 새로운 군을 만드는 과정을 소개하고, 이를 일반화하기로 한다. 이를 활용하여 유한군을 분류하는 방법을 터득하는 것이 학습목표이다.

정의 군 $(G, *)$와 $(H, \circ)$에 대하여 집합 $G\times H$의 연산 $\bullet$을 다음과 같이 정의할 때 $(G\times H, \bullet)$은 군이 되며, 이를 G와 H의 **외적 직적**(external direct product) 또는 **직적**이라고 부른다.

$$(g, h)\bullet(g', h') = (g * g', h \circ h'),\ g,\ g' \in G,\ h,\ h' \in H$$

이때 (e_G, e_H)는 $G\times H$의 항등원이고, (g^{-1}, h^{-1})는 (g, h)의 역원이다. 일반적으로 연산 $*$, $\circ$, $\bullet$ 을 곱셈 연산으로 가정하여 $(g, h)(g', h')=(gg', hh')$로 나타낸다. ■

보기 1 두 군 $\mathbb{Z}$, $M=(\{1, -1, i, -i\}, \bullet)$, $i=\sqrt{-1}$에 대하여 $\mathbb{Z}\times M$상에서 연산을 $(p, i)(n, -i)=(p+n, i(-i))=(p+n, 1)$, $p, n\in\mathbb{Z}$, $i\in M$ 등으로 정의하면 $\mathbb{Z}\times M$은 군을 이룬다.

$\mathbb{Z}$의 위수는 무한이고, M의 위수는 4이며 $\mathbb{Z}\times M$의 위수도 무한이다. $(0, 1)$은 항등원, $\mathbb{Z}\times M$의 각 원소 (p, a)의 역원은 $(p, a)^{-1}=(-p, a^{-1})$이다. 예를 들면

$$(p, i)(-p, i^{-1}) = (p-p, ii^{-1}) = (0, 1).$$

정리 2.7.1 두 군 G, H의 직적 $G\times H$에는 다음 조건을 만족하는 정규부분군 K, J가 존재한다.

(1) $G\cong K,\ H\cong J$

(2) $G\times H = KJ = JK$

(3) $K\cap J = (e_G, e_H)$

증명 $K=\{(g, e_H)|g\in G\}$ 는 $G\times H$의 부분군이다. 실제로

$$(g, e_H)(g', e_H)=(gg', e_He_H)=(g'', e_H)\in G\times H,\ gg'=g''.$$

(e_G, e_H)는 K의 항등원, (g, e_H)의 역원은 $(g^{-1}, e_H)\in K$이다.
이때 $K=G\times I_H,\ I_H=\{e_H\}$ 로 나타내면 $K\cong G$이다.

마찬가지로 $J=I_G\times H,\ I_G=\{e_G\}$ 로 나타내면 위와 같은 방법으로 $J< G\times H,\ J\cong H$이다.

다음은 $G\times H$의 부분군 K, J는 주어진 조건을 만족하는 정규부분군인가 살펴보자.

임의의 $(g, h)\in G\times H,\ (a, e_H)\in K$에 대하여

$$\begin{aligned}(g, h)^{-1}(a, e_H)(g, h)&=(g^{-1}, h^{-1})(a, e_H)(g, h)\\&=(g^{-1}ag, h^{-1}h)=(g', e_H),\ g'\\&=g^{-1}ag\in G\end{aligned}$$

이므로 $(g, h)^{-1}(a, e_H)(g, h)\in G\times I_H$. 즉 $K< G\times H$.

같은 방법으로 $J< G\times H$임을 알 수 있다. 임의의 $(g, h)\in G\times H$에 대하여, 다음을 알 수 있다.

$$(g, h)=(ge_G, e_Hh)=(g, e_H)(e_G, h)\in KJ$$
$$(g, h)=(e_Gg, he_H)=(e_H, h)(g, e_G)\in JK$$

이므로 $G\times H=KJ=JK$ 이다.

마지막으로 $(g, h)\in K\cap J$이면 $(g, h)=(e_G, h)=(g, e_H)$이므로 $g=e_G, h=e_H$이 된다. 따라서

$$K\cap J=(G\times I_H)\cap(I_G\cap H)=\{(e_G, e_H)\}$$

이다. 여기서 (e_G, e_H)는 $G\times H$의 항등원이다.

덧셈군 $(G, +), (H, +)$의 직적 $G\times H$를 G와 H의 **외적 직합**(external direct sum) 또는 **직합**이라 하고 $G\oplus H$로 나타낸다. 이 경우, 정리 1을 적용하면 다음과 같이 된다.

$K=G\oplus\{0\},\ J=\{0\}\oplus H$이고, $G\oplus H=K+J,\ K\cap J=(0, 0)$이 성립한다. $G\oplus H$의 영원은 $(0, 0)$이고, $(g, h)\in G\oplus H$의 역원은 $-(g, h)=(-g, -h)$이다.

보기 2 대칭군 $S_3=\{e, a, a^2, b, ab, a^2b\}$ 잉여류군 $(\mathbb{Z}_2, +)=\{\bar{0}, \bar{1}\}$에서 $S_3\times Z_2 = \{(e,\bar{0}), \cdots (a^2b,\bar{0}), \cdots (e, \bar{1}), \cdots (a^2b, \bar{1})\}$이다.

예를 들면 $(a, \bar{0})(ab, \bar{1})=(a, \bar{0})(ab, \bar{1})= (a(ab), \bar{0}+\bar{1}) = (a^2b, \bar{1})$이다.

보기 3 $\mathbb{R}^2$과 $(\mathbb{R}, +)\oplus(\mathbb{R}, +)$는 동형이다. 실제로 $(a, b)= (a, 0)+(0, b)$이다.

보기 4 $N=\{(\bar{0},\bar{0}), (\bar{0},\bar{1})\}$는 $\mathbb{Z}_4\times\mathbb{Z}_2$의 정규부분군 $\mathbb{Z}_4\times\mathbb{Z}_2/N\cong\mathbb{Z}_4$이다.

보기 5 Klein 4원군 $V=\{e, a, b, c\}$와 잉여류군 $\mathbb{Z}_2$에서 $\mathbb{Z}_2\times\mathbb{Z}_2 = \{(\bar{0},\bar{0}),(\bar{1},\bar{0}), (\bar{0},\bar{1}), (\bar{0},\bar{1})\}$이다. $f: V\to\mathbb{Z}_2\times\mathbb{Z}_2$를 다음으로 정의한다.

$$f(e)=(\bar{0},\bar{0}),\ f(a)=(\bar{1},\bar{0}),\ f(b)=(\bar{0},\bar{1}),\ f(c)=(\bar{1},\bar{1})$$

이 사상 f는 동형이고, $\mathbb{Z}_2\times\mathbb{Z}_2 \cong V$이다. 따라서 $\mathbb{Z}_2\times\mathbb{Z}_2$는 위수가 4인 비순환군이다.

주어진 군 G의 부분군 H, K가 정리 1을 만족하게 되는 경우를 생각하여 보자.

정의 군 G의 정규부분군 H, K가 $G\cong H\times K$를 만족할 때 G는 정규부분군 H와 K의 **내적 직적**(internal direct product) 또는 일반적으로 **직합**(direct sum)이라 하고, $H\oplus K$로 나타낸다.

이때 G는 부분군 H, K의 직적으로 분해된다고 하고, H, K를 G의 **직적인자**(direct factor)라고 한다. ■

정리 2.7.2 $G=HK,\ H\cap K=\{e\}$인 군 G의 정규부분군 H, K에 대하여 $G\cong H\times K$이다.

증명 사상 $f: H\times K\to G,\ f(a, b)=ab,\ a\in H, b\in K$가 동형사상임을 보이자. 임의의 $g\in G$에 대하여 $g=ab, a\in H, b\in K$가 존재하므로 $f(a, b)=ab=g$ 즉 전사이다. 임의의 원소 $(a, b), (c, d)\in H\times K$에 대하여

$$f((a, b)(c, d))= f(ac, bd)= (ac)(bd)= acbd.$$

그런데 $H\cap K=\{e\}$이므로 연습문제 2.7.7에 의하여 $cb=bc, c\in H, b\in K$.

$$acbd=abcd=f(a,b)f(c,d)$$

이므로 f는 준동형사상이다.

끝으로 f가 일대일임을 보이자. $(a,b)\in Ker f$이면 $f(a,b)=e=ab$이므로 $a=b^{-1}\in H\cap K=\{e\}$. $a=e$이므로, $b=e$, $(a,b)=(e,e)$. 따라서 $Ker f=\{(e,e)\}$이므로 정리 2.6.4에 의하여 f는 일대일이다. 결과적으로 f는 $H\times K$에서 G로의 동형사상이므로 $H\times K\cong G$ 즉, $G=H\times K$이다.

정리 2.7.2에 의하여, $H\oplus K=K\oplus H$, $G=\{e\}\oplus G=G\oplus\{e\}$ $\overline{H}=H\times I_H$, $\overline{K}=I_K\times K$라 놓으면 $\overline{H}\,\overline{K}=G$, $\overline{H}\cong H$, $\overline{K}\cong K$, $\overline{H}\cap\overline{K}=\{(e,e)\}$이므로 정리 2에 의하여 $H\times K\cong\overline{H}\oplus\overline{K}\cong H\oplus K$가 성립한다. 그러므로 H, K의 내적 직적과 외적 직적은 같은 개념이다. 내적 직적과 외적 직적을 다 같이 **직적**(direct product)이라 한다.

군 G가 부부군 H, K의 직적이라는 개념은 존재성과 유일성에 연관되는 개념이다.

정리 2.7.3 군 G가 $G=HK$인 정규부분군 H, K의 직적이기 위한 필요충분조건은 다음의 각각이 성립하는 것이다.

(1) 임의의 $g\in G$에 대하여 $g=ab$인 $a\in H, b\in K$가 오직 한 쌍만 존재한다.

(2) $ab=e$, $a\in H, b\in K$이면 $a=e, b=e$이다.

증명 (1) $G=HK$, $H\cap K=\{e\}$, $g\in G$이면 $g=ab$인 $a\in H, b\in K$가 존재한다. $g=ab=a'b'$, $a'\in H, b'\in K$이면 $a^{-1}a'=bb'^{-1}\in H\cap K=\{e\}$이므로 $a^{-1}a'=bb'^{-1}=e$로부터 $a'=a, b'=b$. 따라서 $g=ab$인 a, b는 오직 한 쌍뿐이다.

역으로 $g\in H\cap K$라 하면 $g\in H, g^{-1}\in K, e=gg^{-1}$. 그런데 $ee^{-1}=e$이므로 가정에 의하여 $g=e$. $G=HK$이고 $H\cap K=\{e\}$이므로 G는 H, K의 직적이다.

(2) (1)에서 $ab=e$, $ee=e$이므로 $a=b=e$. 역으로 $g\in H\cap K$이면 $e=gg^{-1}$이므로 $g=e$. 그러므로 $H\cap K=\{e\}$이다.

덧셈군 H, K의 직적을 $H \oplus K$로 나타낸다. $G = H + K$, $H \cap K = \{0\}$이면 $G = H \oplus K$이다. H, K를 군 G의 **직합인자**(direct summand), G를 H, K의 **직합**(direct sum)이라 한다. 정리 3에 의하여 임의 $g \in G$는 $a \in H$, $b \in K$의 합 $g = a + b$로 표시되고, 이러한 (a, b)는 오직 한 쌍만이 존재할 필요충분조건이 $G = H \oplus K$이다.

보기 6 $\mathbb{R}^+$, $\{1, -1\}$은 $(\mathbb{R} - \{0\}, \cdot\,)$의 정규부분군이다. $\mathbb{R}^+ \cap \{1, -1\} = 1$ $\mathbb{R} - \{0\} = \mathbb{R}^+\{1, -1\}$이므로 $\mathbb{R} - \{0\} = \mathbb{R}^+ \times \{1, -1\}$이다.

보기 7 유리수 군 $(\mathbb{Q}, +) = H \oplus K$인 군 $(\mathbb{Q}, +)$의 부분군 H, K는 $H = \{0\}$ 또는 $K = \{0\}$뿐이다. 또 $(Z, +) = H \oplus K$인 부부군 H, K는 $H = \{0\}$ 또는 $K = \{0\}$뿐이다.

실제로, 자명하지 않은 $(Q, +)$의 부분군 H, K에 대하여 $\frac{a}{b} \in H$, $\frac{c}{d} \in K$, $a \neq 0$, $c \neq 0$, $b > 0$, $d > 0$인 정수 a, b, c, d가 존재한다. $b\left(\frac{a}{b}\right)$는 $\frac{a}{b}$를 유한 번 더하여 $a = b\left(\frac{a}{b}\right) \in H$이고, $d\left(\frac{c}{d}\right)$는 $\frac{c}{d}$를 유한 번 더하여 $c = d\left(\frac{c}{d}\right) \in K$이다. ac는 c를 a번 더한 것 또는 a를 c번 더한 것으로 $ac \in H$, $ac \in K$이고 $ac \in H \cap K$, $ac \neq 0$이므로 $H \cap K \neq \{0\}$이다. 따라서 $H \neq \{0\}$, $K \neq \{0\}$이고, $G = H \times K$인 부분군 H, K는 존재하지 않는다.

마찬가지로 $(\mathbb{Z}, +)$의 자명하지 않는 직합인자는 존재하지 않는다.

군의 직적(직합)의 개념을 유한개의 군 $G_1, \cdots, G_n$으로 확장하여 보자.

정의 군 $G_1, \cdots, G_n$의 데카르트 곱 $G = G_1 \times \cdots \times G_n$ 위의 연산을 $(a, \cdots, a_n)(b, \cdots, b_n) = (a_1 b_1, \cdots, a_n b_n)$, $a_{i,} a_i \in G_{i,}$ $i = 1, \cdots, n$으로 정의하면 G는 이 이항연산에 의하여 군을 이룬다. 이 군 G를 $G_1, \cdots, G_n$의 **(외적)직적**이라 한다. ■

군 $G = G_1 \times \cdots \times G_n = \prod_{i=1}^{n} G_i$의 항등원 e는 각 군 G_i의 항등원 e_i에 대하여 $e = (e_{1,} \cdots, e_n)$이다. G의 임의의 원소 $a = (a_1, \cdots, a_n)$의 역원은

$a^{-1} = (a_1^{-1},\ \cdots,\ a_n^{-1})$이다. 각 i에 대하여 $f_i : G_i \to G,\ f_i(a_i) = (e_1,\ \cdots, e_{i-1}, a_i,\ e_{i+1}, \cdots,\ e_n)$은 일대일 군 준동형사상이다. $Imf_i = \overline{G_i}$라 놓으면 $\overline{G_i}$는 G의 부분군이고, 더욱이 $\overline{G_i} \cong G_i,\ \overline{G_i} \lhd G$임을 알 수 있다. 실제로 $(a_1,\ \cdots,\ a_n) \in G,\ f_i\ (b_i) \in \overline{G_i}$에 대하여

$$(a_1,\ \cdots,\ a_n)^{-1} f_i(b_i)(a_1,\ \cdots,\ a_n) = f_i(a_i^{-1} b_i a_i) \in \overline{G_i}\ .$$

■

정리 2.7.4 직적 $G = G_1 \times \cdots \times G_n$에는 다음 조건을 만족하는 정규부분군 $\overline{G_1},\ \cdots,\ \overline{G_n}$이 존재한다. 여기서 각 e_i는 G_i의 항등원이다.

(1) $\overline{G_i} \cong G_i$

(2) $G = \overline{G_1} \cdots \overline{G_n}$

(3) $\overline{G_i} \cap (\overline{G_1} \cdots \overline{G_{i-1}}\ \overline{G_{i+1}} \cdots \overline{G_n}) = (e_1, \cdots,\ e_n),\ i = 1, \cdots, n$

증명 각 G_i에 대하여 $\overline{G_i} \lhd G$임은 쉽게 증명되므로 독자에게 맡기고, (2), (3)을 증명하자. 임의의 $(a_1,\ \cdots,\ a_n) \in G$는 다음으로 표시된다.

$$(a_1,\ e_2,\ \cdots,\ e_n) \cdots (e_1,\ e_2,\ \cdots,\ e_{n-1},\ a_n)$$
$$(a_1,\ e_1,\ \cdots,\ e_n) = f_1(a_1), (e_1,\ a_2,\ e_3,\ \cdots,\ e_n)$$
$$= f_2(a_2), \cdots, (e_1,\ \cdots,\ e_{n-1},\ a_n) = f_n(a_n)$$

이므로

$$(a_1,\ \cdots,\ a_n) = f_1(a_1) \cdots f_n(a_n).$$

그러므로 $G = G_1 \times \cdots \times G_n = \overline{G_1} \cdots \overline{G_n}$. 또 G의 원소 $a = (a_1,\ \cdots,\ a_n) \in \overline{G_i} \cap (\overline{G_1} \cdots \overline{G_{i-1}}\ \overline{G_{i+1}} \cdots \overline{G_n})$에 대하여 $a \in \overline{G_i}$이므로, 모든 $j(\neq i)$에 대하여 $a_j = e_j$. 그런데 $\overline{G_1} \cdots \overline{G_{i-1}}\ \overline{G_{i+1}} \cdots \overline{G_n}$의 원소의 i번째 성분은 e_i이므로 $a_i = e_i$. 따라서 $a = (e_1,\ \cdots,\ e_n)$이다.

정의 군 G의 정규부분군 $N_1,\ \cdots,\ N_n$이 $G \cong N_1 \times \cdots \times N_n$을 만족할 때 G는 $N_1,\ \cdots,\ N_n$의 **(내적)직적**이라 하고, 각 N_i의 **(내적)직적인자**라 한다. 이때 $G \cong N_1 \dot{\times} \cdots \dot{\times} N_n$ 또는 $G = N_1 \times \cdots \times N_n$으로 나타낸다. ■

덧셈군 G의 부분군 H_1, ⋯, H_n 이 G의 직적인자이면 $G = H_1 \oplus \cdots \oplus H_n$으로 나타낸다. G를 각 H_i의 직합이라 하고, H_i직합인자라 한다.

정리 2.7.5 $G = N_1 \cdots N_n$, $N_i \cap (N_1 \cdots N_{i-1} N_{i+1} \cdots N_n) = \{e\}$ $(i = 1, \cdots, n)$인 정규부분군 N_1, ⋯, N_n은 군 G의 직적인자들이다. 즉 $G = N_1 \times \cdots \times N_n$이다.

증명 $k \neq i$이면 $N_k \subseteq N_1 \cdots N_{i-1} N_{i+1} \cdots N_n$이므로 $N_i \cap N_k = \{e\}$ N_i, N_k가 정규부분군이기 때문에 연습문제 2.7.7에 의하여 $a_i b_k = b_k a_i$, $a_i \in N_i$, $b_k \in N_k$, $i \neq k$이다.

사상 $f : N_1 \times \cdots \times N_n \to G$, $f((a_1, \cdots, a_n)) = a_1 \cdots a_n$, $a_i \in N_k$ $i = 1$, ⋯, n는 전사인 군 준동형사상이다.

다음은 $(a_1, \cdots, a_n) \in Kerf$이면, $a_1 \cdots a_n = e$이고, 이는 다시 $a_i (a_1 \cdots a_{i-1} a_{i+1}, \cdots, a_n) = e$, $a_i^{-1} = a_1 \cdots a_{i-1} a_{i+1} \cdots a_n$이 성립한다.

$$a_1 \cdots a_{i-1} a_{i+1} \cdots a_n \in (N_1 \cdots N_{i-1} N_{i+1} \cdots N_n),\ a_i^{-1} \in N_i$$

이므로 $a_i^{-1} = e$, $a_i = e$. $Kerf = \{(e_1, \cdots, e_e)\}$이므로 f는 일대일사상이다. 따라서 $N_1 \times \cdots \times N_n \cong G$. 즉 $G = N_1 \dot{\times} \cdots \dot{\times} N_n$.

유한개의 정규부분군 N_1, ⋯, N_n의 직적 G에 대해서도 정리 2.7.3과 같은 방법으로 다음 정리를 증명할 수 있다.

정리 2.7.6 군 G가 정규부분군 N_1, ⋯, N_n의 직적이 되기 위한 필요충분조건은 다음과 각각이 성립하는 것이다.

(1) 임의의 $a \in G$는 $a = a_1, \cdots, a_n$, $a_i \in N_i$, $i = 1, \cdots, n$의 꼴로 일의적으로 표시된다.

(2) $a_1 \cdots a_n = e, a_i \in N_i$이면 $a_1 = \cdots = a_n = e$이다.

덧셈군 G의 부분군 H_1, ⋯, H_n가 다음의 두 조건을 만족하면 $G \cong H_i \oplus \cdots \oplus H_n$이다. 이때 군 G를 H_1, ⋯, H_n의 **(내적)직합**이라 하고, 각 H_i를 G의 **직합인자**라 한다.

(1) $G = H_1 + \cdots + H_n = \{ a_1 + \cdots + a_n | a_i \in G,\ i = 1, \cdots, n \}$

(2) $H_i \cap \{ H_1 + \cdots + H_{i-1} + H_{i+1} + \cdots + H_n \} = \{0\},\ i = 1, \cdots, n$

직적(직합)이 갖는 일반적이고 추상대수적인 성질을 살펴보자.

정리 2.7.7 직적 $G = H \times K$와 정사영 $\pi_1 : G \to H$, $\pi_2 : G \to K$에 대하여 다음이 성립한다. 임의의 군 J와 임의의 준동형사상 $h_1 : J \to H$, $h_2 : J \to K$에 대하여 $\pi_i \circ h = h_i\ (i = 1,\ 2)$를 만족하는 준동형사상 $h : J \to G$는 오직 하나만 존재한다.

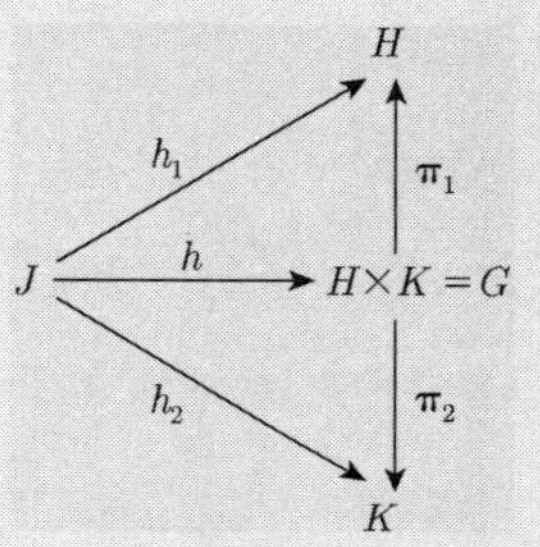

그림 2.7

증명 주어진 조건을 만족하는 준동형사상 $h : J \to G$가 존재함을 보이자. 모든 $a \in H$에 대하여 $h(a) = (h_1(a),\ h_2(a))$ 로 주어진 사상 $h : J \to H \times K$는 준동형사상이다.

또 $(\pi_i \circ h)(a) = \pi_i(h_1(a),\ h_2(a)) = h_i(a),\ a \in H,\ i = 1,\ 2.$ 즉 $\pi \circ h = h_i,\ i = 1, 2$이다. 유일성을 보이기 위하여 $\pi_i \circ h^* = h_i,\ i = 1,\ 2$인 준동형사상 $h^* : J \to H \times K$가 존재한다고 하자, $\pi_i \circ h^* = \pi_i \circ h_i,\ i = 1,\ 2$이므로, 모든 $a \in J$에 대하여

$$\begin{aligned} h^*(a) &= (\pi_1 \circ h^*(a),\ \pi_2 \circ h^*(a)) = ((\pi_1 \circ h)(a), (\pi_2 \circ h)(a)) \\ &= (h_1(a),\ h_2(a)) = h(a) \end{aligned}$$

그러므로 $h^* = h$가 성립한다. 이로서 주어진 조건을 만족하는 군 준동형사상이 유일하게 존재함을 보였다.

직적의 위와 같은 성질을 **일반사상성**(universal mapping property)이라 한다.

연습문제 2.7

1 G, H가 유한군이면 $|G\times H| = |G||H|$임을 보여라.

2 G, H가 가환군일 필요충분조건은 $G\times H$가 가환군이 되는 것임을 보여라.

3 군 G, H에서 $\mathbb{Z}(G\times H)\cong \mathbb{Z}(G)\times \mathbb{Z}(H)$임을 보여라.

4 Klein 4원군 V의 중심과 $(Z_2,\ +)\times S_3$의 중심을 구하여라.

5 군 $(\mathbb{Z}_3,\ +),(\mathbb{Z}_4,\ +)$에 대하여 정리 2.7.1이 성립함을 보여라. 또 $(\mathbb{Z}_3\times \mathbb{Z}_4,\ \bullet)$는 $(\mathbb{Z}_2,\ +)$와 동형임을 보여라.

6 위수가 각각 $m,\ n$이 순환군 $G=\langle a\rangle,\ H=\langle b\rangle$에서 $(m,\ n)=1$이면 $G\times H=\langle(a,\ b)\rangle\cong \langle ab\rangle,\ \mathbb{Z}_m\oplus \mathbb{Z}_n\cong \mathbb{Z}_{mn}$임을 보여라.

7 $H\cap K=\{e\}$인 G의 정규부분군 $H,\ K$에서 $ab=ba, a\in H,\ b\in K$가 항상 성립함을 보여라.

8 위수가 p^2(p는 소수)인 가환군 G는 위수가 p인 두 순환부분군의 직적 이거나 위수가 p^2인 순환군임을 보여라.

9 위수가 12인 이면체군 $D_{12}=<a,\ b|a^6=b^2=\ e, b^{-1}ab=a^{-1}>$의 정규 부분군 $H=\{e,\ a^3\}, K=<a^2,\ b\geqq \{e,\ a^2,\ a^{4,}\ b,\ a^2b,\ a^4b\}\cong D_6$에서 $D_{12}=Z_2\times D_{16}$임을 보여라.

10 $G=H\times K$에서 $\pi_1(a,\ b)=a, \pi_2(a,\ b)=b, (a,\ b)\in H\times K$ 를 G에서 H, G에서 K로의 **사영사상**(projection map)이라 한다.

(1) $Ker\ \pi_1, Ker\ \pi_2$를 구하여라.

(2) N이 G의 정규부분군이면 $\pi_1(N)\lhd H,\ \pi_2(N)\lhd K$임을 보여라.

11 $G+N_1N_2\cdots N_n$ 일 때 정리 2.7.6의 (1)과 (2)는 동치관계임을 보여라.

12 군 준동형 $f: G\rightarrow H,\ g: H\rightarrow K$의 합성 $g\circ f: G\rightarrow K$가 동형일 때 다음이 성립함을 보여라.

(1) f는 일대일 이다.

(2) g는 전사이다.

(3) $f(G)$가 H의 정규부분군이면 $H\cong f(G)\times Ker\ g$ 이다.

13 군 $G_i,\ H_i(i=1,\ \cdots,\ n)$가 $G\cong H_i$를 만족하면 $G_1\times\cdots\times G_n\cong H_1\ \times\cdots\times H_n$임을

보여라.

14 직적 $G_1 \times \cdots \times G_n$, 정사영 $\pi_1 : G \to G_i$에 대하여 준동형사상이 성립함을 보여라.

15 $G = H \times K$와 정사영 $\pi_1 : G \to H$, $\pi_2 : G \to K$에 대하여 다음 사실이 성립함을 보여라. 임의의 군 J와 임의의 준동형사상 $h_1 : J \to H$, $h_2 : J \to K$에 대하여 $\pi_i \circ h = h_{i,}(i = 1, 2)$를 만족하는 준동형사상 $h : J \to G$는 오직 하나만 존재한다.

16 $N_1, \cdots, N_n$은 군 G의 정규부분군이고 $G = N_1 \cdots N_n$, $N_i \cap (N_1 \cdots N_{i-1} N_{i+1} \cdots N_n) = \{e\}\,(i = 1, \cdots, n)$일 때, $G = N_1 \times \cdots \times N_n$임을 증명하여라.

SECTION

2.8 정규화 부분군, 류등식

군 G의 부분군 H가 정규부분군이기 위한 필요충분조건은 모든 $a \in G$ 에 대하여 $a^{-1}Ha = H$ 또는 $aHa^{-1} = H$ 가 되는 것이다. G의 임의의 부분집합 M에 대하여 집합

$$a^{-1}Ma = \{a^{-1}ma \mid m \in M\}$$

의 성질을 살펴보자. 이를 이용하여 정규화 부분군을 공부하고 류등식 및 코시 정리를 유도함을 학습목표로 한다.

정리 2.8.1 군 G의 부분집합 M에 대하여 다음이 성립한다.

(1) $|a^{-1}Ma| = |M|$

(2) M이 부분군이면 $a^{-1}Ma \cong M,\ a \in G$ 이다.

(3) $a^{-1}Ma$가 G의 부분군이기 위한 필요충분조건은 M이 G의 부분군이 되는 것이다.

증명 (1) 사상 $f: M \to a^{-1}Ma,\ f(m) = a^{-1}ma,\ \ m \in M$은 동형이다. 실제로 임의의 $b \in a^{-1}Ma$에 대하여 $b = a^{-1}ma$인 $m \in M$이 존재하여

$$aba^{-1} = m,\ f(m) = a^{-1}ma = a^{-1}(aba^{-1})a = b.$$

즉 $m = aba^{-1}$는 b의 f에 관한 원상이다.

일대일을 보이기 위하여 $f(m) = f(m'),\ a^{-1}ma = a^{-1}m'a$라 하자. 양편에 각각 $a,\ a^{-1}$을 곱하면 $a(a^{-1}ma)a^{-1} = a(a^{-1}m'a)a^{-1},\ \ m = m'$. 그러므로 f는 일대일이다. 따라서 $a^{-1}Ma$의 원소의 개수와 M의 원소의 개수는 같다.

(2) M이 G의 부분군이면 $a^{-1}ma \in M,\ a^{-1}m'a \in M$에 대해

$$(a^{-1}ma)(a^{-1}m'a)^{-1} = (a^{-1}ma)(a^{-1}m'^{-1}a) = a^{-1}mm'^{-1}a \in a^{-1}Ma$$

그러므로 $a^{-1}Ma$는 G의 부분군이다. 또 $m, m' \in M$에 대하여

$$f(mm') = a^{-1}mm'a = (a^{-1}ma)(a^{-1}m'a) = f(m)f(m').$$

그러므로 f는 준동형사상이다. (1)에 의하여 f는 동형사상이다. 즉 $a^{-1}Ma \cong M$이다.

(3) $a^{-1}Ma$가 부분군이면 M도 부분군임을 보이면 충분하다. $m, m' \in M$에 대하여

$$(a^{-1}ma)(a^{-1}m'a)^{-1} = a^{-1}mm'a \in a^{-1}Ma.$$

그러므로 $mm'^{-1} \in M$. 따라서 M은 G의 부분군이다.

정의 군 G의 부분집합 M에서 집합 $a^{-1}Ma$, $a \in G$를 G에서 M에 대한 **공액집합**(conjugate set)이라 한다. $M = \{x\}, x \in G$이면 $a^{-1}Ma = \{a^{-1}xa\}$. $a^{-1}xa = y$라 놓으면 $x = aya^{-1}$이다.

이때 x, y는 **공액관계**(conjugate relation)에 있다고 하고, $x \sim y$로 나타낸다. 즉 $y = a^{-1}xa$가 되는 $a \in G$가 존재하면 $x \sim y$ 또는 $y \sim x$이다. ■

M이 군 G의 정규부분군이면 모든 $a \in G$에 대하여 $a^{-1}Ma = M$이므로 M에 대한 공액집합은 M 자신뿐이다. 서로 다른 공액집합의 개수를 생각하여 보자.

정의 군 G의 부분집합 M에서 집합 $N = \{a \in G \mid aM = Ma\} = \{a \in G \mid a^{-1}Ma = M\}$을 G에서의 M의 **정규화부분군**(normalizer)이라 하고, $N = N_G(M)$으로 나타낸다.

$M = \{m\}$일 때 $N_G(M) = N_G\{(m)\}$을 G에서의 원소 m의 **중심화부분군**(centralizer)이라 하고, $C_G(m) = \{a \in G \mid am = ma\}$로 나타낸다. ■

정리 2.8.2 부분군 M의 군 G에서의 서로 다른 공액집합의 개수는 $[G : N_G(M)]$이다.

증명 임의의 $a, b \in N = N_G(M)$에 대하여 $aM = Ma$, $bM = Mb$, $b^{-1}M = Mb^{-1}$. 그러면

$$\begin{aligned} ab^{-1}M &= a(b^{-1}M) = a(Mb^{-1}) \\ &= (aM)b^{-1} = (Ma)b^{-1} = Mab^{-1} \end{aligned}$$

그러므로 $ab^{-1} \in N$. 이는 N이 G의 부분군임을 의미한다.

N에 관한 서로 다른 잉여류 Nx를 구하여 보자. 임의의 $ab \in Nb$, $a \in N$, $b \in G$에 대하여 $a^{-1}Ma = M$. $(ab)^{-1}M(ab) = b^{-1}a^{-1}Mab = b^{-1}Mb$. 역으로 b, c에 대응하는 공액집합이 같다면 $b^{-1}Mb = c^{-1}Mc$. $M = bc^{-1}Mcb^{-1}$에서 $a = cb^{-1}$라 놓으면 $a^{-1}Ma = M$. $a \in N$, $c = ab$이므로 $c \in Nb$. 그러므로 b와 같은 공액집합을 갖는 G의 원소는 Nb의 원소뿐임을 알았다. 서로 다른 공액집합의 개수는 서로 다른 잉여류 Nb의 개수와 같다. 따라서 M에 대한 서로 다른 공액집합은 $[G : N = N_G(M)]$개이다.

정리 2.8.3 군 G의 부분집합 H와 $N_G(H)$에 다음이 성립한다.

(1) H가 G의 부분군이면 H는 $N_G(H)$의 정규부분군이다.

(2) H가 부분군 N의 정규부분군이면 $H \subseteq N \subseteq N_G(H)$ 이다.

증명 (1) $N_G(H) = \{a \in G | a^{-1}Ha = H\}$ 이므로 임의의 $a \in N_G(H)$에 대하여 $a^{-1}Ha = H$. 그러므로 $H \lhd N_G(H)$.

(2) 임의의 $a \in N$에 대하여 $a^{-1}Ha = H$이므로 $a \in N_G(H)$. 그러므로 $N \subseteq N_G(H)$.

두 원소 $a, b \in G$에 관한 공액관계 "$a \sim b \Leftrightarrow b = g^{-1}ag$ 인 $g \in G$가 존재한다."는 군 G 위의 동치관계이다. a의 동치류는 $\{g^{-1}ag \mid g \in G\}$이고 이를 a의 **공액류**(conjugacy class)라고 부르고, $\zeta(a)$로 나타낸다. $a^{-1}aa = a$이므로 a는 a의 공액류의 원소이다.

정리 2.8.2에 의하여 서로 다른 공액류의 개수는 $[G : N_G(a)]$이다.

G가 유한군이면 공액류의 집합 $\{\zeta_1, \cdots, \zeta_r\}$는 G의 분할을 이룬다. 즉 $G = \zeta_1 \cup \cdots \zeta_r$, $\zeta_i \cap \zeta_j = \varnothing$, $i \neq j$. 공액류 $\zeta_1, \cdots, \zeta_r$의 원소의 개수는 일정하지 않다. x를 포함하는 공액류를 ζ라 할 때 $|\zeta| = 1$이면 $\{g^{-1}xg \mid g \in G = \{x\}$이므로, 모든 $g \in G$에 대하여 $g^{-1}xg = x$, $xg = gx$. 그러므로 $|\zeta| = 1$일 필요충분조건은 $N_c(x) = C_G(x)$가 되는 것이다. 여기서 집합 $C_G(x) = \{g \in G | xg = gx\}$를 G에서 x의 **중심화부분군**(centralizer)이라 한다.

정리 2.8.4 유한군 G의 원소 x를 포함하는 공액류 ζ의 원소의 개수는 G 내에서 부분군 $C_G(x)$의 지수와 같다. 또 $|\zeta|\,|\,|G|$.

증명 $\zeta=\{a^{-1}xa \mid a\in G\}$와 부분군 $C:=C_G(x)$의 잉여류 전체의 집합 $\{Ca \mid a\in G\}$는 일대일 대응관계가 있음을 보이면 된다. 대응 $y=a^{-1}xa\mapsto Ca$를 생각하여 보자.

실제로 $a^{-1}xa=b^{-1}xb$이면 $x=ab^{-1}xba^{-1}=(ba^{-1})^{-1}x(ba^{-1})$, $(ba^{-1})x=x(ba^{-1})$이므로 $ba^{-1}\in C$, 즉 $b\in Ca$. 그러므로 $Cb=Ca$. 따라서 이 대응은 하나의 사상이며 단사이다. 전사임은 분명하므로 이 대응은 전단사이다.

서로 다른 잉여류 개수는 $[G: C_G(x)]$이므로 ζ의 원소의 개수와 서로 다른 잉여류의 개수는 같고, $[G: C_G(x)]$개이다. 또 $|\zeta|=[G: C_G(x)]=\dfrac{|G|}{|C_G(x)|}$에서 $|\zeta|\,|\,|G|$이다.

정리 2.8.5 유한군 G의 서로 다른 공액류 전체를 $\zeta_1=\{e\}$, $\zeta_2, \cdots, \zeta_r$, $x_i\in\zeta_i$, $|\zeta_i|=h_i(i=1, \cdots, r)$라고 할 때 다음이 성립한다.

(1) $|G|=h_i+\cdots+h_r,\ h_i=[G: C_G(x_i)],\ i=1,\cdots,r$

(2) $h_1=\ \cdots=h_k=1,\ h_i>1\ (i>k)$이라고 하면

$$|G|=|Z(G)|+h_{k+1}\cdots+h_r.$$

증명 정리 2.8.4에 의하여 $h_i=|\zeta_i|=[G: C_G(x_i)]$. $Z(G)$의 모든 원소 $a\in G$에 대하여 $C_G(a)=G$이므로 $[G: C_G(x_i)]=[G: G]=1$. $x_i\in Z(G)$이면 $|\zeta_i|=1$이므로 $|\zeta_i|=1$인 모든 공액류는 모두 $|Z(G)|$개가 존재한다.

위 정리의 방정식을 유한군 G의 **류등식**(class equation)이라 하고, 중심 $Z(G)$는 G의 부분군이므로 $|Z(G)|\,|\,|G|$이 성립한다.

보기 1 대칭군 $S_3=\{1,\ (1\,2),\ (1\,3),\ (2\,3),\ (1\,2\,3),\ (1\,3\,2)\}$의 항등치환 1은 $Z(S_3)$의 원소이다.

$$(1\,3)(1\,2)=(1\,3\,2),\quad (1\,2)(1\,3)=(1\,2\,3),$$
$$(2\,3)(1\,2)=(1\,2\,3),\quad (1\,2)(2\,3)=(1\,3\,2)$$

이므로 $(12)(13) \neq (13)(12)$, $(12)(23) \neq (23)(12)$, (12), (13), (23)은 $Z(S_3)$의 원소가 아니다. $|Z(S_3)| =$ 1, 2, 3, 6에서 $|Z(S_3)| = 1$, 2, 3만이 가능하다. 그런데 $(12)(123) = (13)$, $(123)(12) = (23)$이므로 $(123)(12) \neq (12)(123)$. 즉 중심에 속하지 않는 것은 적어도 네 개다. 그러므로 $|Z(S_3)| = 1$, 2.

끝으로 $(12)(132) \neq (132)(12)$이므로 $Z(S_3)$의 원소가 아닌 것은 다섯 개 이상이다. 결국 $|Z(S_3)| = 1$이므로 $Z(S_3) = \{1\}$이다.

보기 2 대칭군 S_3의 류등식을 구하여 보자. $|Z(S_3)| = 1$이므로 $\zeta_1 = \{1\}$. 위수가 1보다 큰 공액류를 구하면

$$\zeta_2 = \{(12), (13), (23)\}, \ \zeta_3 = \{(123), (132)\}$$

따라서 $|G| = 1 + |h_2| + |h_3| = 1 + 3 + 2$.

보기 3 대칭군 $G = S_3$에서 $h_1 = [G: C_G(12)]$, $h_2 = [G: C_G(123)]$을 구하여 보자. $x \in C_G(12) \Leftrightarrow x(12) \Leftrightarrow (12)x \Leftrightarrow x = 1$, $x = (12)$이므로 $C_G(12) = \{1, (12)\}$. $h_1 = [G: \{1, (12)\} = \dfrac{|G|}{2} = \dfrac{6}{2} = 3$. $C_G(123) = \{1, (123), (132)\}$이므로 $h_2 = \dfrac{|G|}{3} = \dfrac{6}{3} = 2$.

다음은 군 G의 중심의 원소의 개수에 대하여 알아본다.

정리 2.8.6 소수 p에 대하여 $|G| = p^n \, (n \geq 1)$에서 $|Z(G)| = p^s > 1$, $s \geq n$이다. 또 $Z(G) \neq \{e\}$이다.

증명 정리 5에서 $|G| = p^n$, $h_i = [G: C_G(x_i)] = \dfrac{|G|}{|C_G(x_i)|}$, $h_i > 1$이라 놓으면 $P^n = |Z(G)| + h_1 + h_2 + \cdots + h_r$, $h_i = p^{li}$이라고 놓으면

$$|Z(G)| = p^{l_i} - p^{l_1} - p^{l_2} - \cdots - p^{lr}, \ r \geq 1, \ l_i \geq 1$$

그러므로 $p \| Z(G)|$. 라그랑주 정리에 의하여 $|Z(G)|$는 $|G| = p^n$의 약수이므로 $|Z(G)| = p^s > 1$. 그런데 $|Z(G)| > p$이므로 $Z(G) \neq \{e\}$.

정리 2.8.7 **코시(Cauchy) 정리** $p \| G \|$인 유한군 G에는 위수가 소수 p인 원소가 존재한다.

증명 이 정리의 명제를 만족하지 않는 군이 존재한다고 가정하고, $p \| G \|$이나 위수가 p인 원소가 존재하지 않는 위수가 가장 작은 군을 G라 하자.

H가 G의 진부분집합이고 $p \| H \|$이면 $|H| < |G|$이므로 H에는 위수가 p인 원소가 있다. 이 원소는 G의 원소이며 위수가 p이므로 G의 선택에 모순이다. 그러므로 G의 모든 진부분군의 위수는 p의 배수가 아니다.

유한군 G의 류등식 $|G| = |Z(G)| + h_1 + \cdots + h_r$, $h_i = [G : C_G(x_i)] > 1$에서 $C_G(x_i)$는 G의 진부분군이므로 $|C_G(x_i)|$는 p의 배수가 아니다. 모든 $h_i = [G : C_G(x_i)] = \dfrac{|G|}{|C_G(x_i)|}$는 p의 배수이므로 $|Z(G)|$도 p의 배수이다. 그런데 G의 모든 진부분군의 위수가 p의 배수가 아니므로 모순이다. 결과적으로 $Z(G) = G$. 그러므로 G는 가환군이다.

따라서 가환군에서 주어진 명제가 성립함을 보이면 이 정리의 증명은 완성된다.

$p \| H \|$나 위수 p인 원소를 갖지 않는 최저차 위수의 가환군을 H라 하자.

원소 $a \in H$의 위수 $O(a)$가 p의 배수이면 $O(a) = pm$, $(a^m)^p = a^{o(a)} = e$. a^m의 위수는 p이고 $a^m \in H$이므로 H의 정의에 모순된다. 따라서 H의 모든 원소의 위수는 p와 서로소이다.

임의의 원소 $a \in H$, $a \neq e$에 의하여 생성된 순환부분 군 $< a >$는 H의 진부분군이다. $< a > = H$이면 $O(a) = |H|$, $p \| H \|$이므로 $O(a) = p$, $(O(a),\ p) \neq 1$이기 때문이다.

$N = < a >$, $a \neq e$라 놓으면 $N \lhd H$, $|N| > 1$, $(|N|,\ p) = 1$.

$$|H/N| = |H|/|N| \text{에서 } p|H/N|,\ |H/N| = |H|/|N| < |H|.$$

H의 선택에 따르면 군 H/N위수가 p인 원소 Nb를 갖는다.

$(Nb)^p = Ne = N$에서 $e \in N = (Nb)^p$이므로 $(nb)^p = e$가 되는 $nb \in H$가 존재한다. 이는 H의 선택에 모순이다. 따라서 얻고자 하는 명제를 만족하지 않는 군은 존재하지 않는다. 즉 모든 가환군에 대하여 $p \| G \|$, $O(a) = p$인 원소 a가 존재한다.

보기 4 대칭군 $S_4 = \{1,\ (12),\ (13),\ (14),\ (23),\ (24),\ (34)$

$(123),\ (132),\ (124),\ (142),\ (134),\ (143),\ (234),\ (243),\ (12)(34),\ (12)(24),\ (14)(23),\ (1234),\ (1324),\ (1342),\ (1423),\ (1432)\}$

의 위수 $|S_4| = 2^3 \cdot 3$이고, $2||S_4|$, $|3|||S_4|$. 공액류를 구하면 다음과 같다.

$$\zeta_1 = \{1\}$$
$$\zeta_2 = \{(12), (13), (14), (23), (24), (34)\}$$
$$\zeta_3 = \{(123), (132), (124), (142), (134), (143), (234), (243)\}$$
$$\zeta_4 = \{(12)(34), (13)(24), (14)(23)\}$$
$$\zeta_5 = \{(1234), (1243), (1324), (1342), (1423), (1432)\}$$

정리 2.8.8 N이 군 G의 정규부분군이기 위한 필요충분조건은 N이 G의 몇 개의 공액류들의 합으로 표시되는 것이다.

증명 $a \in G,\ n \in N$에 대하여 $a^{-1}na \in N$이므로 $\cup\{\zeta(n)|n \in N\} \subseteq N$. 또 $n \in \zeta(n)$이므로 $N \subseteq \cup\{\zeta(n)|n \in N\}$. 그러므로 $N = \cup\{\zeta(n)|n \in N\}$.

역으로 $N = \cup\{\zeta(n)|n \in N\}$이면 $\zeta(n) = \{a^{-1}na|a \in G\} \subseteq N$이므로 모든 $a^{-1}na \in N$. 따라서 $a^{-1}Na = N$이 되어 $N \lhd G$.

유한군 G의 정규부분군을 공액류로 찾아보자. G의 공액류 몇 개의 합집합을 만들었을 때 G의 부분군이면 이 집합은 정규부분군이다. 부분군의 위수와 부분군을 이루는 공액류의 원소의 개수를 결부시켜서 유한군의 정규부분을 얻을 수 있다.

보기 5 대칭군 S_4의 공액류 ζ_1, ζ_4의 합집합

$$\zeta_1 \cup \zeta_4 = \{1, (12)(34), (13)(24), (14)(23)\} = K_4$$

는 S_4의 부분군이고 또한 정규부분군이다. S_4의 정규부분군은 $\{1\}$과 나머지 몇 개의 공액류의 합집합으로 부분군이 되어야 한다.

$S_4 = 24$이므로 이 부분군의 위수는 24의 약수인 $1, 2, 3, 4, 6, 8, 12, 24$이다. 공액류의 원소는 각각 1, 6, 8, 3, 6개이므로 부분군이 될 수 있는 경우는 1, $1+3$, $1+8+3$, 24뿐이다. 그러므로 정규부분군은$\{1\}$, $\{1, (12)(34),$

$(13)(24), (14)(23)\} = K_4$, A_4, S_4뿐이다. 이들의 위수는 각각 1, 4, 12, 24 이다.

보기 6 4차원의 교대군 A_4는 S_4의 단순부분군이 아니다. A_4의 공액류 $\zeta_1 = \{1\}$, $\zeta_2 = \{(123), (134), (142), (243)\}$, $\zeta_3 = \{(132), (143), (124), (234)\}$, $\zeta_4 = \{(12)(34), (13)(24), (14)(23)\}$의 위수는 각각 1, 4, 4, 3이다.

A_4의 부분군의 위수는 12의 약수로 1, 2, 3, 4, 6, 12이다. 그런데 1, 4, 4, 3으로 만들 수 있는 수는 1, 4, 5, 7, 8, 11이다. $\zeta_1 \cup \zeta_4 =$ $= \{1, (12)(34), (13)(24), (14)(23)\}$은 부분군으로 A_4의 정규부분군이다.

연습문제 2.8

1 군 G 위의 공액관계 $\sim$은 동치관계임을 보여라.

2 H가 군 G의 정규부분군이기 위한 필요충분조건은 H에 대한 공액집합이 H 자신뿐임을 보여라.

3 군 G의 원소 x에 대하여 집합 $C_G(G) = Z(G)$는 G의 가환정규 부분군임을 보여라.

4 x를 포함하는 공액류 ζ의 모든 원소의 위수는 x의 위수와 같음을 보여라.

5 G의 몇 개의 공액류합집합이 부분군이면 이 부분군은 G의 정규 부분군임을 보여라.

6 위수가 p^2(p는 소수)인 군 G의 중심 $Z(G)$의 위수를 구하라. 또 G는 가환군임을 보여라.

7 대칭군 S_4의 교대군 A_4를 S_4의 공액류의 합집합으로 나타내어라.

8 교대군 A_4는 위수가 6인 부분군을 갖지 않음을 보여라. 따라서 라그랑주 정리의 역이 성립하지 않는다.

9 다음은 대칭군 S_5의 공액류를 나타낸 표이다. 교대군 A_5를 공액류의 합집합으로 나타내어라.

공액류	대표원	위수	공액류	대표원	위수
ζ_1	(1)	1	ζ_5	(1234)	30
ζ_2	(12)	10	ζ_6	$(12)(345)$	20
ζ_3	(123)	20	ζ_7	(12345)	24
ζ_4	$(12)(34)$	15			

그림 2.8

10 A_5의 공액류를 나타내는 표를 만들어라. 이 표를 이용하여 A_5는 단순군임을 보여라.

11 정리 2.4.7의 라그랑주 정리의 역은 항상 성립하지 않는다. 그 반례(counter example)를 두 개 이상 들어라.

12 단순가환군 $G(\neq \{e\})$는 위수가 소수인 순환군임을 보여라.

13 대칭군 G의 부분군을 치환군이라 한다. 어떤 기치환을 포함하고 있는 치환군 G는 $G_2 \cong \{1, -1\}$과 같거나 단순군이 아님을 보여라.

14 다음 사실을 증명하여라.

"$p \mid |G|$인 가환인 유한군 G에는 위수가 소수 p인 원소가 존재한다." [귀납법 사용]

15 다음 사실을 증명하여라.

"$p \mid |G|$인 유한군 G에는 위수가 소수 p인 원소가 존재한다." [14번 이용]

SECTION

2.9 자기 동형사상

군 G에서 G 자신으로의 준동형사상을 **자기준동형사상**(endomorphism), 동형사상을 **자기동형사상**(automorphism)이라 한다. 자기준동형사상 전체의 집합을 $\mathrm{End}(G)$, 자기동형사상 전체의 집합을 $\mathrm{Aut}(G)$로 나타낸다. 이를 활용하여 제 6장에 나오는 갈루아 군을 공부하는 것이 수업의 목표이다.

정의 군 G의 고정된 원소 a에 대하여 $i_a(x) = axa^{-1}, x \in G$로 정의된 사상 i_a는 자기동형사상이다. 사상 i_a를 a에 의하여 결정된 G의 **내적인 자기동형사상**(inner automorphism)이라 한다. 내부자기동형사상이 아닌 자기동형사상을 **외적인 자기동형사상**(outer automorphism)이라 한다. ■

군 G 위의 내적인 자기동형사상 전체의 집합은 군을 이룬다. 이 군을 $\mathrm{Inn}(G)$로 나타낸다. axa^{-1}를 x를 y에 의하여 공액 변형된 원소라 하고, $y = axa^{-1}$가 되는 원소 a가 존재할 때 x와 y는 서로 **공액원**(conjugate element)이라 한다.

정리 2.9.1 $\mathrm{Inn}(G)$는 $\mathrm{Aut}(G)$의 정규부분군이다. 또 $\mathrm{Aut}(G)$는 대칭군 $A(G)$의 부분군이다.

증명 $\mathrm{Aut}(G)$이 $A(G)$의 부분군임은 분명하다. 먼저 $\mathrm{Inn}(G)$가 $A(G)$의 부분군임을 보이자.

$i_a, i_b \in Inn(G)$이며 모든 $x \in G$에 대하여

$$\begin{aligned}(i_a \circ i_b)(x) &= i_a(i_b(x)) = i_a(bxb^{-1}) = a(bxb^{-1})a^{-1} \\ &= (ab)x(ab)^{-1} = i_{ab}(x)\end{aligned}$$

그러므로 $i_a \circ i_b = i_{ab} \in Inn(G)$. $i_e \circ i \in Inn(G)$이고, $i_a \circ i_{a-1} = i_{ab-1} = i_e = i$에서 $(i_a)^{-1} = i_{a-1} \in Inn(G)$. 그러므로 $Inn(G)$는 $A(G)$의 부분군, 즉 $Aut(G)$의 부분군이다.

이제, $Inn(G)$가 Aut(G)의 정규부분군임을 보이기 위하여 $\sigma \in Aut(G)$, $\sigma \in Aut(G), i_a \in Inn(G)$라 하자. 임의의 $x \in G$에 대하여 다음이 성립한다.

$$\begin{aligned}(\sigma^{-1} i_a \sigma)(x) &= ((\sigma^{-1}) i_a)(\sigma(x)) = \sigma^{-1}(i_a(\sigma(x))) = \sigma^{-1}(a\sigma(x)\sigma^{-1} \\ &= \sigma^{-1}(a)(\sigma^{-1}(\sigma(x))\sigma^{-1}(\sigma^{-1}) = \sigma^{-1}(a)x\sigma(a) \\ &= \sigma^{-1}(a)x(\sigma^{-1}(a))^{-1} = i_{\sigma^{-1}(a)} \in Inn(G)\end{aligned}$$

따라서 $Inn(G) \lhd Aut(G)$이다.

정리 2.9.2 군 G의 자기동형군 $Aut(G)$에 다음이 성립한다.

(1) 핵이 $Z(G)$가 되는 군 준동형사사 $G \to Aut(G)$가 존재한다.

(2) $G/Z(G)$는 $Inn(G)$와 군 동형관계에 있다.

증명 (1) $\tau_a : G \to G$, $\tau_a(x) = axa^{-1}$, $x \in G$는 동형사상으로 $Aut(G)$ 의 원소이다.

$\tau : G \to Aut(G)$ $\tau(a) = \tau_a$, $a \in G$는 군준동형사상이다.

실제로 a, $b \in G$에 대하여 $\tau_a \circ \tau_b = \tau_{ab} \in Inn(G)$.

$a \in Ker\tau \Leftrightarrow \tau_a = e_G \Leftrightarrow \tau_a(x) = x$, $x \in G$.

$axa^{-1} = x \Leftrightarrow ax = xa$이므로 $Ker\tau \subseteq Z(G)$.

$Z(G) \subseteq Ker\tau$는 분명하므로 $Z(G) = Ker\tau$.

(2) $\tau : G \to Inn(G)$, $\tau(a) = \tau_a$, $a \in G$는 (1)에 의하여 준동형이다.

$Im\tau = \{\tau_a | a \in G\} = Inn(G)$이므로 τ는 전사이다. 또 (1)에 의하여 $Ker\tau = Z(G)$. 제1동형정리 2.6.2에 의하여 $G/Ker\tau = G/Z(G) \cong Inn(G)$이다.

보기 1 대칭군 S_3 위의 자기동형군의 원소는 여섯 개다. $Z(S_3) = \{1\}$이므로 정리 2.8.6에 의하여 $Inn(S_3) \cong S_3$. $|S_3| = 3 \neq 6$이므로 $|Inn(S_3)| = 6$이다. S_3의 위수가 2인 원소의 자기동형사상에 의한 상의 위수도 2이므로 이 사상은 $\{(1\,2), (1\,3), (2\,3)\}$에 의하여 결정된다. 그런데 $S_3 = \{(1\,2), (1\,3), (2\,3)\}$이므로 이러한 사상은 $3 \times 3 = 6$개를 넘지 않는다. 그러므로 $Aut(S_3)$의 원소는 여섯 개이다. 즉 $Aut(S_3) = Inn(S_3) \cong S_3$.

보기 2 무한순환순 G 위의 군 $Aut(G)$의 위수는 2이다. $G=<a>=\{a^n|n\in\mathbb{Z}$, $\sigma\in Aut(G)$이면 $\sigma<a>$에 따라 σ가 결정된다. G가 무한군으로 G의 생성원은 a,a^{-1}뿐이다. $<a>=<\sigma(a)>=G$에서 $\sigma<a>=a$ 또는 $\sigma(a)=a^{-1}$. $\sigma(a)=a$이면 σ는 항등사상이고, $\sigma(a)=a^{-1}$만이 자기동형사상이다. 그러므로 $Aut(G)\cong C_2\cong\mathbb{Z}_2$이다.

연습문제 2.9

1 사상 $i_a : G \to G, i_a(x) = a^{-1}xa, x \in G$는 자기동형사상임을 보여라.

2 사상 $G \times S \to S, (g, s) \mapsto gs$가 존재하여 $es = s, (g_1 g_2)g = g_1(g_2 s),\ s \in S, g_1, g_2 \in G$가 성립할 때 군 G는 집합 S 위에서 작용한다(act)고 한다. 집합 $I_n = \{1, 2, \cdots, n\}$ 위에서의 군 S_n의 **작용**(action)이 되는 예를 들어라.

3 클라인 4원군 $V_4 = \{e, a, b, c\}$에서 $Inn(V_4)$, $Aut(V_4)$를 구하여라.

4 군 G의 부분군 H에서 $(h, x) \mapsto hx, h \in H, x \in G$로 정의된 사상 $H \times G \to G$를 **좌평행이동**(left translation)이라 한다. 군 G의 부분군 H의 좌잉여류 전체의 집합 $S = \{aH | a \in G\}$ 위에서 H의 좌이동을 구하여라.

5 대칭군 S_3, 교대군 A_4의 자기동형과 $\mathbb{Z}_3{}^*$, C_2의 관계를 구하여라.

6 위수가 n인 순환군 G의 자기동형군 $Aut(G)$는 $\mathbb{Z}_n{}^*$와 동형임을 보여라.

7 G가 유한군, $[G : H] = p$, p가 $|G|$의 약수인 최소 소수일 때 H는 G의 정규부분군임을 보여라.

8 군 G에 대하여 $G/Ker\,\tau = G/Z(G) \cong Inn(G)$ 임을 밝혀라.

CHAPTER 3

군의 작용, 실로우 정리

SECTION 3.1 군의 작용

비가환 유한군의 구조를 밝히는 데 유용한 공이 아닌 어떤 집합 위의 군의 작용에 대하여 살펴보고, 이를 활용하여 실로우 정리를 공부하고 군의 구조론을 연구함을 목표로 한다.

정의 군 G와 집합 X에 관한 사상 $\circ : G \times X \rightarrow X$가 다음 조건을 만족할 때 이 사상 $\circ$을 X 위의 G의 **작용**(action)이라 한다.

(1) 모든 $a, b \in G$, $x \in X$에 대하여 $(ab) \circ x = a \circ (b \circ x)$ 이다.
(2) 항등원 $e \in G$, $x \in X$에 대하여 $e \circ x = x$ 이다. ■

$(a, s) \in G \times X$의 작용 $\circ$에 관한 상 $a \circ x = ax$로 나타내면 $(ab)x = a(bx)$, $ex = x$이다. 집합 X위의 G의 작용이 존재할 때 **G는 X에 작용한다**(G acts on a set X)고 하고, X를 **G−집합**(G-set)이라 한다.

보기 1 $I_n = \{1, \cdots, n\}$, 대칭군 S_n에 대하여 $\circ : S_n \times I_n \rightarrow I_n$, $(\sigma, i) \rightarrow \sigma \circ i = \sigma(i)$, $i \in I_n$, $\sigma \in S_n$은 S_n 위의 G-작용이다.

보기 2 $G = GL(2, R)$, $X = R^2$에서 $G \times X \rightarrow X$, $\left(\begin{bmatrix} a\ b \\ c\ d \end{bmatrix}, \begin{pmatrix} x \\ y \end{pmatrix}\right) \mapsto \begin{bmatrix} ax + by \\ cx + dy \end{bmatrix}$은 작용이다.

보기 3 군 G의 부분군 H의 좌잉여류 전체의 집합 $S = \{aH \mid a \in G\}$에 대하여 $G \times S \rightarrow S$, $(g, aH) \mapsto gaH$는 S 위에서의 G의 작용이다.

작용 $G \times H \rightarrow H$, $(g, h) \mapsto gh$를 **좌 평행이동**(left translation)이라 한다. 작용 $H \times G \rightarrow G$, $(h, g) \mapsto h^{-1}gh$를 **공액작용**(conjugate action)이라 한다.

$$(h_1h_2) \circ g = (h_1h_2)^{-1}g(h_1h_2) = h_2^{-1}h_1^{-1}gh_1h_2 = h_2^{-1}$$
$$(g \circ h_1 \circ g)h_2 = h_2 \circ (h_1 \circ g)$$

이다.

정리 3.1.1 군 G가 집합 X에 작용할 때 다음이 성립한다.

(1) 각 g에 대하여 $\tau_g: X \to X$, $\tau_g(x) = gx$ 는 X 위의 치환이다.

(2) 집합 $A(X) = \{\tau_g \mid g \in G\}$에 대하여 $\tau: G \to A(X)$, $\tau(g) = \tau_g$ 는 준동형이다.

증명 (1) $x \in X$에 대하여 $x = g(g^{-1}x)$이므로 $\tau_g(g^{-1}x) = x$. 즉 τ_g는 전사이다. $\tau_g(x) = \tau_g(y)$, 즉 $gx = gy$이면 $x = g^{-1}(gx) = g^{-1}(gy) = y$. 따라서 τ_g는 전단사이다.

(2) $\tau: G \to A(X)$, $g, g' \in G$에 대하여 $\tau_{gg'} = \tau_g \circ \tau_{g'}: X \to X$이 성립하므로 τ는 군준동형사상이다. 작용의 조건 (2)에서 $x = e \circ x = (gg^{-1}) \circ x$. 조건 (1)에서 $(gg^{-1}) \circ x = g \circ (g^{-1} \circ x)$. 그러므로 $x = g \circ (g^{-1} \circ x) = g(g^{-1}x)$. 또 $\tau_{gg'}(x) = (gg')x = g(g'x) = g(\tau_{g'}(x)) = \tau_g(\tau_{g'}(x)) = (\tau_g\tau_{g'})(x)$. $x \in X$가 성립한다.

$Ker\tau = \{g \in G \mid \tau_g = 1\} = \{g \in G \mid g \circ x = x, x \in X\}$는 G의 정규부분군이다. $K = Ker\tau$를 작용의 핵이라 하고, $Ker\tau = \{e\}$ 일 때 G는 X에 **충실한 작용**(faithful action)이 일어났다고 한다. 정리 3.1.1의 (2)에서의 τ를 X 위에 작용하는 G의 **준동형사상** 또는 **작용 준동형사상**(action homomorphism)이라 한다.

정리 3.1.2 군 G가 집합 X에 작용할 때 $gx = y$가 되는 적당한 $g \in G$가 존재하는 관계를 $x \sim y$라 하면 $\sim$은 동치관계이다.

증명 모든 $x \in X$에 대하여 $ex = x$이므로 $x \sim x$. $x \sim y$이면 $gx = y$인 $g \in G$가 존재하므로 $x = g^{-1}y$, $y \sim x$, $g^{-1} \in G$. $x \sim y$, $y \sim z$이면, $gx = y$, $hy = z$인 $g, h \in G$가 존재한다. $z = hy = h(gx) = (hg)(x)$, $hg \in G$이므로 $x \sim z$. 따라서 $\sim$은 X 위의 동치관계이다.

위의 동치관계 $\sim$에 관한 동치류 $\overline{x}=O(x)$를 X 위의 G의 **궤도**(orbit)라고 한다. 궤도 $O(x)$의 원소의 개수를 궤도의 크기 또는 길이라 한다. 궤도 전체의 집합 $\{O(x)\mid x\in X\}$는 집합 X의 분할이다. 즉 $X=\cup\{O(x)\mid x\in X\}$, $O(x)\cap O(y)=\varnothing$ 또는 $O(x)=O(y)$이다.

정리 3.1.3 군 G가 집합 X에 작용할 때 집합 $G_x=\{g\in G\mid gx=x\}$는 G의 부분군이다.

증명 $ex=x$이므로 $e\in G_x$, $g,h\in G_x$이면 $gx=x$, $hx=x$에서 $(gh)x=g(hx)=gx=x$. 그러므로 $gh\in G_x$. 또 $x=ex=(g^{-1}g)x=g^{-1}(gx)=g^{-1}x$이므로 $g^{-1}\in G_x$. 따라서 G_x는 G의 부분군이다.

군 G의 부분군 G_x를 x를 고정시키는 부분군 또는 x의 **고정화부분군**(stabilizer subgroup)이라 한다. 군 G 자신 위의 공액관계의 작용에 대하여 궤도 $\{gxg^{-1}\mid g\in G\}$를 $x\in G$의 공액류라 한다. 부분군 H가 군 G 위에서 공액관계에 의하여 작용할 때 고정화부분군 $C_H(x)=\{h\in H\mid hxh^{-1}=x\}=\{h\in H\mid hx=xh\}$를 H에서 x의 **중심화부분군**(centralizer subgroup)이라 한다.

H가 G의 모든 부분군의 집합 X 위에서 공액관계로 작용하면 고정화부분군 $N_H(K)=\{h\in H\mid hKh^{-1}=K\}$를 K의 **정규화부분군**(normalizer subgroup)이라 한다.

보기 4 군 $G=\left\{\begin{bmatrix}1&0\\0&1\end{bmatrix},\begin{bmatrix}1&0\\0&-1\end{bmatrix},\begin{bmatrix}-1&0\\0&1\end{bmatrix},\begin{bmatrix}-1&0\\0&-1\end{bmatrix},\begin{bmatrix}0&1\\1&0\end{bmatrix},\begin{bmatrix}0&1\\-1&0\end{bmatrix},\begin{bmatrix}0&-1\\1&0\end{bmatrix},\begin{bmatrix}0&-1\\-1&0\end{bmatrix}\right\}$,
$t=\{(x,2x)\in IR^2\mid x\in R\}\in X$에서

$$G_t=\left\{\begin{bmatrix}1&0\\0&1\end{bmatrix},\begin{bmatrix}-1&0\\0&-1\end{bmatrix}\right\},\ \begin{bmatrix}-1&0\\0&-1\end{bmatrix}\Big\},$$
$$O_{(t)}=\{(x,2x),(x,-2x),(2x,x),(2x,-x)\mid x\in\mathbb{R}\}$$

이다.

정리 3.1.4 군 G가 집합 X에 작용할 때, $x\in X$의 궤도의 원소의 개수는 지수 $[G:G_x]$이다. 즉 $|G|=|O(x)|\,|G_x|$, $|O(x)|\mid |G|$이다.

증명 G에서 G_x의 잉여류 전체의 집합 S에서 x의 궤도 $O(x)$로의 사상 $\phi: S \to O(x)$, $\phi(gG_x) = gx$, $g \in G$은 일대일 대응이다. 실제로 $g, h \in G$에 대하여 $gx = hx \Leftrightarrow x = g^{-1}hx \Leftrightarrow g^{-1}h \in G_x \Leftrightarrow gG_x = hG_x$.

따라서 $|O(x)| = |S| = [G : G_x] = |G|/|G_x|$, $|G| = |O(x)|\,|\,|G_x|$.

따름정리 3.1.5 G가 유한군이면 $x \in G$의 공액류의 위수는 $[G : C_G(x)]$이다. 서로 다른 G의 공액류가 $\overline{x_1}, \cdots, \overline{x_n}$이면 $|G| = \sum_{i=1}^{n} [G : C_G(x_i)]$이다.

모든 $g \in G$에 대하여 $gx = x$, $G_x = G$, $O = \{x\}$일 때 x는 집합 S 위의 군 G의 작용의 고정점(fixed point)이라 한다.

정의 위수가 $p^n (n \leq 0, p:$ 소수)인 유한군 G를 $p-$**군**(p-group)이라 한다. G의 부분군 H가 p-군일 때 H를 $p-$**부분군**(p-subgroup)이라 한다. ■

보기 5 $\langle e \rangle$는 군 G의 p-부분군이다. 즉 $|\langle e \rangle| = 1 = p^0$이다.

정리 3.1.6 군 G의 위수가 $p^n (n \leq 0)$이기 위한 필요충분조건은 모든 $g \in G$의 위수가 $p^m (0 \leq m \leq n)$의 꼴이 되는 것이다.

증명 정리 2.4.7(라그랑주 정리)에 의하여 $|\langle g \rangle|\,|\,|G|$이므로 $o(g) \mid p^n$. 그러므로 g의 위수는 $p^m (0 \leq m \leq n)$이다. 역으로 $g \in G$, $o(g) = p^m$이라 하자. 소수 q가 $|G|$의 약수이면 정리 2.8.7(코시 정리)에 의하여 $o(h) = q$인 $h \in G$가 존재한다. 모든 G의 원소의 위수는 p의 멱이므로 $q = p$이다. $|G|$의 약수인 소수는 p뿐이므로 $|G| = p^n$의 꼴이다.

정리 3.1.7 위수가 p^n인 유한군 G가 유한집합 X에 작용하고 $p \nmid |X|$이면 G는 적어도 하나의 고정점을 갖는다.

증명 $p-$군 G가 집합 X에 작용한다면 정리 3.1.4에 의하여 궤도의 크기는 $|G| = p^n$의 약수이다. 임의의 궤도 $O(x)$의 크기는 $1, p, \cdots, p^{n-1}, p^n$ 중의 어느 하나이다. 정리 3.1.4에 의하면 $|X| = |O_1| + \cdots + |O_r|$, $|O_i| \mid p^n$이다.

$|O_i| = p^i (0 \leq i \leq n)$. 모든 $i \geq 1$이면 $p \mid |X|$이므로 모순이다. 그러므로 $|O_i| = p^0 = 1$인 궤도가 존재한다. 그러면 $O_i = \{x\}$, 즉 x는 고정점이다.

정리 3.1.8 **번사이드(Burnside) 정리** 유한군 G가 유한집합 X에 작용하고 $g \in G$에 의하여 고정되는 X의 모든 원소의 집합을 X_g라 하면 X 위에서 작용하는 G의 궤도의 개수는 $\left(\frac{1}{|G|}\right)\sum_{g \in G}|X_g|$이다.

증명 $gx = x$인 쌍 (g, x)의 개수를 구한다. G_x와 $|X_g|$의 정의에서 $\sum_{x \in X}|G_x| = \sum_{g \in G}|X_g|$. X의 궤도에 의한 분할 $X = O_1 \cup O_2 \cup \cdots \cup O_k$에서

$$\sum_{g \in G}|X_g| = \sum_{x \in O_1}|G_x| + \sum_{x \in O_2}|G_x| + \cdots + \sum_{x \in O_k}|G_x|$$

x, y가 같은 궤도 O의 원소이면 $O(x) = O(y) = O$, $|O| = [G : G_x] = [G : G_y]$. 그러므로 $|G_x| = |G_y|$.

모든 O_i에 대하여 $\sum_{x_i \in O_i}|G_{x_i}| = |O_i|\,|G_{x_i}|$이므로

$$\sum_{g \in G}|X_g| = |O_1|\,|G_{x_1}| + |O_2|\,|G_{x_2}| + \cdots + |O_k|\,|G_{x_k}|,\ x_i \in O_i$$

정리 3.1.4에 의하여 $|O_i|\,|G_{x_i}| = |G|$이므로 서로 다른 궤도가 k개이면

$$\sum_{g \in G}|X_g| = k|G|,\ k = \left(\frac{1}{|G|}\right)\left(\sum_{g \in G}|X_g|\right)$$

이다.

다음은 군의 작용을 이용하여 케일리 정리를 증명하여 본다.

정리 3.1.9 군 G의 부분군 H의 좌잉여류 전체의 집합을 $S = \{H, xH, yH, \cdots\}$라 하자. G가 S에 좌측곱 $G \times S \to S$, $(g, xH) \mapsto gxH$로 작용할 때 작용준동형 $\theta : G \to A(S)$의 핵은 $\bigcap_{x \in G} xHx^{-1}$이다.

증명 작용 $G \times S \to S$, , $(g, xH) \mapsto gxH$, 일대일 대응 $\theta_g : S \to S$, $xH \mapsto gxH$, 작용준동형사상 $\theta : G \to A(S)$에서 $g \in Ker\theta$이면 $\theta_g = 1_s$이다. 모든

$xH \in S$에 대하여 $gxH = \theta_g(xH) = 1_s(xH) = xH$. 모든 $x \in G$에 대하여 $x^{-1}gxH = H$, $x^{-1}gx \in H$. 모든 $x \in G$에 대하여 $g inx Hx^{-1}$이므로 $Ker\theta \subset \bigcap_{x \in G} xHx^{-1}$. 역으로 $g \in \bigcap_{x \in G} xHx^{-1}$이면 $gxH = xH$, $x \in G$이므로 $\bigcap_{x \in G} xHx^{-1} \subset Ker\theta$. 따라서 $Ker\theta = \bigcap_{x \in G} xHx^{-1}$이다.

부분군 H의 지수가 n이면 $|S| = n$이므로 $|A(S)| = n!$, $A(S) \cong S_n$이다. $H = \{e\}$이면 $Ker\theta = \bigcap_{x \in G} xex^{-1} = \{e\}$이므로 θ는 단사이다.

따름정리 3.1.10 **케일리(Cayley) 정리** 군 G는 치환군 $A(G)$의 어떤 부분군과 동형이다. G가 유한이면 대칭군 $S(G)$의 한 부분군과 동형이다.

증명 정리 3.1.9에서 $H = \{e\}$이면 $S = G$, $Ker\theta = \{e\}$이므로 $\theta : G \to A(G)$는 단사 준동형사상이다. 그러므로 $G \cong \theta(G) \subseteq A(G)$.

보기 6 위수가 6인 군 G에는 $a^2 = e$인 원소 a가 존재한다. $|\langle a \rangle| = 2$이므로 $H = \langle a \rangle$의 지수는 3이다. 정리 3.1.9에 의하여 작용준동형 $\theta : G \to A(S)$, $|S| = 3$이 존재한다. H가 정규부분군이 아니면 $\bigcap_{x \in G} xHx^{-1} = \{e\} = Ker\theta$이므로 θ는 일대일이다.

$(A) S \cong S_3$, $|G| = |S_3| = 6$이므로 $G \cong S_3$, H가 정규부분군이면 연습문제 2.5.7에 의하여 $H \triangleleft Z(G)$. 연습문제 3.1.1에 의하여 $Z(G) = G$, G는 아벨군이다. G가 순환군일 때 한하여 $Z(G) = G$이므로 $G \cong \mathbb{Z}_6$이다.

연습문제 3.1

1 $G/Z(G)$가 순환군이면 G는 가환군임을 보여라.

2 군 G가 집합 X에 작용하고 $gs = l$이면 G_s와 G_t는 동형관계에 있음을 보여라.

3 군 G가 G에 공액으로 작용할 때 다음이 성립함을 보여라.

(1) 각 $g \in G$에 의한 공액작용에 의하여 유도된 자기동형이 존재한다.

(2) $Z(G)$가 핵인 준동형사상 $G \to Aut G$가 존재한다.

4 군 G의 부분군 H의 좌잉여류 전체의 집합 X에서 작용 $G \times X \to X$, $(g, xH) \mapsto g(xH) = gxH$에 의하여 유도된 준동형사상 $G \to A(S)$의 핵은 H의 부분집합임을 보여라.

5 위수가 55인 군 G가 위수가 18인 집합 X에 작용하면 G는 적어도 두 개의 고정점을 가짐을 보여라.

6 유한 p-군 G의 정규부분군 $N(\neq \{e\})$에서 $N \cap Z(G) \neq \{e\}$임을 보여라.

7 유한 p-군 G의 $Z(G) \neq \{e\}$임을 보여라.

8 위수가 p^2(p는 소수)인 모든 군은 아벨군임을 보여라.

9 군 G가 집합 G에 공액으로 작용할 때 이 작용의 핵은 G의 중심임을 보여라.

10 부분군 G가 집합 G에 공액으로 작용할 때 g가 H의 고정점일 필요충분조건은 $g \in C_G(G)$가 되는 것임을 보여라.

11 군 G가 집합 X에 작용하고 궤도가 X뿐일 때 G는 **추이적**(transitive)이라 한다. $|X_g|$를 g의 고정점의 개수 t^*를 G의 궤도의 수라 할 때 $\sum_{g \in G} [|X_g|]^2 = t^* |G|$임을 보여라.

12 군 G가 집합 X에 작용하고 모든 $x_1, x_2, y_1, y_2 \in X$에 대하여 $gx_1 = y_1$, $gx_2 = y_2$인 $g \in G$가 존재할 때 G는 **이중 추이적**(doubly transitive)이라 한다. 이때 $\sum_{g \in G} [|X_g|]^2 = 2|G|$임을 보여라.

13 $p \,|\, |G|$인 유한군 G는 위수가 p인 원소를 갖는다. 군의 작용으로 증명하여라.

14 H가 군 G의 부분군일 때 $\bigcap_{x \in G} xHx^{-1}$는 H에 포함되는 G의 정규부분군 중에서 가장 큰 것임을 보여라.

15 p-군 G가 유한집합 X에 작용하고 $X_0 = \{x \in X \mid gx \neq x,\ g \neq e\}$일 때 $|X| \equiv |X_0| \pmod p$임을 보여라.

16 H가 군 G의 부분군일 때, $A < G$일 필요충분조건은 H가 G에서 공액류의 합집합니다.

SECTION

3.2 실로우 정리

실로우 정리는 군론의 활용 및 군의 구조론에서 가장 중요한 부분의 하나이다. 실로우 정리를 증명하기 위하여 이 책에서는 헝거포드(Hungerford)의 저서에 있는 방법을 사용하여 증명을 시도하였다. 실로우 정리를 활용하여 정규부분군, 위수 및 단순군을 찾아내는 것이 학습목표이다.

정리 3.2.1 유한군 G의 p-부분군 H에 대하여 $[N_G(H):H] = [G:H]$ 이다.

증명 S를 H의 좌잉여류 전체의 집합이라고 하자. H가 S에 좌측곱셈에 의하여 작용하면 $O_0 = \{xH \in S \mid hxH = xH,\ h \in H\} = \{xH \in S \mid x \in N_G(H)\}$이다. 실제로 $hxH = xH,\quad h \in H \Leftrightarrow x^{-1}hxH = H,\ h \in H \Leftrightarrow x^{-1}hx \in H,\ h \in H \Leftrightarrow x \in N_G(H)$. O_0의 원소의 개수는 $N_G(H)$의 부분군 H의 지수이다. 그러므로 $|O_0| = [N_G(H):H]$.

$xH \in O_0$이면 xH의 궤도는 오직 하나의 원소로 되어 있고 이의 역도 성립하므로 서로소인 궤도 $O_0, O_1, \cdots, O_n$의 합으로 표시된다.

$$S = O_0 \cup O_1 \cup \cdots \cup O_n,\ |O_i| > 1,\ i = 1, \cdots, n$$

$x_i \in O_i$, $H_i = H_{x_i}$이면 정리 3.1.4에 의하여 $|O_i| = [H: H_i]$, $|O_i| > 1(i \ge 1)$이므로 $p \mid |O_i|$이다. $|O| = |O_1| + |O_2| + \cdots + |O_n|$에서 모든 $|O_i|$는 p의 배수이므로 $|S| = |O_0| (\bmod p)$. $|S| = [G:H]$, $|O_0| = [N_G(H):H]$이므로 $[N_G(H):H] \equiv [G:H] (\bmod p)$가 성립한다.

정리 3.2.2 유한군 G의 p-부분군 H에 대하여 $p \mid [G:H]$이면 $N_G(G) \ne H$이다.

증명 $[G:H] \equiv [N_G(H):H] (\bmod p)$에서 $[N_G(H):H] \equiv 0 (\bmod p)$.
$[N_G(H):H] \ge 1$가 항상 성립하므로 $[N_G(H):H] > 1$.
따라서 $N_G(G) \ne H$.

따름정리 2.6.17에 의하면 상군 G/N의 부분군은 H/N, $N \subseteq H \subseteq G$의 꼴이다. 위의 정리를 이용하면 실로우 정리를 증명하여 보자.

정리 3.2.3 **First Sylow Theorem** 위수가 $p^n m$, $n \geq 1$, $(p, m) = 1$이 유한군 G에 대하여 다음이 성립한다.

(1) 모든 $i(1 \leq i \leq n)$에 대하여 위수가 p^i인 부분군이 존재한다.

(2) 위수가 p^i인 부분군은 위수가 p^{i+1}인 어떤 부분군의 정규부분군이다.

증명 $p \,|\, |G|$이므로 정리 2.8.7에 의하여 위수가 p인 원소 $a \in G$가 존재한다. 순환군 $\langle a \rangle$는 위수가 p인 G의 부분군이다. 귀납법으로 이 정리를 증명하기 위하여 위수가 $p^i(1 \leq i < n)$인 부분군 H가 존재한다고 가정하자 $[G:H]$는 p의 배수이므로 $H \lhd N_G(H)$, $H \neq N_G(H)$. 그러므로

$$1 < |N_G(H)/H| = [N_G(H):H] \equiv [G:H] (\mathrm{mod}\, p)$$

$N_G(H)/H$는 위수가 p인 배수인 유한군이므로 위수가 p인 부분군을 갖는다.

이 부분군은 K/H, $K \subseteq N_G(H)$, $H \subseteq K$의 꼴이다. $H \lhd N_G(H)$이므로 $H \lhd K$이다. $|K/H| = [K:H] = p$에서 $|K| = p|H| = pp^i = p^{i+1}$. 따라서 위수가 p^{i+1}인 G의 부분군 K가 존재한다.

정의 $|G| = p^n m (p \nmid m$, p는 소수)인 유한군 G의 위수가 p^n인 부분군을 **실로우 $p-$부분군**(Sylow p-subgroup)이라 한다. ■

정리 3.2.4 **Second Sylow Theorem** 유한군 G의 p-부분군 H를 포함하는 실로우 p-부분군이 존재한다. 즉 실로우 p-부분군 P에 대하여 $H \subseteq P^x$인 $x \in G$가 존재한다. 여기서, $p^x = xpx^{-1}$이다. 또 G의 모든 실로우 p-부분군은 서로 공액이다.

증명 정리 3.2.3에 의하여 실로우 p-부분군 P가 존재한다. G에서의 P의 좌잉여류 전체의 집합 S 위에 H가 좌측곱에 의하여 작용한다고 하자. 모든 $x \in G$, $h \in H$에 대하여 $H \times S \to S$, $(h, xP) \mapsto hxP$.

정리 3.2.1에 의하여 $|O_0| \equiv |S| \equiv [G:P] (\mathrm{mod}\, p)$. $p \nmid [G:P]$이므로 $|O_0| \neq 0$. 그러므로 $xP \in O_0$가 존재하여 $xP \in S_0 \Leftrightarrow hxP = xP, h \in H \Leftrightarrow x^{-1}hxP = P \Leftrightarrow x^{-1}hx \in P \Leftrightarrow x^{-1}Hx \subseteq P$. 즉 $H \subseteq xPx^{-1}$, $|P| =$

$|xPx^{-1}|$이므로 xPx^{-1}도 실로우 p-부분군이다. 따라서 H는 실로우 p-부분군 P^x의 부분군이다.

H가 실로우 p-부분군이면 $|H|=|P^x|$이므로 $H=P^x$이고, H와 P는 서로 공액이다. 즉 모든 실로우 p-부분군은 서로 공액이다.

따름정리 3.2.5 유한군 G의 실로우 p-부분군 P가 G의 정규부분군이기 위한 필요충분조건은 P가 유일한 실로우 p-부분군이 되는 것이다.

증명 정리 3.2.4에 의하면 G의 실로우 p-부분군은 P^x의 꼴이다. P가 G의 정규부분군이면 모든 $x \in G$에 대하여 $P^x = P$이므로 P가 유일한 실로우 p-부분군이다. 역으로 P가 유일한 실로우 p-부분군이면 모든 $x \in G$에 대하여 $P = P^x$. 따라서 P는 G의 정규부분군이다.

정리 3.2.6 **Third Sylow Theorem** 유한군 G의 실로우 p-부분군의 개수는 $1+kp$(k는 적당한 음이 아닌 정수)의 꼴이고, 이는 $|G|$의 약수이다.

증명 어떤 실로우 p-부분군 P와 공액인 G의 부분군의 개수는 $[G : N_G(P)]$이고 $|G|$의 약수이다. 공액에 의하여 P가 G의 실로우 p-부분군 전체의 집합 S 위에 작용하면 모든 $x \in P$와 $Q \in S$에 대하여 $xQx^{-1} = Q$가 될 필요충분조건은 $Q \in O_0$가 되는 것이다.

$xQx^{-1} = Q$, $x \in P$일 필요충분조건은 $P \subseteq N_G(Q)$이다. P, Q는 G의 실로우 p-부분군이므로 이들은 모두 $N_G(Q)$의 실로우 p-부분군이다. 그러므로 P, Q는 서로 공액이다. 그런데 Q는 $N_G(Q)$의 정규부분군이므로 따름정리 3.2.5에 의하여 $Q=P$, 즉 $S=\{P\}$. $O_0=\{P\}$. 정리 3.2.1에 의하여 $|S| \equiv |O_0| = 1 (\mathrm{mod}\, p)$. 따라서 $|S| = 1+kp$의 꼴이다.

따름정리 3.2.7 P가 유한군 G의 실로우 p-부분군이면 G의 p-부분군은 $\dfrac{|G|}{|N_G(P)|}$개다. 즉 실로우 p-부분군의 개수가 $1+kp$이면 $|N_G(P)| = \dfrac{|G|}{(1+kp)}$이다.

증명 G가 실로우 p-부분군의 집합 S에 공액으로 작용하면 실로우 p-부분군 P에 대하여 $|G| = (1+kp)|N_G(p)|$, $|O_0| = 1+kp$, $N_G(p) = \{g \mid g \in G,\ gPg^{-1} = P\}$.

P가 $N_G(P)$의 부분군이므로 $(1+kp)$는 $\dfrac{|G|}{|P|}$의 약수이다.

따라서 $|N_G(P)|=\dfrac{|G|}{(1+kp)}$, $1+kp=\dfrac{|G|}{|N_G(P)|}$이다.

보기 1 위수가 350인 모든 군 G는 정규진부분군을 갖는다.

$350=2\times 5^2\times 7$ 이므로 정리 3.2.3에 의하여 위수가 25인 부분군이 존재한다. 실로우 5-부분군은 1, 6, 11, 16개다.

Sylow p-부분군 P에 대하여 $\dfrac{|G|}{|P|}=\dfrac{350}{25}=14$. 이들 중에서 14의 약수는 1뿐이므로 $1=\dfrac{|G|}{|N_G(P)|}$, $N_G(P)=|G|$. 따라서 P는 G의 정규부분군이다.

보기 2 위수가 60인 군 G의 위수가 5인 부분군은 하나뿐이거나 여섯 개다. 모든 실로우 5-부분군 P의 위수는 5이고, 이들은 1, 6, 11, 16개가 있다.

$\dfrac{|G|}{|P|}=\dfrac{60}{5}=12$이므로 실로우 5-부분군은 한 개 또는 여섯 개가 있다.

연습문제 3.2

1 위수가 56인 군 G는 단순군이 아님을 보여라.

2 위수가 35인 군은 순환군임을 보여라.

3 위수가 200 또는 1975인 모든 군은 단순군이 아님을 보여라.

4 소수 p, q에 대하여 위수가 pg인 모든 군은 단순군이 아님을 보여라.

5 위수가 992인 모든 군은 단순군이 아님을 보여라.

6 대칭군 S_4의 실로우 $p-$부분군은 각각 몇 개나 있는가?

7 위수가 350인 군 G는 단순군이 아님을 보여라.

8 위수가 $p^n m$, $n \geq 1$, $(p, m) = 1$이 유한군 G에 대하여 다음이 성립한다. "모든 $i(1 \leq i \leq n)$에 대하여 위수가 p^i인 부분군이 존재한다." 이를 이용하여 코시 정리를 증명하여라.

9 유한군 G의 모든 실로우 p-부분군은 서로 공액임을 보여라.

10 유한군 G의 실로우 p-부분군의 개수는 $1 + kp$의 형태이고, 이는 $|G|$의 약수임을 증명하여라.

11 위수가 2015인 군은 단순군이 아님을 보여라.

SECTION 3.3 교환자군, 가해군

먼저 유한군의 구조론에 중요한 역할을 하는 교환자군, 멱영군 등을 살펴보자. 다음은 가해군을 공부하여 제6장 갈루아 이론에서 5차 이상의 방정식은 대수적으로 풀 수 없다는 사실을 규명함이 학습목표이다.

정의 군 G의 임의의 원소 x, y에 대하여 $x^{-1}y^{-1}xy$를 x와 y의 **교환자**(commutator)라 하고, $x^{-1}y^{-1}xy=[x, y]$로 나타낸다.

군 G의 교환자 $[x, y]$, x, $y\in G$에 의하여 생성된 G의 부분군 G'(또는 $[G, G]$)를 G의 **교환자군**(commutator group)이라 한다. ■

군 G의 교환자군 G'의 각 원소는 $s_i=[x_i, y_i]$의 **유한곱**(finite sum)

$$s_1^{\alpha_1}s_2^{\alpha_2}\cdots s_n^{\alpha_n},\quad \alpha_i=\pm 1$$

의 꼴로 표시된다. $s=[x, y]$의 역원은 $s^{-1}=[y, x]$이므로 G'의 원소는

$$[x_1, y_1]\cdots[x_n, y_n]$$

의 꼴로 표시됨을 알 수 있다. $[x, y]=e$일 필요충분조건은 $xy=yx$이므로 군 G가 가환군이기 위한 필요충분조건은 $G'=\{e\}$이다.

정리 3.3.1 군 G의 부분군 N과 교환자군 G'에 대하여 다음이 성립한다.

(1) G'는 G의 정규부분군이다.
(2) $N\lhd G$, G/N이 가환군이기 위한 필요충분조건은 $G'\subseteq N$이다. 또 G/G'는 가환군이다.

증명 (1) 임의의 $x, y, z\in G$에 대하여

$$[x, y]^z=z^{-1}(x^{-1}y^{-1}xy)z=z^{-1}x^{-1}(zz^{-1})y^{-1}(zz^{-1})x(zz^{-1})yz$$

$$= (z^{-1}x^{-1}z)(z^{-1}y^{-1}z)(z^{-1}xz)(z^{-1}yz)$$
$$= [z^{-1}xz, z^{-1}yz] = [x^z, y^z]$$

이므로 $[x, y]^z \in G'$. 임의의 z와 $[x_1, y_1] \cdots [x_n, y_n] \in G'$에 대하여

$$z^{-1}[x_1, y_1] \cdots [x_n, y_n]z = (z^{-1}[x_1, y_1]z) \cdots (z^{-1}[x_n, y_n]z) \in G'$$

G'의 원소는 $[x_1, y_1] \cdots [x_n, y_n]$의 꼴이므로 G'는 G의 정규부분군이다.

(2) $N \lhd G$이면 모든 $x, y \in G$에 대하여

$$(xN)(yN) = (yN)(xN) \Leftrightarrow [x, y] \in N$$

따라서 $N \lhd G$이고 G/H가 가환이면 $G' \subseteq N$이다.

역으로 $G' \subseteq N$이면 모든 $x, y \in G$에 대하여 $[x, y] \in N$이다.

$x^{-1}y^{-1}xy = x^{-1}(y^{-1}xy) \in N$이므로 $N \lhd G$이다. 그러므로 군 G/N을 생각할 수 있어서 $(xN)(yN) = (yN)(xN)$, $x, y \in G$, 즉 G/N은 가환군이다.

정리 3.3.2 군 준동형사상 $f: G \to \overline{G}$와 G의 부분군 H에 대하여 $f(H') = f(H)'$가 성립한다.

증명 모든 $x, y \in G$에 대하여

$$f([x, y]) = f(x^{-1}y^{-1}xy) = f(x^{-1})f(y^{-1})f(x)f(y)$$
$$= f(x)^{-1}f(y)^{-1}f(x)f(y) = [f(x), f(y)]$$

$H' = \langle [x, y] | x, y \in H \rangle$와 $f([x, y]) = [f(x), f(y)]$에서 $f(H') \subseteq f(H)'$이다. 또 $f(H') = \langle [f(x), f(y)] | x, y \subseteq H \rangle$와 $[f(x), f(y)] = f([x, y])$에서 $f(H)' \subseteq f(H')$이다. 따라서 $f(H)' = f(H')$이다. 또 f가 전사이면 $f(G') = \overline{G}'$이다.

정의 G의 중심 $Z(G)$는 G의 정규부분군이다. 표준준동형사상 $G \to G/Z(G)$에 대하여 $Z(G/Z(G))$의 역상 $Z_2(G) = Z_1(G)$를 포함하고 있는 G의 정규부분군이다. $Z_i(G)$를 표준준동형 $G \to G/Z_{i-1}(G)$의 중심 $Z(G/Z_{i-1}(G))$의 역상이라 하면 모든 $Z_i(G) \lhd G$이고

$$< e > \subseteq Z_1(G) \subseteq Z_2(G) \subseteq \cdots$$

이것을 G의 **증가중심렬**(ascending central series)이라 한다. $Z_n(G)=G$인 정수 n이 존재할 때 군 G를 **멱영군**(nilpotent group)이라 한다. ■

보기 1 가환군 G에서 $G=Z(G)=Z_i(G)$이다. 모든 가환군은 멱영군이다.

정리 3.3.3 모든 유한 $p-$군은 멱영군이다.

증명 G와 자명하지 않은 모든 상군은 $p-$군이다. 연습문제 3.1.7에 의하여 이들은 자명하지 않은 중심을 갖는다. 그러므로 $G\neq Z_i(G)$이면 $Z_i(G)$는 $Z_{i+1}(G)$의 진부분집합이다. G가 유한이므로 $Z_m(G)=G$가 되는 정수 n이 존재한다.

다항식의 근과 제6장 갈루아 이론의 주요정리와 깊은 관계가 있는 가해군의 성질을 살펴보자.

정의 군 G의 부분군들의 유한 열에 대하여 $N_{i+1}\lhd N_i$, $i=1,\cdots,n-1$일 때, 이 열을 군 G의 **정규열**(subnormal series)이라 한다.

$$G=N_0 \supseteq N_1 \supseteq \cdots \supseteq N_n=\{e\}$$

이때, N_i/N_{i+1}를 이 열의 **잉여군**(factor)이라 하고, 각 N_i를 **부분정규**(subnormal)라 한다. ■

$\{e\}\lhd G$이므로 $G\supseteq\{e\}$는 G의 정규열이다. $H\lhd G$이면 $G\supseteq H\supseteq\{e\}$도 정규열이다. 정규열에서 각 N_i는 G의 정규부분군이 아닐 수도 있고, 또 같은 부분군이 중복될 수도 있다. 이 열을 중복이 되는 것이 없도록 하였을 때 정규 N을 이 정규열의 **길이**(length)라 한다.

정의 모든 잉여군 N_i/N_{i+1}이 가환인 정규열을 갖는 군 G를 **가해군**(solvable group)이라 한다. 군 G의 유한개의 부분군 $N_0=G,\cdots,N_n=\{e\}$가 존재하여 다음 조건을 만족하면 G는 가해군이다.

$$G=N_0 \rhd N_1 \rhd \cdots \rhd N_n=\{e\},\ N_i/N_{i+1} \ : \text{아벨군}$$

이 열을 **가환정규열**(abelian subnormal series) 또는 **가해열**(solvable series)이라 한다. ■

보기 2 모든 가환군은 가해군이다. G가 가환군이면 $G \rhd \{e\}$, $G/\{e\} \cong G$이므로 $G \rhd \{e\}$는 가환정규열이다.

정의 군 G와 정수 $i = 0, 1, 2, \cdots$ 에 대하여 $G^{(0)} = G$, $G^{(1)} = G'$, $\cdots$, $G^{(i+1)} = G^{(i)'}$,$\cdots$ 라 할 때 $G = G^{(0)} \supseteq G^{(1)} \supseteq \cdots \supseteq G^{(i)} \supseteq G^{(i+1)} \supseteq \cdots$ 을 G의 **교환자열**(commutator series) 또는 **유도열**(derived series)이라 한다. ■

유한군 G의 교환자열의 길이는 유한이다. 그러나 $\{e\}$로 끝나지 않는 경우가 있다. S_3에서 $S_3^{(1)} = A_3$, $S_3^{(2)} = \{1\}$이다.

D_n에서는 $D_n^{(1)} = < \sigma^2 >$, $D_n^{(2)} = \{1\}$이고, S_4에서 $S_4^{(1)} = A_4$, $S_4^{(2)} = V_4$, $S_4^{(3)} = \{1\}$. 정리 3.3.1에 의하여 모든 $G^{(i)} \lhd G$, $G^{(i)}/G^{(i+1)}$은 가환군이다.

정리 3.3.4 군 G가 가해군이기 위한 필요충분조건은 교환자열이 $G^{(n)} = \{e\}$이 되는 정수 $n \geq 0$이 존재하는 것이다.

증명 $G^{(n)} = \{e\}$이면 $G^{(i)}/G^{(i+1)}$는 가환군이므로 교환자열은 가환정규열이다. 따라서 G는 가해군이다.

역으로 G가 가해군이라 하면 G의 가환정규열이 존재하여

$$G = N_0 \rhd N_1 \rhd \cdots \rhd N_n = \{e\}$$

정리 3.3.1에 (2)에 의하여 $N_1 \supseteq G^{(1)}$이다. $N_i \supseteq G^{(i)}$라 가정하면 N_i/N_{i+1}은 가환이므로 정리 3.3.1에 의하여 $N_{i+1} \supseteq N_i'$. 모든 $N_i \supseteq G^{(i)}$이므로

$$N_i' \supseteq (G^{(i)})' = G^{(i+1)}$$

그러므로 $N_{i+1} \supseteq G^{(i+1)}$. i에 관한 귀납에 의하여 $\{e\} = N_n \supseteq G^{(n)}$, $G^{(n)} = \{e\}$이다.

정리 3.3.5 가해군 G의 모든 부분군은 가해군이다.

증명 군 G의 가환정규열을 $G = N_0 \rhd N_1 \rhd \cdots \rhd N_n = \{e\}$, H를 G의 임의의 부분군이라 하자. $M_i = H \cap N_i$라 놓으면

$$H = M_0 \rhd M_1 \rhd \cdots \rhd M_n = \{e\}$$

모든 i에 대하여

$$M_{i+1} = H \cap N_{i+1} = H \cap N_i \cap N_{i+1} = M_i \cap N_{i+1},$$
$$M_i / M_{i+1} = M_i / (M_i \cap N_{i+1}) = M_i N_{i+1} / N_{i+1}$$

그런데 N_{i+1}은 N_i의 정규부분군이고 $M_i = H \cap N_i$는 N_i의 부분군이므로

$$M_i N_{i+1} / N_{i+1} \subseteq N_i / N_{i+1}$$

모든 N_i / N_{i+1}이 가환이므로 M_i / M_{i+1}도 가환이다. 따라서 $H = M_0 \rhd M_1 \rhd \cdots \rhd M_n = \{e\}$는 가환 정규열이다. 즉 H는 가해군이다.

정리 3.3.6 가해군 G의 전사 준동형사상의 상은 모두 가해군이다.

증명 $G = N_0 \rhd N_1 \rhd \cdots \rhd N_n = \{e\}$를 G의 가환 정규열, $f : G \to H$를 $H = f(G)$인 전사준동형사상이라 하자. H에 관한 열 $H = f(N_0) \supseteq f(N_1) \supseteq \cdots \supseteq f(N_n) = \{e\}$에서 모든 $f(N_{i+1}) \lhd f(N_i)$이므로 이것은 H의 정규열이다.

임의의 $x \in N_i$에 대하여 $f_i(\overline{x}) = \overline{f(x)}$, $\overline{x} = xN_{i+1}$, $\overline{f(x)} = f(x)f(N_{i+1})$로 정의한 $f_i : N_i / N_{i+1} \to f(N_i)/f(N_{i+1})$은 사상이다. 실제로 $\overline{x} = \overline{y}$이면 $\overline{f(x)} = \overline{f(y)}$. f_i는 잉여집합 xN_{i+1}의 x에 의존하지 않는다. $f(N_i)$의 임의의 원소는 $f(x_i), x_i \in N_i$의 꼴이고 $f(x_i)f(N_{i+1})$의 원상은 $x_i N_{i+1}$이다. 그러므로 모든 f_i는 전사이다.

또 $x, y \in N_i$에 대하여

$$f_i(\overline{x}\,\overline{y}) = f_i(\overline{xy}) = \overline{f(xy)} = \overline{f(x)f(y)} = \overline{f(x)}\,\overline{f(y)} = f_i(\overline{x})f_i(\overline{y})$$

이므로 f는 N_i / N_{i+1}에서 $f(N_i)/f(N_{i+1})$로의 전사준동형사상이다. 모든 N_i / N_{i+1}이 가환이므로 $f(N_i)/f(N_{i+1})$도 가환이다. 그러므로 정규열

$$H = f(N_0) \rhd f(N_1) \rhd \cdots \rhd f(N_n) = \{e\}$$

는 가환정규열이다. 따라서 H는 가해군이다.

가해군 G의 정규부분군 N에 대하여 자연준동형사상 $\pi : G \to G/N$은 전사

이므로 위 정리에 의하여 G/N도 가해군이다.

정리 3.3.7 군 G의 정규부분군 N에서 N과 G/N이 가해군이면 G도 가해군이다.

증명 $N, G/N$가 가해군이면 양의 정수 m,n이 존재하여 $N^{(m)}=\{e\}, (G/N)^{(n)} = N/N=\{eN\}$. 연습문제 3.3.9에 의하여 $\{eN\}=(G/N)^{(n)}=G^{(n)}N/N$이므로 $G^{(n)} \subseteq N$. 따라서 $G^{(mn)}=(G^{(n)})^{(m)} \subseteq N^{(m)}=\{e\}$. 정리 3.3.4에 의하여 G는 가해군이다.

따름정리 3.3.8 모든 유한 $p-$군은 가해군이다.

증명 유한 $p-$군 G의 위수 $|G|$에 관한 귀납법으로 증명한다. $|G|=1$, $G=\{e\}$이면 G는 가해군이다. $|G|>1$, $G\neq\{e\}$이라 하면 $Z(G)\supsetneq\{e\}$이다. 잉여규 $G/Z(G)$는 유한 $p-$군이고 위수는 G의 위수보다 작으므로 귀납법가정에 의하여 $G/Z(G)$는 가해군이다.

$Z(G)$는 가환이므로 가해군이다. 정리 3.3.7에 의하여 $Z(G) \lhd G$, $Z(G)$, $G/Z(G)$가 가해군이므로 G도 가해군이다.

정리 3.3.9 대칭군 $S_n (n \geq 5)$은 가해군이 아니다.

증명 S_n이 가해군이라 하면 교대군 A_n도 가해군이다. A_n은 가환군이 아니므로 $A_n{}' \neq \{1\}$. 정리 2.5.10에 의하여 A_n은 단순군이고, $A_n{}'$은 A_n의 정규부분군이다. 그러므로 $A_n{}'=A_n$, $A_n^{(i)}=A_n\neq\{1\}$, $i \geq 1$. 정리 3.3.4에 의하여 A_n은 가해군이 아니다. 따라서 S_n은 가해군이 될 수 없다.

정의 군 G 위의 모든 자기동형사상 α에 대하여 $\alpha(H) \subseteq H$를 만족하는 G의 부분군 H를 G의 **특성부분군**(charateristic subgroup)이라 한다. ■

보기 3 $\alpha : G \to G$가 자기동형사상이면 $\alpha(x^{-1}y^{-1}xy)=\alpha(x)^{-1}\alpha(y)^{-1}\alpha(x)\alpha(y) \in G'$이므로 $\alpha(G') \subseteq G'$. 또한

$$\begin{aligned} x^{-1}y^{-1}xy &= \alpha(\alpha^{-1}(x^{-1})\alpha^{-1}(y^{-1})\alpha^{-1}(x)\alpha^{-1}(y)) \\ &= \alpha[(\alpha^{-1}(x))^{-1}(\alpha^{-1}(y))^{-1}(\alpha^{-1}(x))(\alpha^{-1}(y))] \in \alpha(G') \end{aligned}$$

이므로 $G' \subseteq \alpha(G')$. 따라서 $\alpha(G') = G'$. 자기동형사상 $f_g(x) = g^{-1}xg$에 대하여

$$f_g(x^{-1}y^{-1}xy) = g^{-1}(x^{-1}y^{-1}xy)g \in G',\ g \in G$$

그러므로 G'는 G의 특성부분군이다.

정의 모든 자기준동형사상 $\alpha : G \to G$에 대하여 $\alpha(H) \subseteq H$인 G의 부분군 H를 **완전불변부분군**(fully invariant subgroup)이라 한다.

모든 완전불변부분군은 특성부분군이고, 모든 특성부분군은 공액사상에 의하여 정규부분군을 이룬다. ■

보기 4 $G^{(1)}, G^{(2)}, G^{(3)}, \cdots$ 은 모두 G의 특성부분군이다. 이들 모두가 G의 정규부분군이다.

보기 5 군 G의 중심 $Z(G)$는 G의 특성부분군이다.

정의 정규열 $G = G_0 \rhd G_1 \rhd \cdots \rhd G_n = \{e\}$와 $N \lhd G_i$, $G_{i+1} \lhd N$이 되는 G의 부분군에 대하여 다음을 주어진 정규열의 **1계단 세분**(one step refinement)이라 한다.

1단계 세분을 유한번 시행하여 생기는 정규열을 주어진 정규열의 **세분**(refinement), 주어진 정규열보다 길이가 긴 세분정규열을 **진세분**(proper refinement)이라 한다.

$$G = G_0 \rhd G_1 \rhd \cdots G_i \rhd N \rhd G_{i+1} \rhd \cdots \rhd G_n = \{e\}s$$ ■

정의 군 G의 정규부분군 N이 $N \neq G$, $N \subseteq H \subseteq G$인 정규부분군 H는 N또는 G뿐일 때 N를 G의 **극대정규부분군**(maximal normal subgroup)이라 한다. $N \lhd G$가 극대정규부분군이기 위한 필요충분조건은 $N \neq G$, G/N가 단순군이 되는 것이다. ■

정의 정규열 $G = G_0 \rhd G_1 \rhd \cdots \rhd G_n = \{e\}$에서 각 G_{i+1}이 G_i의 극대정규부분군(즉, $G_i \neq G_{i+1}$, G_i/G_{i+1}이 단순군)일 때 이 열을 **조성렬** 또는 **합성렬**(composition series)이라 한다. ■

보기 6 대칭군 S_3에서 $S_3 \rhd A_3 \rhd \{1\}$, S_4에서 $S_4 \rhd A_4 \rhd V_4 \rhd \{1,(1\ 2)(3\ 4)\} \rhd \{1\}$은 각각의 합성렬이다.

정리 3.3.10 한 정규열이 합성렬이기 위한 필요충분조건은 그것이 진세분열을 갖지 않는 것이다.

증명 모든 $G_i \rhd H \rhd G_{i+1}$에 대하여 H/G_{i+1}는 G_i/G_{i+1}의 진부분군이다. 그리고 G_i/G_{i+1}의 모든 부분군은 이러한 꼴이다. 정규열 $G = G_0 \rhd G_1 \rhd \cdots \rhd G_n = \{e\}$이 진세분을 가질 필요충분조건은 적당한 i에 대하여 $G_i \rhd H \rhd G_{i+1}$인 H가 존재하는 것이다. 이의 대우가 주어진 명제가 된다.

$G = G'$인 가해군 G에 대하여 $G = G^{(0)} = G^{(1)} = \cdots G^{(n)} = \{e\}$이므로 $G = \{e\}$이다. 따라서 $G \neq \{e\}$이면 가해군 G는 $G \neq G'$를 만족한다. G가 가해군인 동시에 단순군이면 $G' \lhd G$, $G' \neq G$이므로 $G' = \{e\}$. 즉 가해군이 단순군일 필요충분조건은 가환군이 되는 것이다.

정리 3.3.11 군 $G \neq \{e\}$가 가해군인 동시에 단순군일 필요충분조건은 $G \cong G_p$인 소수 p가 존재하는 것이다.

증명 가해단순군 G는 가환군이므로 정규부분군은 $\{e\}$뿐이다. 정리 2.4.5에 의하여 G의 위수는 소수 p이다. 역으로 $G \cong G_p$이면 G는 가환단순군이다. 따라서 G는 가해단순군이다.

정리 3.3.12 유한군 G가 가해군이기 위한 필요충분조건은 모든 잉여군이 소수 위수의 순환군인 조성렬을 갖는 것이다.

증명 잉여군이 순환군인 조성렬은 가해열이므로 G는 가해군이다. 역으로 $G = G_o \rhd G_1 \rhd \cdots \rhd G_n = \{e\}$를 G의 가해열이라 하자. $G_o \neq G_1$일 때 H_1를 G_1를 포함하고 있는 G의 극대정규부분군이라 하자. 또 H_{i+1}를 G_1을 포함하고 있는 H_i의 극대정규부분군이라 하면 G가 유한군이므로 모든 잉여군이 단순군인 열을 얻는다.

$$G = G_0 \rhd H_1 \rhd H_2 \rhd \cdots \rhd H_k \rhd G_1$$

모든 짝 $(G_i,\ G_{i+1})$에 대하여 이러한 작업을 시행하여 준조성열의 가해 세분열 $G = N_0 \rhd \cdots \rhd N_m = \{e\}$를 얻는다. 이때 모든 잉여군은 가환이고 단순군이므로 소수 위수의 순환군이다.

연습문제 3.3

1 대칭군 S_3의 교환자군은 교대군 A_3가 됨을 보여라.

2 군 G의 부분군 M, N에 대하여 다음이 성립함을 보여라.
(1) $N \subseteq M$이면 $N' \subseteq M'$이다.
(2) $M \lhd G$이면 $M' \lhd G$이다.

3 군 G의 정규부분군 N과 임의의 부분군 M에 대하여 $(MN/N)' = M'N/N$이 성립함을 보여라.

4 4 원수군 $Q = \{\pm 1, \pm i, \pm j, \pm k\}$의 교환자군을 구하여라.

5 H가 멱영군 G의 진부분군이면 H는 $N_G(H)$의 진부분군임을 보여라.

6 대칭군 $S_n (n = 1, 2, 3, 4)$은 모두 가해군임을 보여라.

7 정이면체군 $D_n = \{< \sigma, \tau > | \sigma^n = 1 = \tau^2, \tau^{-1}\sigma\tau = \sigma^{-1}\}$는 가해군임을 보여라.

8 군 G의 중심 $Z(G)$는 G의 특성부분군임을 보여라.

9 교대군 A_5 및 대칭군 S_5는 가해군이 아님을 보여라.

10 가해군 G의 정규부분군 N에 대하여 G/N이 가해군임을 증명하여라.

11 모든 유한군은 합성렬을 가짐을 밝혀라.

12 G와 T가 가해군이면 $G \times T$도 가해군임을 밝혀라.

CHAPTER 4

환 론

SECTION

4.1 환, 이데알

제2장과 3장에서는 하나의 이항연산에 닫혀있는 군론에 대하여 공부하였다. 여기서는 두 개의 이항연산을 다루는 환론에 대하여 공부하기로 한다. 이 분야는 아직도 대수학 분야 중 가장 활발하게 연구되는 분야이며, 임용고사 출제빈도가 높은 테마이다.

정의 두 이항연산 $+$, $\cdot$ 를 갖고 있는 집합 R이 다음 조건을 만족할 때 대수적 구조 $(R, +, \cdot)$ 을 **환**(ring)이라 한다.

(1) $(R, +)$는 덧셈 가환군이다.
(2) $(R, \cdot)$는 반군(semigroup)이다.
(3) 모든 $a, b, c \in R$에 대하여
$a(b+c) = ab + ac$ [좌 분배법칙]
$(a+b)c = ac + bc$ [우 분배법칙] ■

환 $(R, +, \cdot)$의 연산 $+$를 **덧셈연산**(addition), $\cdot$ 를 **곱셈연산**(multiplication)이라 한다. 환$(R, +, \cdot)$을 간단히 환 R로 적는다. 덧셈에 관한 항등원 0을 환 R의 **영원**(zero element) 또는 **영**(zero)이라 한다.

보기 1 덧셈연산 $+$와 곱셈연산 $\cdot$ 에 관한 정수 전체의 집합 Z는 환을 이룬다. 이를 단순히 정수환이라 부른다.

보기 2 덧셈군 $(G, +)$에서 곱셈연산 $\cdot$ 을 모든 $a, b \in G$에 대하여 $ab = 0$로 정의하면 $(G, +, \cdot)$ 는 환이 된다. 이와 같은 환을 G 위의 **자명한**(trivial) **환**이라 한다.

정의 환 R에서, 모든 $a, b \in R$에 대하여 모든 $ab = ba$를 만족할 때 환 R을 **가환환**(commutative ring)이라 한다.

$e \in R$가 존재하여 모든 $a \in R$에 대하여 $ae = ea = a$를 만족하면 e를 환 R의 **항등원**(identity) 또는 **단위원**(unity)이라 하고 1로 나타내기로 한다. 이때 환 R을 **항등원을 갖는 환**(ring with identity)라고 한다.

$a \in R$, 영이 아닌 R의 모든 원소가 곱셈연산에 관한 역원을 가질 때 R을 **나눗셈 환**(division ring) 또는 **서체**(skew field)라 한다. 가환인 나눗셈 환 F를 **체**(field)라 한다. ■

보기 3 집합 Q, R, C 는 모두 항등원을 갖는 가환환이다. 더욱이,

$$Q^* = Q - \{0\},\ R^* = R - \{0\},\ C^* = C - \{0\}$$

는 모두 곱셈연산에 관하여 가환군을 이룬다. 따라서 Q, R, C 는 모두 체이다. 이들을 각각 **유리수체**(field of rational numbers), **실수체**(field of real numbers), **복소수체**(field of complex numbers)라고 부른다.

보기 4 양의 정수 n에 대하여, 법(modulo) n $(n \geq 2)$에 관한 잉여류 전체의 집합 $\mathbb{Z}_n = \{\overline{0}, \overline{1}, \cdots, \overline{n-1}\}$는 덧셈 $\overline{a} + \overline{b} = \overline{a+b}$ 과 곱셈 $\overline{a}\,\overline{b} = \overline{ab}$에 대하여 항등원 $\overline{1}$을 갖는 가환환이다. 이를 **법**(modulo) n**에 관한 정수환**이라 부른다.

보기 5 항등원 1을 갖는 환 R에서, $n \times n$행렬 전체의 집합 $Mat_n(R)$은 덧셈연산과 곱셈연산에 관해 항등원을 갖는 비 가환환이다.

보기 6 집합 Q=$\{a_0 + a_1 i + a_2 j + a_3 k |\ a_0, a_1, a_2, a_3\}$는 다음과 같이 정의된 연산에 의하여 항등원을 갖는 비 가환환이다.

$$i^2 = j^2 = k^2 = -1,\ ij = k = -ji,\ jk = i = -kj,\ ki = j = -ik$$

$$(a_0 + a_1 i + a_2 j + a_3 k) + (b_0 + b_1 i + b_2 j + b_3 k) =$$
$$(a_0 + b_0) + (a_1 + b_1)i + (a_2 + b_2)j + (a_3 + b_3)k$$

$$(a_0 + a_1 i + a_2 j + a_3 k)(b_0 + b_1 i + b_2 j + b_3 k) =$$
$$(a_0 b_0 - a_1 b_1 - a_2 b_2 - a_3 b_3) + (a_1 b_1 + a_1 b_1 + a_2 b_3 - a_3 b_2)i +$$
$$(a_0 b_2 + a_2 b_0 + a_3 b_1 - a_1 b_3)j + (a_0 b_3 + a_3 b_0 + a_1 b_2 - a_2 b_1)k$$

정리 4.1.1 환 R에서, 모든 $a, b \in R$에 대하여 다음이 성립한다.

(1) $a0 = 0a = 0$

(2) $(-a)b = a(-b) = -(ab)$

(3) $(-a)(-b) = ab$

증명 (1) 모든 $a \in R$에 대하여 $a+0=a$이므로 $0+0=0$이다. 분배법칙에 의하여 $a0 = a(0+0) = a0 + a0$이고, 소거법칙을 사용하면 $a0 = 0$. 마찬가지 방법으로 $0a = 0$.

(2) $a + (-a) = 0$이므로 $[a + (-a)]b = 0$, 즉 $ab + (-a)b = 0$이다. 따라서 ab의 유일한 역원은 $(-a)b$이다. 즉 $(-a)b = -(ab)$이다. 마찬가지 방법으로 $a(-b) = -(ab)$이다.

(3) (2)에 의하여 $(-a)(-b) = -(a(-b)) = -(-(ab)) = ab$이다.

주의 환 R에서, $1=0$이기 위한 필요충분조건은 $R = \{0\}$이다. 지금부터 항등원 1을 갖는 환 R에서는 $1 \neq 0$임을 가정한다.

정리 4.1.2 항등원 1을 갖는 환 R에서 임의의 $a \in R$, 정수 n에 대하여 다음이 성립한다.

(1) $a(-1) = (-1)a = -a$

(2) $na = (n1)a,\ n1 \in R$

정의 환 R의 부분집합 S가 두 이항연산 $+$, $\cdot$ 에 의하여 환을 이룰 때 S를 R의 **부분환**(subring)이라 하고, $S < R$로 표시한다.

체 F의 부분환 S가 다시 체가 될 때 S를 F의 **부분체**(subfield)라 한다. ■

보기 7 Z, Q, R, C는 부분환의 관계에 있다. 즉 $Z < Q < R < C$이다.

정리 4.1.3 **부분환 Criterion** 환 $(R, +, \cdot)$의 공이 아닌 부분집합 S가 R의 부분환이기 위한 필요충분조건은 다음 두 조건이 성립하는 것이다.

(1) 임의의 $a, b \in S$에 대하여 $a - b \in S$이다. 즉 $(S, +) < (R, +)$

(2) 임의의 $a, b \in S$에 대하여 $ab \in S$이다.

증명 S가 R의 부분환이면 $(S, +)$가 $(R, +)$의 부분군이고, $(S, \cdot)$는 반군이므로 (1),

(2)가 성립한다.

역으로 (1), (2)가 성립하면 $(S, +)$는 $(R, +)$의 부분군이고 S가 R의 부분집합이므로 환의 조건 (2), (3)은 분명히 성립한다.

항등원 1을 갖는 환 R의 원소 a에 대하여 $ab = ba = 1$이 되는 $b \in R$가 존재할 때 a를 **단원**(unit) 또는 **가역원**(invertible element)이라 하고, $b \in R$를 a의 **역원**(inverse)이라 부르고 a^{-1}로 표시한다. 이때 a^{-1}도 단원이 된다.

보기 8 정수환 $\mathbb{Z}$의 단원은 $1, -1$뿐이다

정리 4.1.4 항등원 1을 갖는 환 R의 단원 전체의 집합 $U(R)$는 곱셈연산에 대하여 군을 이룬다. 이때 $U(R)$을 **단원군**(group of units, unit group)이라 하고, 가끔 R^*로 나타내기도 한다.

증명 분명히, $1 \in U(R)$이고 $U(R)$의 각원소의 역원은 단원이므로 곱셈연산에 의하여 닫혀있음을 보이면 충분하다.

$a, b \in U(R)$이면 $a^{-1}, b^{-1} \in R$가 존재하여 $(ab)^{-1} = b^{-1}a^{-1} \in R$이다. 따라서 ab의 역원은 존재하고, 그것은 $b^{-1}a^{-1}$이므로 $ab \in U(R)$이다. 그래서 $U(R)$은 곱셈 군이다.

보기 9 $U(\mathbb{Z}) = \{1, -1\}$이고, $U(\mathbb{Z}_{14}) = \{1, 3, 5, 9, 11, 13\}$이다.

보기 10 나눗셈 환 R의 단원군은 $R^* = R - \{0\}$이다. 마찬가지로 체 F의 단원군은 $F^* = F - \{0\}$이다. 예를 들면, $U(\mathbb{Q}) = \mathbb{Q}^* = \mathbb{Q} - \{0\}$, $U(\mathbb{R}) = \mathbb{R}^* = \mathbb{R} - \{0\}$, $U(\mathbb{C}) = \mathbb{C}^* = \mathbb{C} - \{0\}$.

정의 영이 아닌 원소 $a \in R$에 대하여 $ab = 0$ $[ba = 0]$을 만족하는 영이 아닌 원소 $b \in R$가 존재할 때 a를 b의 **좌영인자**(left zero divisor) [**우영인자**(right zero divisor)]라 한다. 좌우영인자를 간단히 **영인자**(zero divisor)라고 한다. 영인자를 갖지 않는 항등원 1을 갖는 가환환을 **정역**(integral domain)이라 한다. 이는 항등원 1을 갖는 가환환으로서 모든 원소 $a, b \in R$에 대하여 $ab = 0$이면 $a = 0$ 혹은 $b = 0$을 의미한다. ■

보기 11 환 $\mathbb{Z}$, $\mathbb{Q}$, $\mathbb{R}$, $\mathbb{C}$는 모두 영인자를 갖지 않는다. 따라서 이들은 모두 정역이다.

보기 12 행렬 환 $Mat_2(\mathbb{Z})$는 영인자를 갖는다. 따라서 정역이 아니다.
$\begin{bmatrix} 0 & 0 \\ 2 & 0 \end{bmatrix}\begin{bmatrix} 0 & 0 \\ 3 & 0 \end{bmatrix} = \begin{bmatrix} 0 & 0 \\ 0 & 0 \end{bmatrix} = \begin{bmatrix} 0 & 0 \\ 3 & 0 \end{bmatrix}\begin{bmatrix} 0 & 0 \\ 2 & 0 \end{bmatrix}$이므로 이들 행렬은 영인자이다.

정리 4.1.5 항등원 1을 갖는 가환환 R에 대하여 다음이 성립한다.
R이 체이기 위한 필요충분조건은 $R-\{0\}=U(R)$이다.

증명 R이 체이면 R의 모든 영이 아닌 원소는 단원이다. 따라서 $R-\{0\}=U(R)$이다. 역도 분명히 성립한다.

정리 4.1.6 (1) 모든 체 F는 정역이다.
(2) 모든 유한정역 D는 체이다.

증명 (1) F를 체라 하자. 그러면 F는 항등원 1을 갖는 가환환이다. 다음은 a, $b \in F$에 대하여 $ab=0$이고 $a \neq 0$라 하자. 그러면 $b=1b=a^{-1}ab=a^{-1}0=0$이다. 따라서 F는 정역이다.

(2) $D=\{0, a_1, a_2, \cdots, a_n\}$을 유한정역이라 하자. 그러면 $D'=\{a_1, a_2, \cdots, a_n\}$이 곱셈연산군임을 보이면 충분하다. 임의의 $a \in D'$에 대하여 $aD'=\{aa_1, aa_2, \cdots, aa_n\} \subseteq D'$이고, D가 정역이므로 $aD'=D'$이다. 한편 $1 \in D'$이므로 적당한 a_i가 존재하여 $aa_i=1$이다. 그러므로 D는 체이다.

정의 환 R의 부분환 I에서, 모든 $a \in R$, $x \in I$에 대하여 $ax \in I$이 성립할 때 I를 R의 **좌 이데알**(left ideal)이라 하고, $I \Delta_l R$로 표시한다.

한편, 모든 $a \in R$, $x \in I$에 대하여 $xa \in I$이 성립할 때 I를 R의 **우 이데알**(right ideal)이라 하고, $I \Delta_r R$로 표시한다.

R의 좌 이데알인 동시에 우 이데알 I를 R의 **이데알**(ideal)이라 하고, $I \Delta R$로 표시한다. ■

보기 13 정수 n에 대하여 $n\mathbb{Z}$는 $\mathbb{Z}$의 이데알이다. 실제로, 모든 $m \in \mathbb{Z}$, $nx \in n\mathbb{Z}$에 대하여

$$m(nx) = (mn)x = n(mx) \in nZ.$$

보기 14 환 $Z \times Z$의 이데알은 $nZ \times mZ$의 형태이다. $A = \{(n, n) | n \in \mathbb{Z}\}$는 $\mathbb{Z} \times \mathbb{Z}$의 부분환이나 이데알은 아니다. 그러나 $B = \{(3n, 5n) | n \in \mathbb{Z}\}$는 $\mathbb{Z} \times \mathbb{Z}$의 이데알이다.

환 R의 이데알에는 R 자신인 이데알과 자명한 이데알 $\{0\}$이 존재한다. $I \neq \{0\}$, $I \neq R$인 환 R의 이데알 I를 **진 이데알**(proper ideal)이라 한다.

주의 나눗셈 환 R의 진 이데알은 존재하지 않는다. 따라서 R의 이데알은 $\{0\}$과 R 자신뿐이다.

정리 4.1.7 (1) **(이데알 Criterion)** 환 R의 부분집합 I에서, $I \Delta R \Leftrightarrow$ (i) $(I, +) < (R, +)$ (ii) 모든 $a \in R$, $x \in I$에 대하여 $ax \in I$, $xa \in I$이 성립한다.

(2) 항등원 1을 갖는 가환환 R의 이데알 I가 진 이데알 이기 위한 필요충분조건은 I가 R의 단원을 하나도 갖지 않는 것이다.

증명 (1) 이데알의 정의에 의하여 분명하다.

(2) $u \in I$가 R의 단원이면 $u^{-1} \in R$, $u \in I$이므로 $1 = u^{-1}u \in I$이다. 따라서 모든 $a \in R$에 대하여 $a = a1 \in I$ 이므로 $R \subseteq I$, 즉 $R = I$이다. 역으로 $R = I$이면 $1 \in I$이다.

정리 4.1.8 환 R의 이데알 족 $\{A_i | i \in \Lambda\}$에 대하여 $A := \cap_{i \in \Lambda} A_i$ 는 환 R의 이데알이다.

증명 $\{A_i | i \in \Lambda\}$는 부분환 족이므로 $A := \cap_{i \in \Lambda} A_i$는 부분환이다. 만약 $a \in R$, $x \in A$을 택한다면, 임의의 $i \in \Lambda$에 대하여 $a \in R$, $x \in A_i$이므로 ax, $xa \in A_i$. 따라서 ax, $xa \in A$,

즉 $A := \cap_{i \in \Lambda} A_i$는 R의 이데알이다.

정리 4.1.9 환 R의 이데알 I, J에 대하여 $I\cap J$, $I+J$, $IJ=\{a_1b_1+\cdots+a_nb_n\}$ 는 모두 R의 이데알이다.

힌트 $I\cap J$, $I+J$는 쉽게 R의 이데알이 됨을 알 수 있다. 임의의 $r\in R$, $a_1b_1+\cdots+a_nb_n\in IJ$에 대해 I는 이데알이므로 $r(a_1b_1+\cdots+a_nb_n)=(ra_1)b_1+\cdots+(ra_n)b_n\in IJ$.

지금부터 항등원 1을 갖는 가환환 R의 이데알의 성질을 공부하기로 하자.

정의 항등원 1을 갖는 가환환 R의 부분집합 $X=\{x_1,\cdots,x_n\}$ 에 대하여 $\{A_i\Delta R|\ X\subseteq A_i,\ i\in\Lambda\}$가 X를 포함하는 R의 이데알 전체의 모임이라 하면, $\cap_{i\in\Lambda}A_i$를 X에 의하여 **생성된 이데알**(ideal generated by X)이라 하고, $<X>$로 쓴다. 명백히, $<X>$는 X를 포함하는 R의 최소의 이데알임을 알 수 있다. [밝혀라] ■

$X=\{a\}$일 때 $<a>$를 a에 의하여 생성된 **주 이데알**(principal ideal)이라 한다.

정리 4.1.10 항등원 1을 갖는 가환환 R의 부분집합 $X=\{x_1,\cdots,x_n\}$ 에 의하여 생성된 이데알은 다음과 같다.

$$\{r_1x_1+\cdots+r_nx_n|\ r_i\in R,\ x_i\in X\}$$

특히, $X=\{a\}$일 때 $<a>:=\{ra|\ r\in R\}=Ra$.

증명 집합 $I=\{r_1x_1+\cdots+r_nx_n|\ r_i\in R,\ x_i\in X\}$ 의 임의의 두 원소 $x=r_1x_1+\cdots+r_nx_n$, $y=s_1x_1+\cdots+s_nx_n$와 $r\in R$에 대하여

$$x-y=(r_1-s_1)x_1+\cdots+(r_n-s_n)x_n,\quad rx=rr_1x_1+\cdots+rr_nx_n$$

이므로 $I=\{r_1x_1+\cdots+r_nx_n|\ r_i\in R,\ x_i\in X\}\Delta R$이다.

한편 모든 $x_i\in X$는 $x_i=0x_1+\cdots+1x_i+\cdots+0x_n$으로 표시되므로 $x_i\in I$이다. 또한 K를 X를 포함하는 임의의 이데알 이라면, I의 모든 원소 $r_1x_1+\cdots+r_nx_n$는 명백히 K의 원소가 된다. 그러므로 I는 X를 포함하는 최소의 이데알이다.

위 정리에서 $< X > = < x_1, \cdots, x_n > = Rx_1 + \cdots + Rx_n$으로 나타내기도 한다. 특히, $< a > = Ra$로 나타낸다.

모든 이데알이 주 이데알인 항등원 1을 갖는 가환환을 **주 이데알 환**(principal ideal ring)이라 한다.

보기 15 정수환 $\mathbb{Z}$의 이데알은 $n\mathbb{Z}$의 꼴뿐이다. 따라서 $\mathbb{Z}$는 주 이데알 환이다.

정리 4.1.11 항등원 1을 갖는 가환환 R이 체이기 위한 필요충분조건은 R의 이데알이 $\{0\}$과 R 자신뿐이다.

증명 $I \neq \{0\}$를 체 R의 이데알이라고 하면 $a \in I$, $a \neq 0$가 존재한다. R이 체이므로 $a^{-1} \in R$이 존재하여 $1 = a^{-1}a \in I$. $R = 1R \subset I$ 이므로 $R = I$이다. 따라서 R의 진 이데알은 존재하지 않는다.

역으로 $a \in R$, $a \neq 0$에 대하여 $a \in aR$ 이고 $aR = < a > \neq \{0\}$이므로 $aR = R$이다. $aR = R \ni 1$이므로 $ab = 1$이 되는 b가 존재한다. 따라서 a의 역원 $b = a^{-1}$가 존재한다. 즉 R은 체이다.

정리 4.1.12 환 R의 이데알 I에 대해 집합 $R/I = \{a + I | a \in R\}$ 은 다음 두 연산에 의하여 새로운 환을 이룬다.

모든 a, $b \in R$에 대하여

$$(a+I) + (b+I) = (a+b) + I$$
$$(a+I)(b+I) = (ab) + I$$

증명 I가 환 R의 이데알 이므로 $(I, +)$는 $(R, +)$의 정규부분군이다. 군론에서 R/I는 주어진 연산 $+$에 의하여 군을 이룬다. 즉 $(R/I, +)$는 덧셈군이다.

연산 $\bullet$이 잘 정의되어 있음을 보이자.

$a + I = a' + I$, $b + I = b' + I$일 때 $(a+I)(b+I) = (a'+I)(b'+I)$ 임을 보이면 된다.

$a + I = a' + I$, $b + I = b' + I$로부터 $a = a' + x$, $b = b' + y$인 $x, y \in I$가 존재한다. 이데알의 정의에 의하여

$$ab = a'b' + a'y + xb' + xy\text{이고, } ab - a'b' = a'y + xb' + xy \in I.$$

따라서 $ab - a'b' \in I$, 즉 $ab + I = a'b' + I$.

그러므로 $(a+I)(b+I)=(a'+I)(b'+I)$이다.

$(R/I, +, \cdot)$이 결합법칙과 분배의 법칙을 만족함을 쉽게 알 수 있다. 따라서 $(R/I, +, \cdot)$은 새로운 환을 이룬다.

정의 환 $(R/I, +, \cdot)$ 을 이데알 I에 대한 R의 **상환**(quotient ring) 또는 **인자환** 또는 **잉여환**(factor ring)이라 한다.

이때 $0+I$는 R/I의 영원이고 $-a+I$는 $a+I$의 음원이다. 1이 R의 항등원이면, $1+I$는 R/I의 항등원이다. 또 R이 가환환이면 R/I도 가환환이다. ■

연습문제 4.1

1 정수환 $\mathbb{Z}$의 이데알 및 부분환은 $n\mathbb{Z}$ 형태임을 보여라. 여기서 정수 $n \geq 0$이다.

2 정수환 $\mathbb{Z}$의 이데알 $n\mathbb{Z}$에 대하여 $\mathbb{Z}$의 잉여환은 $\mathbb{Z}/n\mathbb{Z} = \mathbb{Z}_n$임을 보여라.

3 법 6에 관한 정수환 Z_6의 부분집합 $\{\overline{0}, \overline{2}, \overline{4}\}$이 환임을 보이고 이의 항등원을 구하여라.

4 집합 R 위의 연산이 다음과 같을 때 R은 가환인가?

$$a \oplus b = a+b+1, a, b \in R, a \bullet b = a+b = ab$$

5 행렬 환 $Mat_2(\mathbb{Z})$는 항등원을 갖는 비 가환환임을 보이고, 또한 정역도 아니고 체도 아님을 확인하여라.

6 환 R에서 모든 $a, b \in R$, $n \in \mathbb{Z}$에 대하여 다음 등식이 성립함을 보여라.

$$a(nb) = (na)b = n(ab)$$

7 [부분체 Criterion] 다음은 체 F의 공집합이 아닌 부분집합 S가 F의 부분체이기 위한 필요충분조건은

(1) $\forall a, b \in S,\ a-b, ab \in S$

(2) $\forall a(\neq 0) \in S,\ a^{-1} \in S$

임을 보여라.

8 $S = \left\{ \dfrac{a}{p^n} \mid a, n \in Z, p\text{는 소수} \right\}$는 유리수체 $\mathbb{Q}$의 부분환임을 보여라.

9 가환환 R에 대하여 이항정리 $\sum_{i=0}^{n} \binom{n}{i} a^{n-i} b^i$가 성립함을 보여라.

10 환 R의 이데알 I_i, $i = 1, 2, \cdots, n$에 대하여 $I_1 + I_2 + \cdots + I_n$는 R의 이데알임을 보여라.

11 환 R의 이데알 I_i, $i = 1, 2, 3$에 대하여 $(I_1 I_2) I_3 = I_1 (I_2 I_3)$, $(I_1 + I_2) I_3 = I_1 I_3 + I_2 I_3$, $I_1 (I_2 + I_3) = I_1 I_2 + I_1 I_3$가 성립함을 보여라.

12 항등원 1을 갖는 환 R이 나눗셈 환이기 위한 필요충분조건은 R의 좌 이데알과 우 이데알이 $\{0\}$과 R 자신뿐이다.

13 환 R/I을 이데알 I에 대한 R의 상환일 때, S가 I를 포함하는 R의 부분환이기 위

한 필요충분조건은 $S/I < R/I$.

14 환 R의 이데알 $a \in R$에 대하여, $Ann(a) = \{x \in R \mid xa = 0\}$는 R의 좌 이데알이다.

15 가환환 R에 대하여, 멱영원의 집합 $N = \{x \in R \mid x^n = 0, \text{ for some } n \in \mathbb{Z}\}$은 R의 이데알이다.

16 법 $n(n \geq 2)$에 관한 잉여류환 $\mathbb{Z}_n = \{\overline{0}, \overline{1}, \cdots, \overline{n-1}\}$의 단원군을 구하여라.

17 전행렬환 $M_2(\mathbb{Z}_2)$의 단원군을 구하여라.

18 환 $\mathbb{Z}_{10}$의 영인자 집합을 구하여라.

19 모든 $x \in R$에 대하여 $x^2 = x$가 성립하는 환 R를 **부울 환**(Boolean ring)이라 한다.

(1) $x = -x$임을 보여라.

(2) 모든 $x, y \in R$에 대하여 $xy = yx$임을 보여라.

20 환 R에서 다음은 동치임을 보여라.

(1) R은 영원소가 아닌 멱영원을 갖지 않는다.

(2) $a \in R$, $a^2 = 0$이면 $a = 0$이다.

21 환 R에서 $C(R) = \{x \in R \mid xa = ax, a \in R\}$를 R의 **중심**(center)이라 한다. $C(R)$는 R의 부분환이나 이데알일 필요는 없음을 보여라.

22 폐구간 $[0, 1]$ 위의 실변수 연속함수 전체의 집합 $C[0, 1]$은 다음의 연산에 의하여 항등원을 갖는 가환환임을 보여라.

$$(f+g)(x) = f(x) + g(x), (f \cdot g)(x) = f(x)g(x)$$

23 다음의 연산표를 만족하는 환 $R = \{0, x, y, z\}$는 단위원을 갖는가?

$+$	0	x	y	z
0	0	x	y	z
x	x	0	z	y
y	y	z	0	x
z	x	y	x	0

$\cdot$	0	x	y	z
0	0	0	0	0
x	0	x	y	z
y	0	x	y	z
z	0	0	0	0

그림 4.1

24 다음 집합은 행렬의 곱과 합에 의하여 환을 이루는가?

(1) $\left\{ \begin{bmatrix} a & b \\ c & d \end{bmatrix} \middle| a, b, c, d \in \mathbb{Q} \right\}$

(2) $\left\{ \begin{bmatrix} a & 0 \\ 0 & a \end{bmatrix} \middle| a \in \mathbb{R} \right\}$

25 모든 $n \in \mathbb{Z}$, $a, b \in (\mathbb{R}, +, \cdot)$에 대하여 다음 등식이 성립함을 보여라.

(1) $(na)b = a(nb) = n(ab)$

(2) $(\sum_{i=1}^{n} a_i)(\sum_{j=1}^{m} b_j) = \sum_{i=1}^{n}\sum_{j=1}^{m} a_i b_j$

26 집합 S의 부분집합 전체의 집합 B에 덧셈과 곱셈이 다음으로 정의되었다. 다음이 성립함을 보여라.

$$X + Y = X \cup Y - X \cap Y,\ X \cdot Y = X \cap Y,\ X, Y \in B$$

(1) 덧셈항등원은 $\varnothing$, 곱셈항등원은 S이다.

(2) $X \in B$의 음원은 X이다.

(3) B는 단위원을 갖는 환으로 모든 $X \in \eta$에 대하여 $X \cdot X = X$를 만족한다.

27 $GL_2(R) = \{A \in Mat_2(R) \| A| \neq 0\}$ 를 전행렬환 $Mat_2(R)$의 일반선형군이라 한다. $U(Mat_2(R))$를 구하여라.

28 $x^k = 0$인 양의 정수 k가 존재하는 환 R의 원소 x를 **멱영원**(nilpotent element), $x^2 = x$인 원 x를 **멱등원**(idempotent element)라 한다.

(1) Z_{10}, Z_{20}의 멱영원을 구하여라.

(2) 나눗셈환 R의 멱등원을 모두 구하여라.

29 집합 $R = Q \times Q = \{(r, s) | r, s \in Q\}$ 위의 덧셈, 곱셈이 다음과 같이 정의되어 있다.

$$(r_1, s_1) + (r_2, s_2) = (r_1 + r_2, s_1 + s_2),$$
$$(r_1, s_1) \cdot (r_2, s_2) = (r_1 r_2, s_1 s_2)$$

(1) R의 멱영원, 멱등원의 개수를 구하여라.

(2) 영인자의 개수를 구하여라.

(3) R는 체인가?

30 $i^2 = -1$인 수 i와 실수 a, b에 대하여 $a + bi$인 꼴의 원 전체의 집합 C 위의 연산이 다음과 같다.

$$(a + bi) + (c + di) = (a + c) + (b + c)i,\ a, b, c, d \in R$$
$$(a + bi) \cdot (c + di) = (ac - bd) + (bc + ad)i$$

(1) $(C, +, \cdot)$ 은 가환환임을 보여라.

(2) $(C, +, \cdot)$ 은 체인가?

(3) $a + bi\,(a \neq 0, b \neq 0)$의 역원을 구하여라.

31 a, b가 환 R의 멱영원이면 $a + b$도 멱영원인가?

32 영이 아닌 모든 $a \in R$에 대하여 $aba = a$인 원 b가 단 하나 존재할 때 옳지 않는 것은?

(1) R는 영인자를 갖지 않는다.

(2) $bab = b$

(3) R의 단위원은 존재하지 않는다.

(4) R는 나눗셈환이다.

33 I, J가 $I \cap J = \{0\}$인 환 R의 이데알이면 모든 $a \in I$, $b \in J$에 대하여 $ab = 0$임을 보여라.

34 환 R의 부분집합 I에서, $I \Delta R$이기 위한 필요충분조건은 (i) $(I, +) < (R, +)$ (ii) 모든 $a \in R$, $x \in I$에 대하여 $ax \in I$, $xa \in I$이 성립한다.

SECTION

4.2 환 준동형사상, 환동형사상

군론에서의 군 준동형사상, 군 동형사상 정리가 환론에서도 유사한 방법으로 성립하는가를 알아보고 이를 활용하는 것이 학습목표이다.

정의 환 R에서 환 S로의 사상 $f: R \to S$가 다음 조건을 만족할 때 f를 **환 준동형사상**(ring homomorphism)이라 한다. 모든 $a, b \in R$에 대하여

$$f(a+b) = f(a) + f(b), \ f(ab) = f(a)f(b).$$

또한, 단사인 환 준동형사상을 **환 단사준동형사상**(ring monomorphism)이라 하고, 전사인 환 준동형사상을 **환 전사준동형사상**(ring epimorphism)이라 한다.

전단사인 환 준동형사상 $f: R \to S$을 **환동형사상**(ring isomorphism)이라 한다. 환 R에서 환 S로의 동형사상 $f: R \to S$가 존재할 때, R과 S는 서로 **동형**(isomorphic)이라고 하고 $R \cong S$로 나타낸다. ■

보기 1 환 R에서 환 S로의 사상 $f: R \to S$, $f(a) = 0$, $\forall a \in R$는 준동형사상이고, $f: R \to \{0\}$, $f(a) = 0$, $\forall a \in R$는 준동형사상이다. 실제로 임의의 $a, b \in R$에 대하여

$$f(a+b) = 0 = 0 + 0 = f(a) + f(b),$$
$$f(ab) = 0 = 00 = f(a)f(b)$$

보기 2 정수환 $\mathbb{Z}$에서 짝수 정수환 $2\mathbb{Z}$로의 사상

$$f: \mathbb{Z} \to 2\mathbb{Z}, \ f(n) = 2n$$

는 군 동형사상이나 환동형사상은 아니다. 실제로 $f(3 \cdot 4) = f(12) = 24$, $f(3)f(4) = 6 \cdot 8 = 48$이므로 $f(3 \cdot 4) \neq f(3)f(4)$이다.

환 준동형사상 $f: R \to S$의 **핵**(kernel) $\mathrm{Ker} f = \{r \in R | f(r) = 0\}$은 R의 부분환

이고, **상**(image) $\mathrm{Im} f = \{s \in S | s = f(r), r \in R\}$도 S의 부분환이다.

정의 환 R의 모든 원소 a에 대하여 $na = 0$인 최소양의정수 n이 존재할 때 R는 **특성** n(characteristic n)을 갖는다고 한다. 이러한 양의 정수 n이 존재하지 않을 때 R는 특성 0을 갖는다고 한다. ■

보기 3 환 $\mathbb{Z}, \mathbb{Q}, \mathbb{R}, \mathbb{C}$ 는 모두 특성이 0이다. 즉 $\mathrm{char}\,\mathbb{Z} = \mathrm{char}\,\mathbb{Q} = \mathrm{char}\,\mathbb{R} = 0$이다.

보기 4 정수환 $\mathbb{Z}$에서 $\mathbb{Z}$로의 환 준동형사상은 **영준동형사상**(zero homomorphism)과 **항등준동형사상**(identity homomorphism) 뿐이다. 실제로

$$f(n) = f(n1) = f(n)f(1),\ f(n) = f(1 + \cdots + 1) = f(1) + \cdots + f(1) = nf(1)$$

이므로 $f(n)f(1) = nf(1)$. $f(1) \neq 0$이면 $f(n) = n$이므로 f는 항등사상이다. $f(n) = 0$이면 $f(n) = nf(1) = 0$이므로 f는 영사상이다.

환 R에서 S로의 일대일 준동형사상이 존재할 때 R은 S에 **묻어진다**(embedded) 또는 **매입된다**고 한다.

정리 4.2.1 모든 환 R은 항등원을 갖는 어떤 환 S에 묻어진다. 이때 R과 S의 특성은 같다.

증명 $R \times \mathbb{Z} = \{(r, n) | r \in R, n \in \mathbb{Z}\}$의 임의의 두 원소 $(r_1, n_1), (r_2, n_2)$의 덧셈과 곱셈을 다음으로 정의하자. 그러면 $R \times \mathbb{Z}$는 영원이 $(0, 0)$, 항등원이 $(0, 1)$인 환이다. 부분환 $R \times \{0\}$에 대하여 $f : R \to R \times \{0\}, f(r) = (r, 0)$은 동형사상이다. 즉 $R \cong R \times \{0\} \subset R \times \mathbb{Z}$이다.

영이 아닌 환 준동형사상 $f : R \to S$에서 $f(1_R)$과 1_S가 같을 필요는 없다. 다음 정리 4.2.2의 (4), (6)은 전사일 때만 성립한다.

정리 4.2.2 환 준동형사상 $f : R \to \overline{R}$에 대하여 다음이 성립한다.

(1) $f(0) = 0, f(-x) = -f(x)$

(2) S가 R의 부분환이면 $f(S)$는 $\overline{R}$의 부분환이다.

(3) $\overline{S}$가 $\overline{R}$의 부분환이면 $f^{-1}(\overline{S})$는 R의 부분환이다.

(4) f가 전사사상이고, I가 R의 이데알이면 $f(I)$는 $\overline{R}$의 이데알이다.

(5) J가 $\overline{R}$의 이데알이면 $f^{-1}(J)$는 R의 이데알이다.

(6) f가 전사사상이고, 1이 R의 항등원이면 $f(1)$은 $\overline{R}$의 항등원이다.

증명 (1), (2), (3)은 준동형의 정의에 의하여 분명하다.

(4) 임의의 $r \in \overline{R}, b \in f(I)$에 대하여 f가 전사이므로 $f(r) = \bar{r}, f(a) = b$인 $r \in R, a \in I$가 존재한다. I가 R의 이데알이므로 $ra, ar \in I$. 따라서 $f(I)$는 $\overline{R}$의 이데알이다.

(5) 임의의 $a \in f^{-1}(J), r \in R$에 대하여 $f(a) \in J, f(r) \in \overline{R}$이므로 $f(ar) = f(a)f(r) \in J, f(ra) = f(r)f(a) \in J$이다.

그러므로 $ar \in f^{-1}(J)$, $ra \in f^{-1}(J)$

(6) f가 전사이므로 모든 $\bar{r} \in \overline{R}$에 대하여 $f(r) = \bar{r}$인 $r \in R$이 존재한다. 마찬가지로 $\bar{r}f(1) = f(r)f(1) = f(r1) = f(r) = \bar{r}$. 따라서 $f(1)$은 $\overline{R}$의 항등원이다.

$f : R \to S$, $g : S \to T$가 환 준동형사상(환동형사상)이면 모든 $a \in R$에 대하여 $(g \circ f)(a) = g(f(a))$로 정의된 사상 $g \circ f : R \to T$는 환 준동형(환 동형) 사상이다.

정리 4.2.3 환의 동형관계는 동치관계이다. 즉

(1) $R \cong R$

(2) $R \cong S \Rightarrow S \cong R$

(3) $R \cong S, S \cong T \Rightarrow R \cong T$

이다.

증명 (1), (3)은 분명하므로 (2)만을 증명하자. f가 동형이면 역사상 f^{-1}이 존재하여 일대일 대응이다. f^{-1}가 환동형임을 보이자. 임의의 $s, s' \in S$에 대하여 $f(a) = s, f(a') = s'$인 $a, a' \in R$이 존재하여

$$f^{-1}(s + s') = a + a' = f^{-1}(s) + f^{-1}(s')$$
$$f^{-1}(ss') = aa' = f^{-1}(s)f^{-1}(s').$$

그러므로 $f^{-1} : S \to R$는 동형사상이다. 즉 $S \cong R$.

정리 4.2.4 환 준동형사상 $f: R \to S$의 핵 $\ker f$는 R의 이데알이다.

증명 부분환 $\ker f = \{a \in R \mid f(a) = 0\}$이 R의 이데알임을 보이자. 임의의 $a \in \ker f$, $r \in R$에 대하여 $f(ra) = f(r)f(a) = f(r) \cdot 0 = 0$이므로 $ra \in \ker f$. 마찬가지로 $f(ar) = f(a)f(r) = 0 \cdot f(r) = 0$이므로 $ra \in \ker f$.

I가 환 R의 이데알이면 정리 4.1.12에 의하여 R/I는 I를 영원으로 갖는 환이다. 환 R과 상군 R/I에 대하여 다음 정리가 성립한다.

정리 4.2.5 환 R의 이데알 I에 대하여 $\pi(a) = a + I, a \in R$로 주어진 사상 $\pi: R \to R/I$는 핵이 I인 전사준동형사상이다.

증명 임의의 $a, b \in R$에 대하여 $\pi(a+b) = \pi(a) + \pi(b), \pi(ab) = \pi(a)\pi(b)$. 따라서 π는 준동형이다. 또 $Im\,\pi = \{\pi(a) \mid a \in R\} = R/I$, $\ker \pi = \{a \in R \mid a \in I\} = I$.

위 정리의 π를 R에서 R/I로의 **표준준동형사상**(canonical epimorphism) 또는 **자연준동형사상**(natural homomorphism), **사영**(projection)이라 한다.

정리 4.2.6 **환 준동형 기본정리** I가 $Kerf$에 포함되어 있는 R의 이데알이고, $f: R \to S$가 환준동형이라 하자. 그러면 $\mathrm{Im}\,\overline{f} = \mathrm{Im}\,f$, $\ker \overline{f} = (\ker f)/I$가 되는 환준동형사상 $\overline{f}: R/I \to S, \overline{f}(a+I) = f(a), a \in R$이 존재한다.

증명 덧셈군 준동형사상 $\overline{f}: R/I \to S$가 환 준동형사상임을 보이자. 임의의 $a+I$, $b+I \in R/I$에 대하여

$$\overline{f}((a+I)(b+I)) = \overline{f}(ab+I) = f(a)f(b) = \overline{f}(a+I)\overline{f}(b+I)$$

따라서 $\overline{f}$는 주어진 조건을 모두 만족하는 환 준동형사상이다.

정리 4.2.7 **환 제1동형정리** 환 준동형사상 $f: R \to S$에 대하여 $R/\ker f \cong Im f$가 성립한다.

증명 정리 4.2.6에서 $I = \ker f$이면 $\overline{f}: R/\ker f \to S, \overline{f}(a+I) = f(a)$는 일대일 사상이다. 따라서 $R/Kerf \cong Imf = f(R) \subseteq S$. 특히 f가 전산이면 $R/\ker f \cong S$.

보기 5 가우스의 정수 $[s]$에 대하여 $f(s)=s-[s]$로 주어진 사상 $f:(\mathbb{R},+)\rightarrow(\mathbb{R}/\mathbb{Z},+)$는 군 준동형사상이다. 그러나 환 준동형사상은 아니다. f가 환 준동형사상이면 $\ker f=\mathbb{Z}$는 $\mathbb{R}$의 이데알이다. $\mathbb{R}$의 이데알은 $\{0\}$, $\mathbb{R}$ 뿐이므로 $\mathbb{Z}=\{0\}$ 또는 $\mathbb{Z}=\mathbb{R}$이다. 이는 분명한 모순이다.

정리 4.2.8 **환 제2동형정리** I, J가 환 R의 이데알일 때 $I/(I\cap J)\cong(I+J)/J$가 성립한다.

증명 정리 2.6.13에서와 같이 표준동형사상 $\pi:R\rightarrow R/J$의 축소사상 $\pi|_I:I\rightarrow R/J$의 $Im(\pi|_I)=(I+J)/J$, $\ker(\pi|_I)=I\cap J$. 따라서 정리 4.2.7에 의하여 $I/(I\cap J)\cong(I+J)/J$.

정리 4.2.9 **환 제3동형정리** I, J가 환의 이데알이고 $I\subseteq J$일 때 J/I는 R/I의 이데알이다. 또 $(R/I)/(J/I)\cong R/J$가 성립한다.

증명 사상 $f:R/I\rightarrow R/J$, $f(a+I)=a+J$, $a\in R$는 전사 환 준동형사상이다.

$$\ker f=\{a+I\in R/I\,|\,f(a+I)=J\}=\{a+I\in R/I\,|\,a+J=J\}=J/I.$$

제1동형정리에 의하여 이 정리는 성립한다.

정리 4.2.10 I가 환 R의 이데알일 때 I를 포함하고 있는 R의 이데알 전체의 집합과 환 R/I의 이데알 전체의 집합은 일대 일 대응관계에 있다. 또 R/I의 이데알은 $J/I, I\subseteq J$의 꼴뿐이다.

증명 대응 $J\mapsto J/I$는 일대일 대응이다. R/I의 어떤 이데알의 원상은 R의 이데알 J에 대응하고, 이 J에 대응하는 R/I의 이데알은 J/I이다. 따라서 R/I의 이데알은 J/I, $I\subseteq J$의 꼴뿐이다. 상세한 증명은 정리 2.6.16과 2.2.17을 참고하여라.

연습문제 4.2

1 정수환 $\mathbb{Z}$에서 $\mathbb{Z}$로의 준동형사상 $f: \mathbb{Z} \to \mathbb{Z}$는 $f(n) = kn$의 꼴임을 보여라.

2 특성이 소수 p인 가환환 R위의 사상 $\phi: R \to R$, $\phi(a) = a^p$, $a \in R$는 환동형사상임을 보여라.

3 환 $R = \{a + b\sqrt{3} \mid a, b \in \mathbb{Z}\}$위의 사상 $\phi: R \to R$, $\phi(a + b\sqrt{3}) = a - b\sqrt{3}$는 환동형사상임을 보여라.

4 환 $R = \{a + b\sqrt{3} \mid a, b \in \mathbb{Q}\}$에서 $S = \{a + b\sqrt{7} \mid a, b \in \mathbb{Q}\}$로의 사상 $\phi: R \to S$, $\phi(a + b\sqrt{3}) = a + b\sqrt{7}$는 환동형사상인지 아닌지 조사하여라.

5 소수 p에 대하여, $\mathbb{Z}_p$는 정역이며, 체임을 보여라.

6 $f: \mathbb{Z} \to \mathbb{Z}_n$, $f(a) = \overline{a}$는 전사 준동형사상이고, $g: \mathbb{Z}_3 \to \mathbb{Z}_6$, $g(\overline{a}) = \overline{4a}$는 단사 준동형사상임을 보여라.

7 항등원 1을 갖고 특성이 $n(>0)$인 환 R에 관하여 다음이 성립함을 보여라.
(1) n은 $n1 = 0$인 최소의 양의 정수이다.
(2) 사상 $\phi: Z \to R$, $\phi(n) = n1$, $n \in \mathbb{Z}$는 $Ker\phi = < n >$인 준동형사상이다.
(3) R이 정역이면 n은 소수이다.

8 덧셈군 $2\mathbb{Z}$ 위의 곱셈 $*$를 $a * b = \dfrac{a \cdot b}{2}$로 정의하면 $(2\mathbb{Z}, +, *)$는 환이다. 이때 Z는 $2Z$는 동형관계에 있음을 보여라.

9 항등원을 갖는 환 $R \in 1_R$, $S \in 1_S$의 준동형사상 $f: R \to S$으로 $f(1_R) \neq 1_S$인 예를 들어라.

10 환준동형사상 $f: R \to R$에 대하여 $\ker f = \{0\}$일 필요충분조건은 $R \cong Imf = f(R)$이 되는 것임을 보여라.

11 체 F에서 환 R로의 준동형사상 f는 일대일 준동형사상 또는 영준동형사상임을 보여라.

12 행렬 환 $S = \left\{ \begin{bmatrix} a & 0 \\ 0 & b \end{bmatrix} \middle| a, b \in R \right\}$에서 R로의 사상 $f\left(\begin{bmatrix} a & 0 \\ 0 & b \end{bmatrix}\right) = a$, $g\left(\begin{bmatrix} a & 0 \\ 0 & b \end{bmatrix}\right) = b$에 대하여 $S/\ker f \cong S/\ker g$임을 보여라.

13 항등원을 갖는 환 R, S에 관한 준동형사상 $f: R \to S$이 $u \in R$가 단원이면 $f(u)$도 R의 단원일 때 $f(1_R) = 1_S$, $f(u^{-1}) = f(u)^{-1}$임을 보여라.

14 전사인 환준동형사상 $f: R \to S$ 에 대하여 $R/\ker f \cong S$가 성립함을 밝혀라.

15 I가 환 R의 이데알일 때 I를 포함하고 있는 R의 이데알 전체의 집합과 환 R/I의 이데알 전체의 집합은 일대일 대응관계가 있음을 보여라.

16 I가 R의 이데알이고, $I \subseteq Kerf$이며 $f: R \to S$가 환준동형이라 하자. 그러면 $\text{Im}\,\bar{f} = \text{Im}\,f, \ker \bar{f} = (\ker f)/I$가 되는 환준동형사상 $\bar{f}: R/I \to S$, $\bar{f}(a+I) = f(a)$, $a \in R$이 존재함을 밝혀라.

SECTION

4.3 소이데알, 극대이데알, 직합

환 R의 이데알 I에 대해서는 앞 절에서 공부한 바 있다. 환 R의 임의의 원소는 $r = r1_R$로 표시되므로 $R = (1)$이고, 자명한 이데알 $\{0\} = (0)$이다. 이러한 이데알 이외의 소이데알과 극대이데알에 대하여 살펴보고, 정역 및 체에 관해 학습하는 것이 이 절의 목표이다.

정의 다음 조건을 만족하는 이데알 $P\,(\neq R)$를 환 R의 **소이데알**(prime ideal)이라고 한다.

$$ab \in P \Rightarrow a \in P \text{ 또는 } b \in P$$ ■

보기 1 주이데알 (7)은 정수환 $\mathbb{Z}$의 소이데알이다. 그러나 $12 = 4 \cdot 3$이고 $12 \in (6)$, $4 \not\in (6)$, $3 \not\in (6)$이다. 따라서 (12)는 $\mathbb{Z}$의 소이데알이 아니다.

정의 다음 조건을 만족하는 이데알 $M\,(\neq R)$을 환 R의 **극대이데알**(maximal ideal)이라 한다. N이 $M \subseteq N \subseteq R$인 R의 이데알이면 $M = N$ 또는 $N = R$이다. ■

보기 2 정수환 $\mathbb{Z}$의 이데알은 $n\mathbb{Z}\ (n \geq 0)$의 꼴뿐이다. 이데알 (0)은 소이데알이나 극대이데알은 아니다. p가 소수이면 $p\mathbb{Z}$는 $\mathbb{Z}$의 소이데알인 동시에 극대이데알이다.

$ab \in p\mathbb{Z} \Leftrightarrow p|ab \Leftrightarrow p|a$ 또는 $p|b \Leftrightarrow a \in p\mathbb{Z}$ 또는 $b \in p\mathbb{Z}$가 성립하기 때문이다.

항등원이 $1 \neq 0$인 가환환 R의 소이데알과 극대이데알의 성질을 살펴보자.

정리 4.3.1 항등원 1을 갖는 가환환 R의 이데알 $P\,(\neq R)$가 소이데알이기 위한 필요충분조건은 잉여환 R/P가 정역이다.

증명 먼저, R의 이데알 P가 소이데알이라 하고, R/P 의 원소 $a+P, b+P$가 $(a+P)(b+P)=P$을 만족한다고 가정하자. 그러면 $ab+P=P$, 즉 $ab\in P$. P가 소이데알이므로 $a\in P$ 또는 $b\in P$, 즉 $(a+P)=P$ 또는 $(b+P)=P$. 따라서 R/P는 정역이다.

역으로 R/P는 정역이라 하고, $ab\in P$라고 가정하자. 그러면 $(a+P)(b+P)=P$이 되고, R/P이 정역이므로 $(a+P)=P$ 또는 $(b+P)=P$이다. 즉 $a\in P$ 또는 $b\in P$. 따라서 P는 소이데알이다.

보기 3 잉여환 $\mathbb{Z}/2\mathbb{Z}=\{2\mathbb{Z},\ 1+2\mathbb{Z}\}$는 체이다. 그러므로 $2\mathbb{Z}$는 극대 이데알이다. 더욱이 $2\mathbb{Z}$는 주이데알 및 소이데알이다.

정리 4.3.2 항등원 1을 갖는 가환환 R의 이데알 $M(\neq R)$에 대하여 R/M이 나눗셈환이면 M은 R의 극대이데알이다.

증명 R/M이 나눗셈 환이면 $1+M\neq 0+M$이므로 $1\notin M$, $M\neq R$, N인 $M\subset\neq N$인 이데알이고, $a\in N-M$이면 $a+M$은 R/M에서 역원 $b+M$을 갖는다.

$(a+M)(b+M)=1+M$, $ab+M=1+M$에서 $ab-1=m\in M$. $a\in N$, $m\in M$이므로 $1=ab-m\in N$. 따라서 $N=(1)=R$. 그러므로 M은 극대이데알이다.

정리 4.3.3 R이 항등원 1을 갖는 가환환이다. M이 R의 극대이데알이면 잉여환 R/M는 체이다.

증명 $M\neq R$이므로 R/M는 $1+M\neq 0+M$인 가환환이다. R/M의 영이 아닌 원소 $a+M$의 역원이 R/M에 존재함을 보이자.

$a\notin M$이므로 $N=Ra+M=(a)+M=\{ra+m|r\in R,\ m\in M\}$은 $M\subset\neq N\subseteq R$인 R의 이데알이다. M이 극대이데알이므로 $N=R$. $1\in R=Ra+M$에서 $1=ra+m$인 $r\in R$, $m\in M$이 존재한다. $1+M=ra+m+M=ra+M=(r+M)(a+M)$이므로 $r+M$은 $a+M$의 역원이다. 그러므로 가환환 R/M는 체이다.

M이 항등원 1을 갖는 가환환 R의 극대원이면 정리 4.3.3에 의하여 R/M는 체이다. R/M가 체이면 정리 4.3.2에 의하여 M은 R의 극대이데알이다. 그러

므로 다음 정리가 성립한다.

정리 4.3.4 정리. M이 항등원 1을 갖는 가환환 R의 극대이데알이기 위한 필요충분조건은 잉여환 R/M이 체가 되는 것이다.

따름정리 4.3.5 따름정리 R이 항등원 1을 갖는 가환환일 때 다음이 성립한다.

(1) (0)이 극대이데알이기 위한 필요충분조건은 R이 체인 것이다.

(2) R의 극대이데알은 모두 소이데알이다.

증명 (1) $M=(0)$이면 $R/M=R/(0)\cong R$. 정리 4.3.4에 의하여 (0)이 극대이데알이기 위한 필요충분조건은 R이 체이다.

(2) M이 R의 극대이데알이면 정리 4.3.4에 의하여 R/M는 체이다. R/M는 정역이므로 정리 4.3.1에 의하여 M은 소이데알이다.

따름정리 4.3.6 P가 항등원 1을 갖는 가환환 R의 소이데알이라 하자. 잉여환 R/P가 유한환이면 P는 극대이데알이다.

증명 정리 4.1.6에 의하여 유한환 R/P는 체이다. 그러므로 정리 4.3.4에 의하여 P는 극대 이데알이다.

따름정리 4.3.7 항등원 1을 갖는 가환환 R이 체이기 위한 필요충분조건은 모든 전사 환준동형사상 $R\rightarrow S$가 단사가 되는 것이다.

증명 임의의 이데알 $I(\neq R)$에 관한 표준준동형사상 $\pi: R\rightarrow R/I$가 단사사상이기 위한 필요충분조건은 $\ker\pi=I=(0)$인 것이다. 그러므로 (0)은 극대이데알이다. 따라서 R는 체이다.

역으로 R이 체이면 $R\rightarrow S$의 핵 I는 R의 이데알로서 $I=(0)$이다. 따라서 이것은 단사사상이다.

다음은 환과 이데알의 합과 직합의 성질을 살펴보기로 한다.

정의 유한개의 환 $R_1,\cdots,R_n$의 데카르트 곱 $R=R_1\times\cdots\times R_n$의 임의의 두 원소 $(a_1,\cdots,a_n)$, $(b_1,\cdots,b_n)$의 합과 곱을 다음으로 정의하자.

$$(a_1, \cdots, a_n) + (b_1, \cdots, b_n) = (a_1 + b_1, \cdots, a_n + b_n)$$
$$(a_1, \cdots, a_n) \cdot (b_1, \cdots, b_n) = (a_1 b_1, \cdots, a_n b_n)$$

이때 $(R, +, \cdot)$ 은 $(0, \cdots, 0)$ 을 영원, $(-a_1, \cdots, -a_n)$을 $(a_1, \cdots, a_n)$의 음원으로 갖는 환이다.

이 환 R을 환 $R_1, \cdots, R_n$ 의 **(외적)직합**(external direct sum)이라 하고, $R_1 \oplus \cdots \oplus R_n = \prod_{i=1}^{n} R_i$로 나타낸다. ■

모든 R_i가 가환환이면 직합 $R_1 \oplus \cdots \oplus R_n$도 가환환이다. 또 R_i가 항등원 1을 갖는 환이면 직합의 항등원은 $(1, 1, \cdots, 1)$ 이다. $(a_1, \cdots, a_n)$이 단원이면 $(a_1, \cdots, a_n)(a_1^{-1}, \cdots, a_n^{-1}) = (1, 1, \cdots, 1)$ 이 되는 $a_1^{-1}, \cdots, a_n^{-1}$가 존재하므로

$$\begin{aligned} U(R_1 \oplus \cdots \oplus R_n) &= \{(a_1, \cdots, a_n) | a_1 \in U(R_1), \cdots, a_n \in U(R_n)\} \\ &= U(R_1) \times \cdots \times U(R_n) \end{aligned}$$

이 성립한다.

환 R의 두 이데알 I, J는 R의 부분환이므로 직합 $I \oplus J$를 생각할 수 있다. 이때 $I \oplus J$를 R의 **(내적)직합**(internal direct sum)이라고 한다.

정의 환 R의 이데알 $I_1, \cdots, I_n$ 이 존재하여 $R \cong I_1 \oplus \cdots \oplus I_n$일 때 R를 이데알 $I_1, \cdots, I_n$ 의 **(내적)직합**이라 하고, $R = I_1 \oplus \cdots \oplus I_n$으로 나타낸다. 또 각 I_i를 R의 **직합인자**(direct summand)라 한다. ■

정리 4.3.8 환 R의 이데알 $I_1, \cdots, I_n$ 이 다음 조건을 만족할 때 $R \cong I_1 \oplus \cdots \oplus I_n$이 성립한다.

(1) $R = I_1 + \cdots + I_n$

(2) 모든 i에 대하여 $I_i \cap (I_1 + \cdots + I_{i-1} + I_{i+1} + \cdots + I_n) = \{0\}$

증명 $j \neq i$이면 모든 $a_j \in I_j$는 $a_j = 0 + \cdots + a_j + 0 + \cdots + 0 \in I_1 + \cdots + I_{i-1} + I_{i+1} + \cdots + I_n$을 만족한다. 그러므로 $I_j \subseteq I_1 + \cdots + I_{i-1} + I_{i+1} + \cdots + I_n$. 조건 (2)에 의하여 $I_i \cap I_j = \{0\}$. 그러므로 연습문제 4.3.14에 의하여 $I_i I_j = \{0\}$.

$f(a_1, \cdots, a_n) = a_1 + \cdots + a_n$ 으로 주어진 사상 $f : I_1 \oplus \cdots \oplus I_n \to R$은 환준동형사상이다. $(a_1 + \cdots + a_n)(b_1 + \cdots + b_n) = a_1 b_1 + \cdots + a_n b_n$ 이므로

$$\begin{aligned} f((a_1, \cdots, a_n)(b_1, \cdots, b_n)) &= f(a_1 b_1, \cdots, a_n b_n) \\ &= a_1 b_1 + \cdots + a_n b_n \\ &= (a_1 + \cdots + a_n)(b_1 + \cdots + b_n) \\ &= f(a_1, \cdots, a_n) f(b_1, \cdots, b_n) \end{aligned}$$

이 성립하기 때문이다. 조건 (1)에 의하여 f는 전사이다. 다음으로 $\ker f = \{0\}$임을 보이자. $f(a_1, \cdots, a_n) = a_1 + \cdots + a_n = 0$ 이면 $-a_i = a_1 + \cdots + a_{i-1} + a_{i+1} + \cdots + a_n$. 그런데 $-a_i \in I_i$, $a_1 + \cdots + a_{i-1} + a_{i+1} + \cdots + a_n \in I_1 + \cdots + I_{i-1} + I_{i+1} + \cdots + I_n$이므로 조건 (2)에 의하여 $-a_i = 0$, 즉 $a_i = 0$이다. 모든 i에 대하여 이 성질이 성립하므로 $(a_1, \cdots, a_n) = (0, \cdots, 0)$. 이로서 f는 $I_1 \oplus \cdots \oplus I_n$에서 R로의 환동형사상임이 확인되었다. 따라서 $R \cong I_1 \oplus \cdots \oplus I_n$이다.

보기 4 $\mathbb{Z}_{15} \cong \mathbb{Z}_3 \oplus \mathbb{Z}_5$이다. 그러나 $\mathbb{Z}_9 \ncong \mathbb{Z}_3 \otimes \mathbb{Z}_3$이다. [밝혀라]

정리 4.3.9 $R = I_1 + \cdots + I_n$인 환 R의 이데알 $I_1, \cdots, I_n$에 대하여 다음은 서로 동치이다.

(1) $R = I_1 \oplus \cdots \oplus I_n$

(2) $I_i \cap (I_1 + \cdots + I_{i-1} + I_{i+1} + \cdots + I_n) = \{0\}, i = 1, \cdots, n$

(3) 모든 $a \in R$은 $a = a_1 + \cdots + a_n$의 꼴로 유일하게 표시된다.

(4) $a_1 + \cdots + a_n = 0$이면 $a_1 = \cdots = a_n = 0$

증명 위 정리의 증명과정에 있는 환동형사상 f의 성질을 이용한다. 임의의 $a \in R$의 원소 $(a_1, \cdots, a_n)$은 하나만이 존재하여 $f(a_1, \cdots, a_n) = a$. 즉 $a = a_1 + \cdots + a_n$인 $a_i \in I_i$는 오직 한 조만이 존재한다. 또 $0 = 0 + \cdots + 0$이므로 (3)이 성립하면 (4)도 성립한다. (4)가 성립하면 $\ker f = \{0\}$이므로 f는 일대일 대응이다. 즉 $R \cong I_1 \oplus \cdots \oplus I_n$.

정의 I가 환 R의 이데알이고 $a, b \in R$라 하자. $a - b \in I$일 때 a는 이데알 I에 관하여 b와 **합동**(congrunt)이라 하고, $a \equiv b \pmod I$로 나타낸다. ■

중국인의 나머지 정리를 소개하기 위하여 다음 명제를 먼저 공부한다.

정리 4.3.10 R는 항등원 1을 갖는 환이다. $I_1, \cdots, I_n$이 모든 $i,\ j(i \neq j,\ i, j=1, \cdots, n)$에 대하여 $I_i + I_j = R$를 만족하는 R의 이데알일 때 다음이 성립한다.

(1) $x_1, \cdots, x_n \in R$에 대하여 $x \equiv x_i (\mathrm{mod} I_i)$인 원소 $x \in R$가 존재한다. 이때 x는 $\mathrm{mod}(I_1 \cap \cdots \cap I_n)$에 의하여 유일하게 결정된다.

(2) $R/(I_1 \cap \cdots \cap I_n) \cong (R/I_1) \oplus \cdots \oplus (R/I_n)$

증명 (1) 먼저 $R = I_1 + (I_2 \cap \cdots \cap I_n)$을 n에 관한 귀납법으로 증명하여 보자. $n=3$일 때 $R = I_1 + I_2,\ R = I_1 + I_3$이므로

$$R^2 = (I_1 + I_2)(I_1 + I_3) = I_1^2 + I_1 I_3 + I_2 I_1 + I_2 I_3$$
$$\subseteq I_1 + I_2 I_3 \subset I_1 + (I_2 \cap I_3) \subseteq R$$

R이 항등원을 가지므로 $R^2 = R$. 그러므로 $R = R^2 = I_1 + (I_2 \cap I_3)$이다. $R = I_1 + (I_2 \cap \cdots \cap I_{n-1})$이 성립한다고 가정하면

$$R = R^2 = RR = (I_1 + (I_2 \cap \cdots \cap I_{n-1}))(I_1 + I_n)$$
$$\subseteq I_1 + (I_2 \cap \cdots \cap I_n) \subseteq R$$

그러므로 $R = I_1 + (I_2 \cap \cdots \cap I_n)$이 성립한다. 마찬가지로 모든 $k = 1, \cdots, n$에 대하여 $R = I_k + (I_1 \cap \cdots \cap I_{k-1} \cap I_{k+1} \cap \cdots \cap I_n)$이다. 그러므로 모든 x_k에 대하여 $x_k = a_k + b_k$인 원소 $a_k \in I_k,\ b_k \in \bigcap_{i \neq k} I_i$가 존재한다. 모든 $i(\neq k)$에 대하여 $b_k \in I_i$이므로

$$a_k \equiv 0(\mathrm{mod} I_k),\ b_k \equiv 0(\mathrm{mod} I_i)$$

그러므로

$$x_k \equiv b_k(\mathrm{mod} I_k),\ b_k \equiv 0(\mathrm{mod} I_i),\ i \neq k$$

즉

$$x_1 \equiv b_1(\mathrm{mod} I_1), \cdots, x_n \equiv b_n(\mathrm{mod} I_n),$$
$$b_k \equiv 0(\mathrm{mod} I_1), \cdots, b_k \equiv 0(\mathrm{mod} I_{k-1}), b_k \equiv 0(\mathrm{mod} I_{k+1}), \cdots, b_k \equiv 0(\mathrm{mod} I_n)$$

여기서 $x=b_1+\cdots+b_n$이라 놓으면 모든 i에 대하여

$$x \equiv x_i (\operatorname{mod} I_i)$$

따라서

$$x \equiv x_i \left(\operatorname{mod} \bigcap_{i=1}^{n} I_i\right)$$

유일성을 보이기 위하여 $y \equiv x_i \left(\operatorname{mod} \bigcap_{i=1}^{n} I_i\right)$인 $y \in R$이 존재한다고 가정하자. 모든 i에 대하여 $y \equiv x (\operatorname{mod} I_i)$이므로 $y-x \in I_i$.

그러므로 $y \equiv x \left(\operatorname{mod} \bigcap_{i=1}^{n} I_i\right)$.

(2) 잉여환 R/I_i에 대하여 환 준동형사상 $\phi : R \to (R/I_1) \oplus \cdots \oplus (R/I_n)$, $\phi(a) = (a+I_1, \cdots, a+I_n)$, $a \in R$가 유도된다. $(R/I_1) \oplus \cdots \oplus (R/I_n)$의 임의의 원소 $(x_1+I_1, \cdots, x_n+I_n)$에 대하여 $x \equiv x_i (\operatorname{mod} I_i)$인 원소 $x \in R$가 존재하므로 모든 $x_i + I_i = x + I_i$로 표시된다. 그러면 $\phi(x) = (x+I_1, \cdots, x+I_n) = (x_1+I_1, \cdots, x_n+I_n)$이다. 이로서 ϕ가 전사임이 증명되었다. ϕ의 핵이 $I_1 \cap \cdots \cap I_n$임을 보이기 위하여 $\phi(a) = (a+I_1, \cdots, a+I_n) = (I_1, \cdots, I_n)$이라 하자.

모든 $a+I_i = I_i$이므로 $a \in I_i$, $a \equiv 0 (\operatorname{mod} I_i)$, 즉 $\ker\phi = \bigcap_{i=1}^{n} I_i$이다. 환 제1동형정리에 의하여

$$R \Big/ \left(\bigcap_{i=1}^{n} I_i\right) \cong R/I_1 \oplus \cdots \oplus R/I_n$$

이다.

보기 5 $n=3$일 때 $R = I_1 + (I_2 \cap I_3)$, $R = I_2 + (I_1 \cap I_3)$, $R = I_3 + (I_1 \cap I_2)$에서 $x_1 = a_1 + b_1$, $a_1 \in I_1$, $b_1 \in I_2$, $b_1 \in I_3$인 a_1, b_1이 존재한다. 마찬가지로 $x_2 = a_2 + b_2$, $a_2 \in I_2$, $b_2 \in I_1$, $b_2 \in I_3$인 a_2, b_2가 존재한다. 또 $x_3 = a_3 + b_3$, $a_3 \in I_3$, $b_3 \in I_1$, $b_3 \in I_2$인 a_3, b_3가 존재한다. 각 항을 더하면

$$x \equiv b_1 + b_2 + b_3 \equiv x_1 (\operatorname{mod} I_1)$$

$$x \equiv b_1 + b_2 + b_3 \equiv x_2 (\operatorname{mod} I_2)$$
$$x \equiv b_1 + b_2 + b_3 \equiv x_3 (\operatorname{mod} I_3)$$

기원후 4세기경 중국의 훌륭한 수학자에 의하여 밝혀진 **중국인의 나머지 정리**(Chinese remainder theorem)를 다음과 같이 소개한다.

정리 4.3.11 서로 소인 양의 정수 $n_1, \cdots, n_k$ 에 대하여 다음 합동식을 만족하는 정수 x가 존재한다. 또 법 $n_1, \cdots, n_k$ 에 관하여 x는 일의적으로 결정된다.

$$x \equiv x_1 (\operatorname{mod} n_1), \cdots, x \equiv x_k (\operatorname{mod} n_k)$$

증명 $n = n_1 \cdots n_k$라 놓으면 $I_i = (n_i)$, $\bigcap_{i=1} I_i = (n)$이다. $i \neq j$에 대하여 $(n_i, n_j) = 1$이므로 $I_i + I_j = (n_i) + (n_j) = \mathbb{Z}$. 따라서 정리 4.3.10에 의하여 합동식 $x \equiv x_i (\operatorname{mod} I_i)$의 해가 존재한다.

연습문제 4.3

1 정수환 $\mathbb{Z}$의 모든 이데알은 주이데일이고, 소이데알인 동시에 극대이데알이 되는 이데알이 존재함을 보여라.

2 정수환 $\mathbb{Z}$의 이데알로 소이데알도 아니고 극대이데알도 아닌 것을 구하여라.

3 $R^2 = R$인 가환환 R의 모든 극대이데알 M은 R의 소이데알임을 보여라. 이의 역은 성립하는가?

4 항등원 1을 갖는 가환환 $R \neq \{0\}$에는 적어도 하나의 극대이데알이 존재함을 보여라.

5 $I \neq (1)$이 가환환 R의 이데알일 때 I를 포함하고 있는 R의 극대이데알이 존재함을 보여라.

6 정수환 $\mathbb{Z}$의 이데알로서 소이데알은 어느 것인가?

(1) $5\mathbb{Z}$

(2) $6\mathbb{Z}$

7 환 $\mathbb{R} \times \mathbb{R}$ 의 이데알로서 소가 아닌 이데알은 어느 것인가?

(1) $\mathbb{R} \times 0$

(2) $((0, 0))$

8 정수환 $\mathbb{Z}$의 이데알 (6)에 대하여 $\mathbb{Z}/(6)$은 정역이 아님을 보여라.

9 따름정리 4.3.5의 (2)의 역은 성립하지 않는다. 이러한 예를 들어라.

10 $I = \left\{ \begin{bmatrix} 0 & b \\ 0 & c \end{bmatrix} \mid b, c \in \mathbb{R} \right\}$, $J = \left\{ \begin{bmatrix} a & b \\ 0 & 0 \end{bmatrix} \mid a, b \in \mathbb{R} \right\}$는 비가환환 $M_{2\times 2} = \left\{ \begin{bmatrix} a & b \\ 0 & c \end{bmatrix} \mid a, b, c \in \mathbb{R} \right\}$의 극대이데알임을 보여라.

11 항등원 1을 갖는 가환환 R의 멱영원 전체의 집합 I는 R의 이데알이고, 잉여환 A/I는 영이 아닌 멱영원을 갖지 않음을 보여라.

12 집합족 $\{R_i | i \in I\}$의 첨자집합 I가 무한집합일 때 외적직적 $\prod_{i \in I} R_i$를 정의하고, 외적직합의 의미와 비교하여라.

13 항등원을 갖는 가환환 R의 이데알 $M(\neq R)$이 극대이데알이기 위한 필요충분조건은 모든 $a \in R - M$에 대하여 $1 - ax \in M$인 $x \in M$이 존재하는 것임을 보여라.

14 I, J가 $I \cap J = \{0\}$인 환 R의 이데알이면 $IJ = \{0\}$임을 보여라.

15 환 $\mathbb{Z}_6 = \{0, 1, 2, 3, 4, 5\}$, 이데알 $I = \{0, 3\}$, $J = \{0, 2, 4\}$에 대하여 $\mathbb{Z}_6 = I \oplus J$가 성립함을 보여라.

16 다음은 I, J가 환 R의 서로 직합인자의 관계에 있을 필요충분조건임을 보여라.

(1) 각 $a \in R$는 $a = i + j$, $i \in J$, $j \in J$의 꼴로 유일하게 표시된다.

(2) $i + j = 0$, $i \in I$, $j \in J$이면 $i = j = 0$이다.

17 단위원 1을 갖는 환 R의 모든 이데알 I에 대하여 $R^2 + I = R$이 성립함을 보여라.

18 I, J는 단위원 1을 갖는 환 R의 이데알이다. $R = I + J$일 때 $x \equiv x_1 (\mathrm{mod} I_1)$, $x \equiv x_2 (\mathrm{mod} I_2)$의 해가 존재하여 $R/(I \cap J) \cong R/I \oplus R/J$임을 보여라.

19 단위원 1을 갖고 있는 가환환 R의 이데알 I, J가 $I + J = (1)$을 만족하면 $I \cap J = IJ$임을 보여라.

20 모든 이데알이 주이데알인 정역을 주이데알정역이라 한다. 주이데알정역 D의 영이 아닌 이데알은 모두 극대이데알임을 보여라.

SECTION

4.4 정역, 분수체

환 $\mathbb{Z}$, $\mathbb{Q}$, $\mathbb{R}$, $\mathbb{C}$의 성질을 일반화하기 위하여 정역 및 분수체의 구조를 살펴보고 정수환 $\mathbb{Z}$에서 소인수의 개념을 항등원 1을 갖는 가환환 R에서 소원 또는 기약원의 개념으로 일반화한 성질을 공부한다.

정의 가환환 R의 원소 a와 영이 아닌 원소 b에 대하여 $ax=b$인 $x\in R$이 존재할 때 a는 b를 **나눈다**(divide)라고 하고, $a|b$로 나타낸다. 이때 a는 b의 **약수**(divisor), b는 a의 **배수**(multiple)이라 한다.

항등원 1을 갖는 가환환 R의 원소 u에 대하여 $v\in R$이 존재하여, $uv=1$일 때 u를 **단원**(unit)이라 하고, 이때 v를 u의 **역원**(inverse)이라 하고, 이를 u^{-1}로 나타낸다.

항등원 1을 갖는 가환환 R의 원소 a, b에 대하여 단원 $u\in R$가 존재하여, $a=ub$일 때 a를 b의 **동반원**(associate)이라 하고, 이러한 경우, a와 b는 서로 **동반원**(associate) 혹은 a와 b는 **동반관계**(associative relation)에 있다고 한다. 이를 $a \sim b$로 나타낸다. ■

동반관계는 이는 동치관계가 됨을 쉽게 알 수 있다. 한편, 영이 아닌 두 원소 a, b에 대하여 $a|b$이고 $b|a$이면, a와 b는 동반관계에 있다.

정리 4.4.1 항등원을 갖는 가환환 R의 원소 a, b, u에 대하여 다음이 성립한다.

(1) $a|b \Leftrightarrow (b)\subseteq(a)$ 그리고, $a|b, b|a \Leftrightarrow (a)=(b) \Leftrightarrow a$와 b는 동반관계에 있다.

(2) $(a)\subset(b), (a)\neq(b) \Leftrightarrow$ $b|a$, a와 b는 동반관계에 있지 않다.

(3) u가 단원 $\Leftrightarrow u|1$ $\Leftrightarrow$ $u|r, \forall r\in R$ $\Leftrightarrow (u)=R$.

증명 (1) $x\in(b)$이면 $x=rb$인 $r\in R$이 존재한다. $a|b$이면 $b=sa$인 $s\in R$이 존재하여 $x=rb=r(sa)=(rs)a\in(a)$이다. 따라서 $(b)\subseteq(a)$이다.

역으로 $(b)\subseteq(a)$라 하면 $b=1b\in(b)\subseteq(a)$이므로 $b\in(a)$이다. 그러므로 $b=ra$인 $r\in R$이 존재한다. 따라서 $a|b$이다.

$(a)=(b)$이면 $(a)\subseteq(b)$이고 $(b)\subseteq(a)$이므로 $a|b$이고 $b|a$이다.

(2) (1)로부터 분명하다.

(3) u가 단원이면 $uu^{-1}=1$인 u의 역원 $u^{-1}\in R$이 존재한다. 따라서 모든 $r\in R$에 대하여 $u(u^{-1}r)=(uu^{-1})r=r$이므로 $u|r$이다.

역으로 모든 $r\in R$에 대하여 $u|r$이라 가정하자. $r=1$인 경우 $u|1$이다. 따라서 $uu^{-1}=1$인 $u^{-1}\in R$가 존재하므로 u는 단원이다.

정의 R은 항등원 1을 갖는 가환환이라 하자. 만약 영도 아니고 단원도 아닌 원소 $p\in R$에 대하여, p의 약수가 단원과 동반원뿐일 때, 원소 p를 **기약원**(irreducible element)이라고 한다. 즉, $d|p \Rightarrow d$는 단원 또는 d는 동반원.

한편, p가 기약원일 필요충분조건은 다음과 같다.

(1) $p\neq 0$이고, 단원도 아니다. (2) $p=ab \Rightarrow a$ 또는 b가 단원.

또한, 영도 아니고 단원도 아닌 원소 $p\in R$가 다음 조건을 만족할 때 p를 **소원**(prime element)이라 한다.

$$p|ab \Rightarrow p|a \text{ 또는 } p|b$$

■

보기 1 소수 p는 환 $\mathbb{Z}$에서 소인 동시에 기약이다. 2는 $\mathbb{Z}_6$에서 소원이나 기약원은 아니다. [$2=2=2.4$ 그러나 2나 4는 단원이 아님]

정리 4.4.2 정역 D의 영이 아닌 원소 p에 대하여, 다음이 성립한다.

(1) p: 소원 $\Leftrightarrow$ (p)는 영이 아닌 D의 소이데알이다.

주이데알정역 D의 영이 아닌 원소 a에 대하여, 다음이 성립한다.

(2) a: 기약원 $\Leftrightarrow$ (a)는 영이 아닌 D의 극대이데알이다.

증명 (1) p가 소원이면 $(p)\neq(0)$, $(p)\neq D$이다. $ab\in(p)$이면 $p|ab$이므로 $p|a$ 또는 $p|b$이다. 그러므로 $a\in(p)$ 또는 $b\in(p)$이다.

역으로 (p)가 영이 아닌 D의 소이데알이면, $(p)\neq(0)$, $(p)\neq D$에서 $p\neq 0$, p는 단원도 아니다. $p|ab$이면 $ab\in(p)$이므로 $a\in(p)$ 또는 $b\in(p)$이다. 그러므로 $p|a$ 또는 $p|b$이다.

(2) a가 기약원이면 $a\neq 0$이고 단원이 아니므로 $(a)\neq(0)$, $(a)\neq D$이다. $(a)\subseteq(b)\subseteq D$라 하면 $a=1a\in(b)$이므로 $a=bc$인 $c\in R$이 존재한다. a가 기약이므로 b가 단원이거나 c가 단원이다. 그러므로 $(b)=D$ 또는

$(a)=(b)$이다. 따라서 (a)는 극대이데알이다.

역으로 (a)가 극대이데알이면 $a \neq 0$이고 단원도 아니다. $a=bc$라 하면 $(a)\subseteq(b)$이므로 $(a)=(b)$ 또는 $(b)=D$이다. $(b)=D$이면 b는 단원이다. $(a)=(b)$이면 $b=ay$인 $y\in R$이 존재하여 $a=bc=ayc$이다. D가 정역이므로 $1=yc$이다. 그러므로 c는 단원이다. 따라서 a는 기약이다.

정리 4.4.3 (1) 정역 D의 모든 소원은 기약원이다.
(2) D가 주이데알정역이면 모든 기약원은 소원이다.

증명 (1) p를 소원이라 하고, $p=ab$라고 가정하자. 그러면 $p|ab$이고, p는 소원이므로 $p|a$ 또는 $p|b$이다. $p|a$이면 $a=ps$인 $s\in R$이 존재하여 $p=ab=psb$이다. D가 정역이므로 $1=sb$. 그러므로 b는 단원이다. 또한 $p|b$이면, 같은 방법으로 a는 단원이다. 따라서 p는 기약이다.

(2) p가 기약원이라 하면, 정리 4.4.2에 의하여 (p)는 극대이데알이다. 한편 따름정리 4.3.4에 의하여 (p)는 소이데알이다. 정리 4.4.2에 의하여 p는 소원이다.

보기 2 정수환 $\mathbb{Z}$는 주이데알정역이므로 소원과 기약원은 같은 개념이다. 소수 p에 대하여 p와 $-p$는 기약원인 동시에 소원이다.

정역의 중요한 대수적 구조로써 유클리드 정역에 대하여 살펴보고자 한다.

정의 R은 가환환이고 $\mathbb{Z}$는 정수환이라 하자. 다음 조건을 만족하는 사상 $\theta: R-\{0\}=: R^* \to \{a\in\mathbb{Z} \mid a\geq 0\}$ 이 존재할 때 R을 **유클리드 환**(Euclidean ring)이라 한다.

(1) 모든 $a, b\in R^*$에 대하여 $\theta(a)\leq\theta(ab)$이다.

(2) 모든 $a, b\in R$, $b\neq 0$에 대하여 $q, r\in R$이 존재하여

$$a=qb+r,\ r=0 \text{ 또는 } \theta(r)<\theta(b).$$

특히, 정역인 Euclid 환을 **유클리드 정역**(Euclidean domain)이라 한다. 또 θ를 R 위의 **유클리드 부차함수**(Euclidean valuation)라 한다. ■

보기 3 정수환 $\mathbb{Z}$는 사상 $\theta(a)=|a|$, $a\neq 0$에 관하여 유클리드 정역이다.

모든 유클리드 환은 주이데알환이나 이의 역은 성립하지 않는다. 짝수 전체의 집합은 주이데알환이지만 유클리드 환은 아니기 때문이다.

정리 4.4.4 모든 유클리드 정역은 주이데알정역(PID)이다.

증명 먼저, I가 유클리드 정역 R의 영이데알이면 $I=(0)$은 R의 주이데알이다. $I\neq(0)$이라 하자. 집합 $\{\theta(x) | x\neq 0, x\in I\}$의 최소양의 정수가 $\theta(a)$가 되는 $a\in I$가 존재한다. 그러면 모든 $r\in I$, $r\neq 0$에 대하여 $\theta(a)\leq\theta(r)$이다. 즉 $\theta(r)<\theta(a)$가 되는 영이 아닌 I의 원소 r은 존재하지 않는다. $I=(a)$임을 보이면 이 정리의 증명은 완성된다.

모든 $b\in I$에 대하여 $b=qa+r$인 $q, r\in R$이 존재하여 $r=0$ 또는 $\theta(r)<\theta(a)$이다. $a, b\in I$이므로 $r=b-qa\in I$이다. a의 선택에 의하면 $\theta(a)\leq\theta(r)$이므로 $\theta(r)<\theta(a)$가 성립하지 않는다. 그러므로 $r=0$이고, 따라서 $b=qa$이다. $I\subseteq Ra=(a)\subseteq I$이므로 $I=(a)$, 즉 R은 PID임이 증명된다.

정리 4.4.5 모든 유클리드 환은 항등원을 갖는다.

증명 정리 4.4.4 증명에서처럼 유클리드 환 R은 주이데알환(PIR)이므로 R 자신도 주이데알이다. $R=Ra=(a)$이므로 $a=ea=ae$인 $e\in R$가 존재한다. 임의의 $b\in R$에 대하여 $b\in R=aR$이므로 $b=ra$인 $r\in R$가 존재한다. $be=(ra)e=r(ae)=ra=b$이므로 e는 R의 항등원이다.

보기 4 모든 체는 유클리드 정역이다. 모든 $a\in F$, $a\neq 0$에 대하여 $\theta(a)=0$으로 대응하는 사상 θ는 유클리드 환의 조건 (1), (2)를 모두 만족한다. 그러므로 (F, θ)는 유클리드 환이다. 위 정리에 의하여 F는 PIR 또는 PID이다.

정수 집합 $\mathbb{Z}$에서 성립하는 인수분해정리가 정역에서 어떻게 적용되는지 살펴보자.

정의 다음의 두 조건을 만족하는 정역 D를 **유일인수분해정역**(unique factorization domain)이라 한다.

(1) 영원, 단원을 제외한 모든 $a\in D$가 기약원 $p_1, \cdots, p_n$의 곱으로 표시된다. 즉

$$a=p_1p_2\cdots p_n$$

(2) $a \in D$, $a = p_1 p_2 \cdots p_n = q_1 q_2 \cdots q_m$(모든 p_i, q_i는 기약)이면 $n = m$이고 모든 p_i는 치환 $\sigma \in I_n$에 의하여 $q_{\sigma(i)}$와 동반원이다. ■

다음은 유일인수분해정역을 간단히 UFD로 나타내기로 한다.

정리 4.4.6 모든 주이데알정역(PID)은 유일인수분해정역(UFD)이다.

증명 영이 아니면서 단원도 아닌 PID의 원소로서, 유한개의 기약원의 곱으로 나타낼 수 없는 원소 전체의 집합 S는 공집합임으로 보이자. 그러면 UFD의 조건 (1)은 증명된다.

$S \neq \varnothing$이라 가정하자. 그러면 모든 $a \in S$에 대하여 $a \neq 0$이고 a는 단원이 아니다. 따라서 $(a) \neq D$ 이고 $(a) \neq (0)$이다. 연습문제 4.3.5에 의하여 (a)를 포함하고 있는 D의 극대이데알이 존재한다. 이 극대이데알을 (d)라 하면 정리 4.4.3에 의하여 d는 기약원이다. $(a) \subseteq (d)$에서 $d|a$이다. 그러므로 모든 $a \in S$에 대하여 기약인 약수 d가 존재한다. D가 정역이므로 $a = d'd$인 $d' \in D$가 일의적으로 결정된다. 이때 $d' \in S$임을 보이자.

d'이 단원이면 연습문제 4.4.3에 의하여 a가 기약이다. 그런데 a는 기약이 아니었으므로 이는 모순이다. 그러므로 d'은 영이 아니고 단원도 아니다. d'이 S의 원소가 아니라면 d'은 유한개의 기약원의 곱으로 표시되므로 a도 이러한 성질을 가진다. 그러면 $a \notin S$가 되어 a의 선택에 모순이다. 따라서 $d' \in S$가 성립한다.

다음으로 $(a) \subset (d')$임을 보이자. $d'|a$이므로 $(a) \subseteq (d')$이다. 만약 $(a) = (d')$라 하면 $d' = ax$인 $x \in D$가 존재하여 $a = d'd = axd$이다. 즉, $1 = xd$이므로 d는 단원이다. 그런데 d는 기약원으로서 단원이 아니므로 모순이 된다. 그러므로 (a)는 (d')의 진부분집합이다. 이러한 사실은 (d)가 (a)를 포함하는 극대이데알이라는 가정에 모순이다. 따라서 $S = \varnothing$.

끝으로 인수분해의 유일성을 보이기 위하여 영원이 아니고 단원도 아닌 $a \in D$가 $a = p_1 p_2 \cdots p_n = q_1 q_2 \cdots q_m$($p_i$, q_i는 모두 기약원)으로 표시되었다고 하자. 정리 4.4.3에 의하여 모든 p_i, q_i는 소원이다. $p_1 | q_1 q_2 \cdots q_m$이므로 $p_1 | q_j$인 적당한 j가 존재한다. p_1, q_j가 기약원(소원)이므로 p_1과 q_j는 서로 동반원이다. 그러므로 $q_j = p_1 u_1$인 단원 $u_1 \in D$가 존재한다. $q_1 q_2 \cdots q_m$의 곱하는 순서를 재배열하여 q_j를 q_1이라 놓으면 소거의 법칙에 의하여

$$p_2 \cdots p_n = u_1 q_2 \cdots q_m$$

이다. $n < m$이라 하면 위와 같은 과정을 n번 반복하여

$$1 = u_1 u_2 \cdots u_n q_{m-n} \cdots q_m$$

이 된다. 그러면 $q_{m-n}, \cdots, q_m$ 은 단원이 되어 소원이라는 가정에 모순이다. 따라서 $n \geq m$이다.

마찬가지 방법으로 $m \geq n$이어야 한다. 결국 $m = n$이다. 이로서 $p_1 p_2 \cdots p_n = q_1 q_2 \cdots q_n$이고 각 p_i는 적당한 q_j와 동반원임이 증명되었다.

보기 5 모든 $\alpha = a + b\sqrt{2} \in \mathbb{Z}[\sqrt{2}]$에 대하여 $\theta(\alpha) = |N(\alpha)| = |\alpha\overline{\alpha}| = a^2 - 2b^2$으로 정의하면 $(\mathbb{Z}[\sqrt{2}], \theta)$는 유클리드 정역이다. 정리 4.4.4에 의하여 $\mathbb{Z}[\sqrt{2}]$는 PID이다. 따라서 정리 4.4.6에 의하여 $\mathbb{Z}[\sqrt{2}]$는 UFD이다.

정의 $n \geq 2$인 집합 $S = \{a_1, \cdots, a_n\}$을 가환환 R의 부분집합이라 하자.

(1) 다음 조건을 만족하는 $d \in R$를 집합 S의 **최대공약수**(greatest common divisor)라 하고, $d = \gcd(S) = (a_1, \cdots, a_n)$으로 나타낸다.

(i) 모든 $a_i \in S$에 대하여 $d | a_i$이다.

(ii) 모든 $a_i \in S$에 대하여 $c | a_i$이면 $c | d$이다.

(2) 다음 조건을 만족하는 $l \in R$를 집합 S의 **최소공배수**(least common multiple)라 하고, $l = \text{lcm}(S) = [a_1, \cdots, a_n]$으로 나타낸다.

(i) 모든 $a_i \in S$에 대하여 $a_i | l$이다.

(ii) 모든 $a_i \in S$에 대하여 $a_i | m$이면 $l | m$이다. ■

보기 6 환 $2\mathbb{Z}$의 원소 2의 약수는 없다. $2 = 1 \cdot 2 = 2 \cdot 1$, $1 \notin 2\mathbb{Z}$이기 때문이다. 그러므로 2와 4의 공약수(최대공약수)는 존재하지 않는다.

환 R의 원소 $a_1, \cdots, a_n$의 최대공약수는 항상 존재하는 것은 아니다. 최대공약수가 존재할 때 그들은 서로 동반원의 관계에 있다. 최대공약수가 가환환 R의 항등원 1일 때 $a_1, \cdots, a_n$은 **서로소**(relatively prime)라 한다.

정리 4.4.7 주이데알영역 D의 부분집합 $\{a_1, \cdots, a_n\}$, $n \geq 2$의 최대공약수 d, 최소공배수 l이 존재한다. I를 $a_1, \cdots, a_n$ 에 의하여 생성된 이데알이라 하면 다음이 성립한다.

(1) $d = a_1 s_1 + \cdots + a_n s_n$ 인 $s_1, \cdots, s_n \in D$ 이 존재한다.
(2) $I = (d)$
(3) $(a_1) \cap (a_2) \cap \cdots \cap (a_n) = (l)$

증명 (1) $a_1, \cdots, a_n$ 에 의하여 생성된 이데알 I는 정리 4.1.10에 의하여

$$I = \{a_1 x_1 + \cdots + a_n x_n | x_1, \cdots, x_n \in D\}$$

D가 PID이므로 적당한 원소 $d \in D$가 존재하여 $I = (d)$이다. 그러므로 $d = a_1 s_1 + \cdots + a_n s_n$ 인 $s_1, \cdots, s_n \in D$ 가 존재한다.

(2) $I = (d)$를 만족하는 d가 $a_1, \cdots, a_n$ 의 최대공약수임을 보이자. 모든 $a_i \in I$ 이므로 $d | a_i$이다. 또한 $c | a_i$이면 $c | (a_1 s_1 + \cdots + a_n s_n)$이므로 $c | d$이다. 따라서 d는 $a_1, \cdots, a_n$ 의 최대공약수이다.

(3) $(a_1) \cap (a_2) \cap \cdots \cap (a_n)$은 D의 이데알이므로 적당한 $l \in D$가 존재하여

$$(a_1) \cap (a_2) \cap \cdots \cap (a_n) = (l)$$

을 만족한다. 여기서 l은 모든 (a_i)의 원소이므로 $a_i | l$이다. 또한 $a_i | m$이라 하면 $c \in (l)$이므로 $l | m$이다. 따라서 l은 $a_1, \cdots, a_n$ 의 최소공배수이다.

보기 7 정수환 $\mathbb{Z}$는 PID이므로 양의 정수 a, b의 최대공약수는 특정 $x, y \in \mathbb{Z}$ 에 대하여 $d = ax + by$로 나타낼 수 있다. a, b가 서로소이면 $1 = ax + by$인 정수 x, y가 존재한다.

이제 정수환 $\mathbb{Z}$를 확대하여 유리수체 $\mathbb{Q}$를 얻는 과정을 살펴보자.

집합 $\mathbb{Z}^* = \{a \in \mathbb{Z} | a \neq 0\}$의 임의의 두 원소 a, b의 곱 $ab \neq 0$이므로 $ab \in \mathbb{Z}^*$이다. 곱에 관한 이러한 성질을 만족할 때 $\mathbb{Z}^*$를 **곱집합**(multiplicative subset)이라 한다.

집합 $\mathbb{Q} = \left\{\frac{a}{b} | a \in \mathbb{Z}, b \in \mathbb{Z}^*\right\}$의 두 원소 $\frac{a}{b}$, $\frac{c}{d}$의 항등관계를

$$\frac{a}{b} = \frac{c}{d} \Leftrightarrow ad = bc \ \ (\text{또는 } ad - bc = 0)$$

으로 정의하자. 집합 $\mathbb{Z} \times \mathbb{Z}^*$위의 관계 $(a, b) \sim (c, d) \Leftrightarrow ad = bc$은 동치관계이다. $\mathbb{Z} \times \mathbb{Z}^*$의 원소 (a, b)의 동치류를 $\frac{a}{b}$로 나타내고 덧셈과 곱을 다음과 같이 정의하자.

$$\frac{a}{b} + \frac{c}{d} = \frac{ad + bc}{bd}, \quad \frac{a}{b} \cdot \frac{c}{d} = \frac{ac}{bd}$$

그러면 $\mathbb{Q}$는 체를 이루고 $a \mapsto \frac{a}{1}$으로 정의된 준동형사상 $\mathbb{Z} \to \mathbb{Q}$는 단사이다. 따라서 $\mathbb{Q}$는 $\mathbb{Z}$를 포함하는 체로 볼 수 있다.

정수환 $\mathbb{Z}$에서 유리수체 $\mathbb{Q}$를 유도하는 위의 과정을 정역 D에 적용하여 보기로 하자.

정리 4.4.8 정역 D의 부분집합 $D^* = D - \{0\}$에 관한 집합 $S = D \times D^* = \{(a, b) | a \in D, b \in D^*\}$ 위에 정의된 다음 관계 $\sim$는 동치관계이다.

$$(a, b) \sim (c, d) \Leftrightarrow ad = bc$$

증명 위에서의 관계 $\sim$가 다음의 세 가지 조건을 만족함을 보이면 된다.

(1) $(a, b) \in S$에 대하여 $ab = ba$이므로 $(a, b) \sim (a, b)$.

(2) $(a, b), (c, d) \in S$, $(a, b) \sim (c, d)$이면 $ad = bc$이다. $cb = da$이므로 $(c, d) \sim (a, b)$이다.

(3) $(a, b), (c, d), (e, f) \in S$, $(a, b) \sim (c, d)$, $(c, d) \sim (e, f)$이면 $ad = bc$, $cf = de$이므로 $adf = bcf = bde$이다. 그런데 $d \neq 0$이고 D가 정역이므로 $af = be$이고, $(a, b) \sim (e, f)$이다.

정리 4.4.9 정리 4.4.8에서 $(a, b) \in S$의 동치류 $[a, b] = \{(x, y) \in S | (x, y) \sim (a, b)\}$ 전체의 집합 F 위의 덧셈 $+$와 곱셈 $\cdot$를 다음으로 정의할 때 $(F, +, \cdot)$은 체를 이룬다.

$$[a, b] + [c, d] = [ad + bc, bd],$$
$$[a, b] \cdot [c, d] = [ac, bd]$$

증명 덧셈 $+$와 곱셈 $\cdot$가 F 위에서 잘 정의된 연산임을 보이자. $(a, b), (c, d) \in S$에 대하여 $b \neq 0$이고 $d \neq 0$이므로 $bd \neq 0$이다. 그러므로 F는 $+$와 $\cdot$에 의하여 닫

혀있다. $[a,b]=[a',b']$, $[c,d]=[c',d']$이라 하면 $(a,b)\sim(a',b')$, $(c,d)\sim(c',d')$이므로 $ab'=ba'$, $cd'=dc'$이다. 그러므로

$$\begin{aligned}(ad+bc)(b'd') &= adb'd'+bcb'd' \\ &= ba'dd'+bb'dc' \\ &= bd(a'd'+b'c') \\ (ac)(b'd') &= acb'd' \\ &= (ab')(cd') \\ &= (ba')(dc') \\ &= (bd)(a'c')\end{aligned}$$

즉

$$\begin{aligned}&(ad+bc,bd)\sim(a'd'+b'c',b'd') \\ &(ac,bd)\sim(a'c',b'd')\end{aligned}$$

이다. 그러므로

$$\begin{aligned}[a,b]+[c,d] &= [ad+bc,bd] \\ &= [a'd'+b'c',b'd'] \\ &= [a',b']+[c',d'] \\ [a,b]\cdot[c,d] &= [ac,bd] \\ &= [a'c',b'd'] \\ &= [a',b']\cdot[c',d']\end{aligned}$$

다음으로 $(F,+,\cdot)$는 체임을 보이자. 덧셈에 관한 결합법칙과 교환법칙이 성립하는 것은 쉽게 보일 수 있다. 모든 $[a,b]\in F$에 대하여

$$\begin{aligned}&[a,b]+[0,1]=[a\cdot1+b\cdot0,b\cdot1]=[a,b] \\ &[a,b]+[-a,b]=[ab-ba,b^2]=[0,b^2]\end{aligned}$$

그런데 모든 $c\neq0$에 대하여 $[0,c]=[0,1]$이므로 $[0,1]$은 F의 영원, $[-a,b]$는 $[a,b]$의 음원이다.

모든 $b\neq0$에 대하여 $(b,b)\sim(1,1)$이므로 $[b,b]=[1,1]$이다. 또한

$$[a,b]\cdot[1,1]=[a,b]$$

이다. 즉, $[1,1]$은 F의 곱셈에 관한 항등원이다.

끝으로 영원이 아닌 F의 원소 $[a,b]$의 역원이 F에 존재함을 보이자. $[b,a]$는 F의 원소이고 $[a,b]\cdot[b,a]=[b,a]\cdot[a,b]=[ab,ba]$이다. 그런데

$[ab, ba] = [1, 1]$ 이므로 $[a, b]$ 의 역원은 $[b, a]$ 이다. 이로서 F는 $[0, 1]$을 영원, $[b, a]$를 $[a, b] \neq [0, 1]$ 의 역원으로 갖는 체임이 증명되었다.

사상 $f : D \to F$, $f(a) = [a, 1]$, $a \in D$는 단사인 사상이므로 D는 F 안으로 매입된다. 즉 $D \cong f(D) = \{[a, 1] | a \in D\} \subseteq F$. 그러므로 a와 $[a, 1]$을 같은 것으로 간주하면 D는 F의 부분집합니다.

정의 정리 4.4.9의 체 F를 D의 **분수체**(field of fractions) 또는 **상체**(field of quotients)라 한다.

잉여류 $[a, b]$, $b \neq 0$를 $\frac{a}{b}$로 나타내기로 하자. 그러면 다음 표현이 가능하다. $b \neq 0$, $d \neq 0$에 대하여

$$\frac{a}{b} + \frac{c}{d} = \frac{ad + bc}{bd}, \quad \frac{a}{b} \cdot \frac{c}{d} = \frac{ac}{bd}$$

$$\frac{0}{b} = \frac{0}{1}, \quad \frac{a}{a} = \frac{1}{1}, \quad \frac{bc}{bd} = \frac{c}{d}$$

또한 $f(a) = [a, 1]$을 a로 나타내기로 하면 $a = \frac{a}{1}$이다. ■

정리 4.4.10 분수체 F는 정역 D를 포함하고 있는 체 중에서 가장 작은 것이다.

증명 K를 정역 D를 포함하고 있는 체라 하자. 체 F의 원소 $\frac{a}{b}(b \neq 0)$를 이루는 a, b는 D의 원소이므로 $a, b \in K$이다. K가 체이므로 $b^{-1} = \frac{1}{b} \in K$에서 $ab^{-1} = \frac{a}{b} \in K$이다. 따라서 F는 K의 부분집합이다.

정수환 $\mathbb{Z}$, 유리수체 $\mathbb{Q}$, 잉여류체 $\mathbb{Z}_p$의 관계를 살펴보자.

정리 4.4.11 체 F의 특성이 소수 p이면 F는 체 $\mathbb{Z}_p$와 동형인 부분체를 갖는다. 또 F의 특성이 0이면 F는 유리수체 $\mathbb{Q}$와 동형인 부분체를 갖는다.

증명 F의 항등원 1_F와 임의의 원소 $k \in \mathbb{Z}$ 에 대하여 사상 $f : \mathbb{Z} \to F$, $f(k) = 1_F k$는 준동형사상이다. 실제로 모든 $k, l \in \mathbb{Z}$ 에 대하여

$$f(k+l) = 1_F(k+l) = 1_F k + 1_F l = f(k) + f(l)$$
$$f(kl) = 1_F(kl) = (1_F k)(1_F l) = f(k)f(l).$$

그런데 $\ker f$는 $\mathbb{Z}$의 이데알이고 $\mathbb{Z}$는 PID이므로 $\ker f = \{k \in \mathbb{Z} \mid 1_F k = 0\} = n\mathbb{Z}$ 인 $n \geq 0$이 존재한다. n은 $n1_F = 0$인 최소양의 정수이므로 n은 F의 특성이다. 특성은 0 또는 소수이므로 $n = 0$ 또는 $n = p$이다. 환의 제1동형 정리에 의하여

$$\mathbb{Z} / \ker f \cong \mathrm{Im} f, \ \mathrm{Im} f = \{k1_F \mid k \in \mathbb{Z}\}$$

이다. 즉,

$$\mathbb{Z} / n\mathbb{Z} \cong \{k1_F \mid k \in \mathbb{Z}\}$$

이다.

(1) $\mathrm{char} F = n = p$(p는 소수)이면

$$\mathbb{Z} / p\mathbb{Z} = \overline{\mathbb{Z}_p} \cong \mathbb{Z}_p \cong \mathrm{Im} f = \{0, 1 \cdot 1_F, \cdots, (p-1)1_F\} \subseteq F$$

따라서 $\mathrm{Im} f$는 $\mathbb{Z}_p$와 동형인 F의 부분체이다.

(2) $\mathrm{char} F = n = 0$이면 $\ker f = \{0\}$이므로

$$\mathbb{Z} / \ker f = \mathbb{Z} / \{0\} \cong \mathbb{Z} \cong \mathrm{Im} f = \{k1_F \mid k \in F\} \subseteq F$$

따라서 $\mathrm{Im} f$는 $\mathbb{Z}$와 동형인 F의 부분환이다. 정역 $\mathbb{Z}$의 분수체 $\mathbb{Q}$와 $\mathrm{Im} f$의 분수체는 동형이므로 F는 유리수체 $\mathbb{Q}$와 동형인 부분체를 갖는다.

체 F의 부분체 전체의 교집합을 F의 **소체**(prime field)라 한다. F와 소체는 부분체 중에서 가장 작은 것으로 F의 항등원을 포함하고 있다. 이는 F의 항등원으로 생성된 부분체이므로 정리 4.4.11에서 $\mathrm{char} F = p$이면 F의 소체

$$\mathrm{Im} f = \{0, 1 \cdot 1_F, \cdots, (p-1)1_F\} \cong \mathbb{Z}_p$$

이다. $\mathrm{char} F = 0$이면 F의 소체는 $\mathbb{Q}$와 동형이다.

연습문제 4.4

1 정역 D에서 다음은 동치임을 보여라.
$a = br$, r은 단원 $\Leftrightarrow$ a와 b는 서로 동반원.

2 정역 D의 임의의 원소 a, b, c에 대하여 다음이 성립함을 보여라.
(1) $a|a$
(2) $a|b$, $b|c \Rightarrow a|c$
(3) $a|b$, $a|c \Rightarrow a|(ax+cy)$, $\forall\, x, y \in D$

3 정역 D의 기약원의 동반원도 기약원이다. 또 소원의 동반원도 소원인지를 알아보아라.

4 정역 D의 원소 p가 기약원일 필요충분조건은 다음과 같음을 보여라.
(1) $p \neq 0$이고, 단원도 아니다.
(2) $p = ab \Rightarrow a$ 또는 b가 단원.

5 F가 체이고 $\theta(x) = 1$, $x \in F$, $x \neq 0$이면 F는 유클리드 정역임을 보여라.

6 가우스 정수의 집합 $\mathbb{Z}[i] = \{a + bi | a, b \in \mathbb{Z}\}$는 유클리드 정역임을 보여라.

7 주이데알환 R의 주이데알의 **연쇄**(chain) $(a_1) \subset (a_2) \subset \cdots$에 대하여 $(a_j) = (a_n)$, $j \geq n$이 되는 정수 j가 존재함을 보여라.(이를 **연쇄조건**(chain condition)이라 부른다)

8 인수분해정역을 FD라 할 때 ED, PID, UFD, FD의 관계를 밝혀라.

9 유클리드 정역 D는 유일인수분해정역임을 유클리드 정역의 정의로부터 증명하여라. [힌트, 문제 7번 적용]

10 모든 주이데알정역(PID)은 유일인수분해정역(UFD)이다. 이를 증명하여라.

11 정역 D의 부분집합 $D^* = D - \{0\}$에 관한 집합 $S = D \times D^* = \{(a, b) | a \in D, b \in D^*\}$ 위에 정의된 다음 관계 $\sim$는 동치관계임을 보여라.
$(a, b) \sim (c, d) \Leftrightarrow ad = bc$.

12 체 F의 특성이 소수 p이면 F는 체 $\mathbb{Z}_p$와 동형인 부분체를 갖고, F의 특성이 0이면 F는 유리수체 $\mathbb{Q}$와 동형인 부분체를 갖는다. 이를 증명하여라.

13 정역 D의 영이 아닌 원소 p에 대하여, 다음 사실이 성립함을 증명하여라.

p는 소원 $\Leftrightarrow$ (p)는 영이 아닌 D의 소이데알이다.

14 모든 $\alpha = a + b\sqrt{2} \in \mathbb{Z}[\sqrt{2}]$에 대하여 $\theta(\alpha) = |N(\alpha)| = |\alpha\overline{\alpha}| = a^2 - 2b^2$으로 정의하면 $(\mathbb{Z}[\sqrt{2}], \theta)$는 유클리드 정역임을 밝혀라.

15 특성이 0인 체 K의 소체는 Q와 동형임을 보여라. [5.1절 연습문제 12 참조]

SECTION

4.5 다항식환

환 R 위의 부정원 x에 관한 다항식의 성질을 살펴보기로 하자.

정의 R은 환이라 하고, x를 **부정원**(indeterminate)이라 하자. 유한개를 제외한 모든 i에 대하여 $a_i = 0$인 **형식적인 합**(formal sum)

$$f(x) = a_0 + a_1x + \cdots + a_nx^n + \cdots,\ a_i \in R,\ i = 0, 1, 2, \cdots$$

을 R 위의 **다항식**(polynomial)이라 한다. a_i를 다항식 $f(x)$의 **계수**(coefficient)라 하고, $f(x) = \sum_{i=0}^{\infty} a_ix^i$로 나타낸다. 모든 $i \geq n$에 대하여 $a_i = 0$인 다항식을 $f(x) = a_0 + a_1x + \cdots + a_nx^n$으로 나타낸다.

특히 모든 $a_i = 0$인 다항식 $0 + 0x + \cdots + 0x^n + \cdots$을 **영다항식**(zero polynomial)이라 하고, $f(x) = 0$으로 나타낸다. 또 $a_1 = a_2 = \cdots = 0$인 다항식을 **상수다항식**(constant polynomial)이라 하고, $f(x) = a_0 = c$로 나타낸다. ■

환 R 위의 두 다항식 $f(x) = a_0 + a_1x + \cdots + a_nx^n + \cdots$, $g(x) = b_0 + b_1x + \cdots + b_nx^n + \cdots$에 대하여 모든 $a_i = b_i$일 때 $f(x)$와 $g(x)$는 같은 다항식이라 하고, $f(x) = g(x)$로 나타낸다.

정리 4.5.1 환 R 위의 다항식 전체의 집합 $R[x]$의 임의의 두 원소 $f(x) = a_0 + a_1x + \cdots + a_nx^n + \cdots$, $g(x) = b_0 + b_1x + \cdots + b_nx^n + \cdots$의 합과 곱을 다음으로 정의하자.

(1) $f(x) + g(x) = (a_0 + b_0) + (a_1 + b_1)x + \cdots + (a_n + b_n)x^n + \cdots$

(2) $f(x)g(x) = c_0 + c_1x + \cdots + c_nx^n + \cdots,\ c_n = \sum_{i=0}^{n} a_{n-i}b_i = \sum_{k+j=n} a_kb_j$

그러면 $R[x]$는 이 두 연산에 의하여 환을 이룬다.

증명 $(R[x],+)$는 영다항식을 영원, $f(x)=a_0+a_1x+\cdots+a_nx^n+\cdots$의 음원이 $-f(x)=(-a_0)+(-a_1)x+\cdots+(-a_n)x^n+\cdots$인 덧셈군이다. 곱셈에 관한 결합법칙과 배분의 법칙이 성립함을 쉽게 보일 수 있다.

위의 환 $R[x]$를 부정원 x에 관한 R 위의 **다항식 환**(polynomial ring)이라 한다. 사상 $R \to R[x]$, $r \to r+0x+\cdots+0x^n+\cdots$은 단사 환 준동형사상이다. R의 임의의 원소 r과 상수다항식 $f(x)=r$를 동일시하면 $R \cong \{f(x)=r \mid r \in R\} \subset R[x]$이다. 그러므로 R을 $R[x]$의 부분집합으로 볼 수 있다. 이러한 관점에서 R를 $R[x]$의 부분집합으로 생각하기로 한다.

정리 4.5.2 환 R이 가환이면 $R[x]$도 가환이다. R이 항등원 1을 가지면 상수다항식 $f(x)=1$은 $R[x]$의 항등원이다. 또 R이 정역이면 $R[x]$도 정역이다.

증명 R이 가환이면 $f(x)=\sum_{i=0}^{\infty} a_ix^i$, $g(x)=\sum_{j=0}^{\infty} b_jx^j$의 곱 $f(x)g(x)$와 $g(x)f(x)$의 제k항의 계수는 $\sum_{i+j=k} a_ib_j = \sum_{j+i=k} b_ja_i$로 같다. 따라서 $f(x)g(x)=g(x)f(x)$이다.

$f(x)=\sum_{i=0}^{\infty} a_ix^i$, $g(x)=1$에 대하여 $f(x)g(x)=g(x)f(x)=f(x)$이므로 $f(x)=1$은 $R[x]$의 항등원이다. 그러므로 R이 항등원 1을 갖는 가환환이면 $R[x]$도 항등원 1을 갖는 가환환이다.

R이 정역이고 $f(x)$, $g(x)$가 영이 아닌 다항식이라 하자. 그러면 $a_n \neq 0$, $b_m \neq 0$이 존재하여 $f(x)=a_0+a_1x+\cdots+a_nx^n$, $g(x)=b_0+b_1x+\cdots+b_mx^m$으로 표시된다. $f(x)g(x)$의 x^{n+m}의 계수는 $a_nb_m \neq 0$이므로 $f(x)g(x) \neq 0$. 이의 대우는 영인자가 존재하지 않는다는 것이다. 그러므로 $R[x]$는 정역이다.

보기 1 환 $\mathbb{Z}_2[x]$의 원소 $x+1$에 대하여 $(x+1)^2=x^2+(1+1)x+1=x^2+1$, $2(x+1)=(x+1)+(x+1)=(1+1)x+(1+1)=0x+0=0$이다.

보기 2 환 $\mathbb{Z}_4=\{0,1,2,3\}$ 위의 다항식 2와 $2x$에 대하여 $2\cdot 2x=4x=0$이다. 그러므로 $\mathbb{Z}_4[x]$는 정역이 아니다.

정의 다항식 $f(x) \in R[x]$가 $f(x)=a_0+a_1x+\cdots+a_nx^n$, $a_n \neq 0$의 꼴일 때 n을

$f(x)$의 **차수**(degree)라 하고, $n = \deg f(x)$로 나타낸다. 영다항식 $f(x)=0$의 차수를 $\deg f(x) = -\infty$로 나타낸다. 영이 아닌 상수다항식 $f(x)=a$, $a \neq 0$의 차수는 0이다. ■

정리 4.5.3 정역 D 위의 다항식 $f(x)$, $g(x)$의 차수에 대하여 다음이 성립한다.

(1) $\deg(f(x)+g(x)) = \max\{\deg f(x), \deg g(x)\}$

(2) $\deg(f(x)g(x)) = \deg f(x) + \deg g(x)$

증명 (1) $f(x) = a_0 + a_1 x + \cdots + a_n x^n$, $g(x) = b_0 + b_1 x + \cdots + b_m x^m$, $a_n \neq 0$, $b_m \neq 0$, $n \geq m$이라 하자. $f(x)+g(x) = (a_0+b_0) + (a_1+b_1)x + \cdots + (a_m+b_m)x^m + \cdots + a_n x^n$, $a_n \neq 0$이므로 $\deg(f(x)+g(x)) = n = \deg f(x)$이다. 마찬가지로 $n \leq m$이면 $\deg(f(x)+g(x)) = m = \deg g(x)$이다.

(2)
$$f(x)g(x) = (a_0 + a_1 x + \cdots + a_n x^n)(b_o + b_1 x + \cdots + b_m x^m)$$
$$= a_0 b_0 + \cdots + a_n b_m x^{n+m}$$
이고 $a_n b_m \neq 0$이므로 $\deg(f(x)g(x)) = n + m = \deg f(x) + \deg g(x)$이다.

체 위의 다항식은 많은 중요한 성질을 갖는다. 앞으로 F는 체, D는 정역을 뜻한다.

정리 4.5.4 $f(x)$, $g(x)$를 체 F 위의 다항식으로 $f(x) \neq 0$일 때

$$g(x) = f(x)q(x) + r(x),\ r(x) = 0 \text{ 또는 } \deg r(x) < \deg f(x)$$

을 만족하는 다항식 $q(x), r(x) \in F[x]$가 존재한다.

증명 $g(x)=0$일 때는 $q(x)=0$, $r(x)=0$이라 놓으면 $g(x) = f(x)\cdot 0 + 0 = f(x)q(x) + r(x)$, $r(x)=0$가 된다.

$g(x) \neq 0$일 때 $\deg f(x) = n$, $\deg g(x) = m$이라 하자. 즉 $f(x) = a_0 + a_1 x + \cdots + a_n x^n$, $g(x) = b_0 + b_1 x + \cdots + b_m x^m$라 두자.

$n > m$이면 $g(x) = f(x)\cdot 0 + g(x)$이므로 $q(x)=0$, $r(x)=g(x)$라 놓으면 $g(x) = f(x)q(x) + r(x)$, $\deg r(x) = \deg g(x) < \deg f(x)$가 성립한다.

$n = m = 0$이면 $g(x) = b_0 = a_0 \cdot \dfrac{b_0}{a_0} + 0 = f(x)\cdot \dfrac{b_0}{a_0} + 0$이므로 $q(x) = \dfrac{b_0}{a_0}$, $r(x)=0$라 놓으면 $g(x) = f(x)q(x) + r(x)$, $r(x)=0$가 성립한다.

마지막으로, $n < m$이면 양의 정수 m에 관한 귀납법으로 증명한다. 다음은 차수가 m보다 작은 새로운 다항식이다.

$$\begin{aligned} g_1(x) &= g(x) - \frac{b_m}{a_n}x^{m-n}f(x) \\ &= g(x) - \left(a_0\frac{b_m}{a_n}x^{m-n} + a_1\frac{b_m}{a_n}x^{m-n+1} + \cdots + a_n\frac{b_m}{a_n}x^m\right) \end{aligned}$$

차수가 m보다 작은 모든 다항식에 대하여 주어진 정리가 성립한다면 적당한 다항식 $q_1(x), r_1(x) \in F[x]$가 존재하여

$$g_1(x) = f(x)q_1(x) + r_1(x),\ r_1(x) = 0 \text{ 또는 } \deg r_1(x) < \deg f(x)$$

그러면

$$\begin{aligned} g(x) &= g_1(x) + \frac{b_m}{a_n}x^{m-n}f(x) \\ &= f(x)q_1(x) + r_1(x) + \frac{b_m}{a_n}x^{m-n}f(x) \\ &= f(x)\left(q_1(x) + \frac{b_m}{a_n}x^{m-n}\right) + r_1(x) \end{aligned}$$

여기서 $q(x) = q_1(x) + \dfrac{b_m}{a_n}x^{m-n}$, $r(x) = r_1(x)$라 놓으면

$$g(x) = f(x)q(x) + r(x),\ r(x) = 0 \text{ 또는 } \deg r(x) < \deg f(x)$$

가 된다. 따라서 모든 m에 대하여 이 정리를 만족하는 다항식 $q(x)$, $r(x) \in F[x]$가 존재한다.

위 정리를 다항식의 **나눗셈 정리**(division algorithm for polynomials)라 한다. 이때 $q(x)$를 **상**(quotient) 또는 **몫**이라 하고, $r(x)$를 **나머지**(remainder)라 한다.

보기 3 체가 아닌 환 R 위의 다항식에 대해서 나눗셈 정리가 성립하지 않을 수 있다. 다항식 $x^2 + x + 1, 2x + 3 \in \mathbb{Z}[x]$에 대하여 정리 4.5.4를 만족하는 몫과 나머지는 $\mathbb{Z}[x]$ 내에 존재하지 않는다.

보기 4 다항식 $2x^2+3x+4$를 x^2+2로 나눈 몫과 나머지를 구하여 보자. $\mathbb{Z}[x]$에서 $2x^2+3x+4=2(x^2+2)+3x$이므로 몫은 2, 나머지는 $3x$이다. $\mathbb{Z}_3[x]$에서 $2x^2+3x+4=2x^2+1=2(x^2+2)$이므로 몫은 2, 나머지는 0이다. 또 $\mathbb{Z}_5[x]$에서의 몫은 2, 나머지는 $3x$이다.

정리 4.5.5 체 F 위의 다항식환 $F[x]$는 유클리드 정역이다. 그러므로 $F[x]$는 주이데알정역, 유일인수분해정역이다.

증명 사상 $\theta : F[x]^* \to \{n \in \mathbb{Z} \mid n \geq 0\}$, $\theta(f(x)) = \deg f(x)$는 정리 4.5.3과 4.5.4에 의하여 유클리드 부차함수이다. 그러므로 $F[x]$는 유클리드 정역이다. 정리 4.4.4와 4.4.6에 의하여 $F[x]$는 주이데알정역, 유일인수분해정역이다.

정리 4.5.6 D가 정역일 때 $D[x]$의 단원집합은 D의 단원집합과 같다. 또 F가 체일 때 $U(F[x]) = F - \{0\}$이다.

증명 $f(x) \in D[x]$가 단원이기 위한 필요충분조건은 $f(x)g(x) = 1$인 $g(x) \in D[x]$가 존재하는 것이다. $\deg(f(x)g(x)) = \deg f(x) + \deg g(x) = 0$에서 $\deg f(x) = \deg g(x) = 0$임을 알 수 있다. 따라서 $f(x)$, $g(x)$는 영이 아닌 상수이다. $f(x) = c_1$, $g(x) = c_2$라 하면 $c_1c_2 = c_2c_1 = 1$이다. 그러므로 $f(x)$는 D의 단원이다.

정의 $\deg f(x) = n \geq 1$인 다항식 $f(x) = a_0 + a_1x + \cdots + a_nx^n$, $a_n \neq 0$에서 a_n을 $f(x)$의 **최고차항의 계수**(leading coefficient)라 하고 a_0를 $f(x)$의 **상수항**(constant term)이라 한다. 최고차항의 계수가 1인 다항식을 **모닉 다항식**(monic polynomial)이라 한다. ■

보기 5 체 F 위의 다항식 $f(x) = a_0 + a_1x + \cdots + a_nx^n$, $a_n \neq 0$에 대하여

$$f(x) = a_n\left(x^n + \frac{a_{n-1}}{a_n}x^{n-1} + \cdots + \frac{a_1}{a_n}x + \frac{a_0}{a_n}\right) = a_ng(x)$$

의 표현이 가능하다. 그러므로 $f(x)$는 모닉 다항식 $g(x)$의 상수배에 해당한다.

체 F 위의 다항식환 $F[x]$는 주이데알정역이므로 $F[x]$의 이데알 I는 적당한 다항식 $f(x)\in F[x]$가 존재하여 다음으로 표시된다.

$$I=(f(x))=\{f(x)g(x)|g(x)\in F[x]\}$$

I가 영이 아닌 진부분이데알이면 $f(x)=\alpha g(x)$, $\alpha\in F$인 모닉다항식 $g(x)\in F[x]$의 꼴로 표시하면

$$I=(g(x)),\ (g(x)\text{는 모닉다항식})$$

이 된다. 주이데알 영역 $F[x]$에서 소원과 기약원은 같은 개념이다.

정의 가환환 R 위의 상수가 아닌 다항식 $p(x)$가 $F[x]$의 기약원, 즉 $f(x)|p(x)\Rightarrow f(x)=a(a\neq 0)$ 또는 $f(x)=ap(x)$일 때 $p(x)$를 **기약다항식**(irreducible polynomial)이라 한다. ■

단원과 동반원 이외의 인수가 존재하지 않는 다항식이 기약다항식이다. $p(x)$가 기약다항식이고 $p(x)|f(x)g(x)$이면 $p(x)|f(x)$ 또는 $p(x)|g(x)$이다. 기약이 아닌 다항식은 가약(reducible)인 다항식이라 한다. $f(x)$가 가약다항식이면 다음 조건을 만족하는 두 다항식 $g(x)$, $l(x)$가 존재한다.

$$f(x)=g(x)l(x),\ 1\leq \deg g(x)<\deg f(x),\ 1\leq \deg l(x)<\deg f(x)$$

보기 6 다항식 x^2-3은 $\mathbb{Q}$ 위에서는 기약이지만 $\mathbb{R}$ 가약이다. 즉 $x^2-3=(x-\sqrt{3})(x+\sqrt{3})$, $x\pm\sqrt{3}\in\mathbb{R}[x]$.

정리 4.5.7 체 F 위의 다항식 $f(x)$, $\deg f(x)\geq 1$은 상수 $a\in F^*$와 모닉 기약다항식 $p_1(x),\cdots,p_r(x)\in F[x]$의 곱으로 표시된다. 기약인수들의 곱하는 순서를 무시한다면 이러한 인수분해는 일의적이다.

$$f(x)=ap_1(x)\cdots p_r(x)$$

증명 정리 4.5.5에 의하여 $F[x]$는 UFD이다.

정의 가환환 R 위의 다항식 $f(x)=a_0+a_1x+\cdots+a_nx^n$, $\alpha\in R$이 있어서 $f(\alpha)=a_0+a_1\alpha+\cdots+a_n\alpha^n=0$일 때 α를 $f(x)$의 **근**(root) 또는 **해**(solution)라고 한다.

정리 4.5.8 $f(x)$는 체 F 위의 다항식이다. $\alpha \in F$가 $f(x)$의 해일 필요충분조건은 $x-\alpha$가 $f(x)$의 약수인 것이다.

증명 정리 4.5.4에 의하여 다항식 $q(x), r(x) \in F[x]$가 존재하여

$$f(x) = (x-\alpha)q(x) + r(x),\ \deg r(x) < \deg(x-\alpha)$$

를 만족한다. 연습문제 4.5.7에 의하여

$$f(x) = (x-\alpha)q(x) + f(\alpha)$$

이다. 그러므로 $f(\alpha)=0$일 필요충분조건은 $f(x) = (x-\alpha)q(x)$이다.

$f(x)$, $g(x)$를 체 F 위의 다항식으로 $f(x) \neq 0$일 때

$$g(x) = f(x)q(x) + r(x),\ r(x) = 0 \text{ 또는 } \deg r(x) < \deg f(x)$$

을 만족하는 다항식 $q(x), r(x) \in F[x]$가 존재한다. 따라서 α가 $f(x)$의 해가 될 필요충분조건은 $(x-\alpha) | f(x)$이다.

따름정리 4.5.9 체 F 위의 2차(quadratic) 또는 3차(cubic) 다항식이 기약일 필요충분조건은 F에 그의 근이 존재하지 않는 것이다.

증명 다항식 $p(x) \in F[x]$가 가약이라 하면 적어도 하나는 1차인 다항식 $f(x)$, $g(x) \in F[x]$가 존재하여 $p(x) = f(x)g(x)$이다. $f(x) = a_0 + a_1 x$라 놓으면 $p(x) = (a_0 + a_1 x)g(x)$는 $\alpha = -\dfrac{a_0}{a_1}$를 근으로 갖는다.

역으로 $p(x)$가 $\alpha \in F$를 근으로 갖는다면 정리 4.5.8에 의하여 $x-\alpha$는 $p(x)$의 인수이다. 그러므로 $p(x)$는 기약이 아니다.

보기 7 다항식 $p(x) = x^2+1$은 $\mathbb{R}$ 위에서 기약이다. 그러므로 $p(x)$는 $\mathbb{R}$에 근이 존재하지 않는다. 사원환 Q_8 위에서 x^2+1의 근은 $\pm i$, $\pm j$, $\pm k$가 있다. 그러므로 Q_8에서 x^2+1은 기약이 아니다.

정의 정역 D 위의 다항식 $f(x)$의 근 $\alpha \in D$가 있다. $(x-\alpha)^k | f(x)$이지만 $(x-\alpha)^{k+1} \nmid f(x)$일 때 α를 **중복도**(multiplicity)가 k인 $f(x)$의 근이라 한다. $k=1$인 근 α를 **단근**(simple root), $k=2$인 근 α를 **중근**(double root)이라 한다. ■

정리 4.5.9 정역 D 위의 차수가 n인 다항식의 서로 다른 근의 개수는 n 이하이다.

증명 $\deg f(x) = n \geq 1$, $f(x) \in D[x]$의 서로 다른 근을 $\alpha_1, \cdots, \alpha_{n+1}$ 이라 하자. 정리 4.5.8에 의하여 $q_1(x) \in D[x]$가 존재하여

$$f(x) = (x - \alpha_1)q_1(x)$$

이다. 그리고 α_2가 $f(x)$의 근이므로

$$0 = f(\alpha_2) = (\alpha_2 - \alpha_1)q(\alpha_2)$$

$\alpha_2 - \alpha_1, q_1(\alpha_2) \in D$이고 D가 정역이므로 $q_1(\alpha_2) = 0$이다. 다시 정리 4.5.8에 의하여 $q_2(x) \in D[x]$가 존재하여

$$q_1(x) = (x - \alpha_2)q_2(x)$$

이다. 그러면

$$f(x) = (x - \alpha_1)(x - \alpha_2)q_2(x)$$

이다. 이러한 과정을 반복하면

$$f(x) = (x - \alpha_1) \cdots (x - \alpha_{n+1})q_{n+1}(x)$$

이 된다. 이 식의 우변의 차수는 $n+1$ 이상이므로 $\deg f(x) > n$이며, 이는 분명한 모순이다. 따라서 $f(x)$의 서로 다른 근은 n개 이하이다.

정리 4.5.10 체 F 위의 다항식 $f(x)$, $\deg f(x) \geq 1$에 대하여 다음은 동치이다.

(1) $p(x)$가 F 위에서 기약이다.
(2) $(p(x))$는 $F[x]$의 극대이데알이다.
(3) $(p(x))$는 소이데알이다.
(4) $F[x]/(p(x))$는 체이다.

증명 체 F 위의 다항식환 $F[x]$는 주이데알영역이다. 정리 4.3.1과 4.3.2, 4.3.3에 의하여 분명하다.

정수환 $\mathbb{Z}$, 유리수체 $\mathbb{Q}$ 위의 다항식의 성질을 살펴보기로 하자.

정리 4.5.11 **유리근(Rational roots)** 유리수 $\frac{s}{t}$, $(s,t)=1$이 다항식 $f(x)=a_0+a_1x+\cdots+a_nx^n\in\mathbb{Z}[x]$의 근이면 $s|a_0$, $t|a_n$이다.

증명 $\frac{s}{t}$가 $f(x)$의 근이면 $a_0+a_1\left(\frac{s}{t}\right)+\cdots+a_n\left(\frac{s}{t}\right)^n=a_0+a_1\left(\frac{s}{t}\right)+\cdots+a_n\left(\frac{s^n}{t^n}\right)=0.$

이 식의 양변에 t^n을 곱하면

$$a_0t^n+a_1st^{n-1}+\cdots+a_ns^n=0$$

그러면

$$-a_0t^n=s\left(a_1t^{n-1}+\cdots+a_ns^{n-1}\right)$$

s, t는 서로소이고 $s|a_0t^n$이므로 $s|a_0$이다. 또한

$$t\left(a_0t^{n-1}+\cdots+a_{n-1}s^{n-1}\right)=-a_ns^n$$

에서 $t|a_ns^n$, $(s,t)=1$이므로 $t|a_n$이다.

보기 8 정수 계수 다항식 $f(x)=2x^4+7x^3+5x^2+7x+3$의 근 $\frac{s}{t}$는 $s|3$, $t|2$를 만족한다. $s=\pm1,\pm3$, $t=\pm1,\pm2$에서 $\frac{s}{t}=\pm1,\pm2,\pm\frac{1}{2},\pm\frac{3}{2}$ 중의 어느 것이다. 실제로 $\frac{s}{t}=-\frac{1}{2},-3$뿐이므로 $f(x)=\left(x+\frac{1}{2}\right)(x+3)\left(x^2+1\right)$이다.

정의 다항식 $f(x)=\sum_{i=0}^{n}a_ix^i\in\mathbb{Z}[x]$의 계수 $a_0,\cdots,a_n$의 최대공약수를 $f(x)$의 **내용**(content)이라 하고, $c(f(x))$로 나타낸다. 또한 내용이 1인 다항식 $f(x)$를 **원시다항식**(primitive polynomial)이라 한다. ■

보기 9 다항식 $2x^2+6x+4$의 내용은 2이고, 다항식 $15x^2+6x+2$는 원시다항식이다. 또한 최고차항의 계수가 1인 모든 다항식은 원시다항식이다.

정리 4.5.12 **가우스(Gauss)** 원시다항식들의 곱은 또한 원시다항식이다.

증명 $f(x)=a_0+a_1x+\cdots+a_nx^n$, $g(x)=b_0+b_1x+\cdots+b_mx^m$이 원시다항식이고

$f(x)g(x)$가 원시다항식이 아니라고 가정하자. 그러면 $p|c(f(x)g(x))$인 소수 p가 존재한다. $f(x)$와 $g(x)$가 원시다항식이므로 p는 모든 a_i의 약수가 아니며 모든 b_j의 약수도 아니다. $p \nmid a_i$인 최소 양의 첨수를 k, $p \nmid b_j$인 최소 양의 첨수를 l이라 하자. $f(x)g(x)$의 x^{k+l}의 계수는

$$(a_0b_{k+l} + a_1b_{k+l+1} + \cdots + a_{k-1}b_{l+1}) + a_kb_l + (a_{k+1}b_{l-1} + \cdots + a_{k+l}b_0)$$

이다. 여기서 $i = 0, 1, \cdots, k-1$에 대하여 a_i는 p의 배수이고, $j = 0, 1, \cdots, l-1$에 대하여 b_j는 p의 배수이므로 a_kb_l도 p의 배수이다. 그러므로 $p|a_k$ 또는 $p|b_l$이다. 이는 k, l의 선택에 분명한 모순이다.

따름정리 4.5.13 정수계수다항식 $f(x)$, $g(x)$에 대하여 다음이 성립한다.

$$c(f(x)g(x)) = c(f(x))c(g(x))$$

증명 $f(x)$의 내용이 c이면 $f(x) = cf_1(x)$인 원시다항식 $f_1(x)$가 존재한다.

마찬가지로 $g(x)$의 내용이 d이면 $g(x) = dg_1(x)$인 원시다항식 $g_1(x)$가 존재하여 $f(x)g(x) = (cf_1(x))(dg_1(x)) = cd(f_1(x)g_1(x))$이다.

위의 정리 4.5.12에 의하면 $f_1(x)g_1(x)$의 내용은 1이므로 $f(x)g(x)$의 내용은 cd이다.

$U(\mathbb{Q}[x]) = \mathbb{Q}^*$, $U(\mathbb{Z}[x]) = \{1, -1\}$이므로 $\mathbb{Q}[x]$의 기약다항식과 $\mathbb{Z}[x]$의 기약다항식의 뜻은 다음과 같다. $\deg p(x) \geq 1$인 기약다항식에 대하여 $\mathbb{Q}[x]$에서는

$$f(x)|p(x) \Rightarrow f(x) = \alpha(\alpha \neq 0) \text{ 또는 } f(x) = \alpha p(x)$$

이고, $\mathbb{Z}[x]$에서는

$$f(x)|p(x) \Rightarrow f(x) = \pm 1(\alpha \neq 0) \text{ 또는 } f(x) = \pm p(x)$$

보기 10 $f(x) = 3x + 6 \in \mathbb{Z}[x]$는 $\mathbb{Z}$ 위에서 기약이 아니다. 그러나 $f(x) = 3x + 6 \in \mathbb{Q}[x]$는 $\mathbb{Q}$ 위에서는 기약이다.

정리 4.5.14 $\mathbb{Z}[x]$에서 기약인 다항식 $f(x) \in \mathbb{Z}[x]$는 $\mathbb{Q}[x]$에서도 기약이다.

증명 $f(x)$가 $\mathbb{Q}[x]$에서 기약이 아니라고 가정하면 다항식 $g(x), h(x) \in \mathbb{Q}[x]$가 존재하여

$$f(x) = g(x)h(x),\ 1 \le \deg g(x),\ 1 \le \deg h(x)$$

이다.

$g(x)$의 계수의 분모를 이루는 정수의 최소공배수와 $h(x)$의 계수의 분모를 이루는 정수의 최소공배수를 각각 a, b라 하자. 그러면 $g(x) = \frac{1}{a}g_1(x)$, $h(x) = \frac{1}{b}h_1(x)$인 $g_1(x), h_1(x) \in \mathbb{Z}[x]$가 존재한다.

$g_1(x)$와 $h_1(x)$의 내용을 각각 c, d라 하면 원시다항식 $g_2(x)$와 $h_2(x)$가 존재하여 $g_1(x) = cg_2(x)$이고 $h_1(x) = dh_2(x)$이다. 그러면

$$g(x) = \frac{c}{a}g_2(x),\ h(x) = \frac{d}{b}h_2(x)$$

가 된다. 그래서

$$f(x) = g(x)h(x) = \frac{cd}{ab}g_2(x)h_2(x)$$

이고, 고로,

$$abf(x) = cdg_2(x)h_2(x)$$

이다. 그런데 $\mathbb{Z}[x]$에서의 모든 기약다항식은 원시다항식이므로 $abf(x)$의 내용은 ab이다. 정리 4.5.12에 의하여 $g_2(x)h_2(x)$는 원시다항식이므로 $cdg_2(x)h_2(x)$의 내용은 cd이다. 그러므로 $ab = cd$가 성립한다. 고로, $f(x) = g_2(x)h_2(x)$, $1 \le \deg g_2(x) = \deg g(x)$, $1 \le \deg h_2(x) = \deg h(x)$인 원시다항식 $g_2(x), h_2(x) \in \mathbb{Z}[x]$가 존재한다. 따라서 $f(x)$는 $\mathbb{Z}[x]$에서 기약이 아니다. 이것은 $f(x)$가 $\mathbb{Z}[x]$에서 기약이라는 가정에 모순된다.

따름정리 4.5.15 $f(x) \in \mathbb{Z}[x]$가 원시다항식이고 $\mathbb{Q}[x]$에서 기약이면 $f(x)$는 $\mathbb{Z}[x]$에서도 기약이다.

증명 적당한 다항식 $g(x), h(x) \in \mathbb{Z}[x]$가 존재하여 $f(x) = g(x)h(x)$라고 가정하자.

$g(x), h(x) \in \mathbb{Q}[x]$이고 $f(x)$가 $\mathbb{Q}[x]$에서 기약이므로 $g(x) = \alpha \neq 0$ 또는 $h(x) = \beta \neq 0$인 $\alpha, \beta \in \mathbb{Q}$가 존재한다. 그런데 $f(x)$가 원시다항식이므로 따름정리 4.5.10에 의하여 $g(x)$, $h(x)$의 내용은 1이다. 그러므로 $g(x) = \pm 1$ 또는 $h(x) = \pm 1$이다. 즉 $f(x)$는 $\mathbb{Z}[x]$에서 기약이다.

다항식 $f(x) = x^4 - 2x^2 + 8x + 1$은 $\mathbb{Z}[x]$ 위에서 기약이다. $f(x)$는 $\mathbb{Z}[x]$에서 원시다항식이고 $\mathbb{Q}[x]$에서 기약이기 때문이다.

따름정리 4.5.16 **Eisenstein's Criterion** $\mathbb{Z}[x]$의 다항식 $f(x) = a_0 + a_1 x + \cdots + a_n x^n$와 $p \nmid a_n$, $p \mid a_0$, $p \mid a_1$, $\cdots$, $p \mid a_{n-1}$, $p^2 \nmid a_0$인 소수 p가 존재하면 $f(x)$는 $\mathbb{Q}[x]$에서 기약이다.

증명 $f(x)$가 $\mathbb{Q}[x]$에서 기약이 아니라고 가정하자. 연습문제 4.5.16에 의하여 $f(x)$는 정수계수다항식 $g(x) = b_0 + b_1 x + \cdots + b_k x^k$와 $h(x) = c_0 + c_1 x + \cdots + c_m x^m$의 곱으로 표시된다.

즉, $g(x), h(x) \in \mathbb{Z}[x]$, $b_k \neq 0$, $c_m \neq 0$, $0 < k < n$, $0 < m < n$에 대하여 $f(x) = g(x)h(x)$이다. 그러면 $a_0 = b_0 c_0$, $p \mid a_0$, $p^2 \nmid a_0$이므로 $p \mid b_0$이거나 $p \mid c_0$ 중 어느 하나만이 성립한다. $p \mid c_0$, $p \nmid b_0$이라고 가정하자.

$a_n = b_k c_m$, $p \nmid a_n$이므로 $p \nmid c_m$이다. $p \nmid c_i$인 최소의 양의 첨수를 s라 하자. 그러면 $a_s = b_0 c_s + b_1 c_{s-1} + \cdots + b_s c_0$의 각 항 $b_1 c_{s-1}, \cdots, b_s c_0$는 p의 배수이고 a_s도 p의 배수이므로 $b_0 c_s$도 p의 배수이다. 그러나 $p \nmid b_0$, $p \nmid c_s$이므로 이는 모순이다. 따라서 $f(x)$는 $\mathbb{Q}[x]$에서 기약다항식이다.

보기 12 다항식 $f(x) = x^3 + 2x^2 + 4x + 2$, $p = 2$에 대하여 $2 \nmid 1$, $2^2 \nmid 1$, $2 \mid 2$, $2 \mid 4$, $2 \mid 2$이다. 그러므로 $f(x)$는 $\mathbb{Q}$ 위에서 기약이다.

보기 13 다항식 $f(x)$가 $g(x)h(x)$로 인수분해되면 $f(x+c)$는 $g(x+c)h(x+c)$로 인수분해된다. 그러므로 $f(x)$가 기약일 필요충분조건은 $f(x+c)$가 기약다항식인 것이다.

아이젠슈타인 정리에 의하면 $(x+1)^4 + 4(x+1) + 1$은 기약다항식이므로 $x^4 + 4x + 1$도 기약다항식이다. 마찬가지로 $x^4 + 2x^2 - 1$, $x^3 - 3x + 1$, $x^4 + 1$도 기약다항식이다.

연습문제 4.5

1 다항식환 $R[x]$의 원소 $f(x)=\sum_{i=0}^{\infty} a_i x^i$, $g(x)=\sum_{j=0}^{\infty} b_j x^j$, $h(x)=\sum_{l=0}^{\infty} c_l x^l$에 대하여 결합법칙 $[f(x)g(x)]h(x)=f(x)[g(x)h(x)]$가 성립함을 보여라.

2 F가 체이면 $F[x]$도 체인가?

3 정수 n과 $-\infty$에 대하여 다음이 성립함을 보여라.

$$n+(-\infty)=(-\infty)+n=-\infty,\ (-\infty)+(-\infty)=-\infty$$

4 다항식 $f(x)=2$, $g(x)=x^3+2x+2$는 환 Z_3에서 함수로서 같은 것임을 보여라.

5 다항식 $f(x), g(x)\in F[x]$, $f(x)\neq 0$, $g(x)\neq 0$에 대하여 $\deg f(x) \leq \deg(f(x)g(x))$임을 보여라.

6 체 F 위의 다항식 $g(x)$를 $f(x)$로 나눈 몫과 나머지는 유일하게 결정됨을 보여라.

7 다항식 $f(x)\in F[x]$, $\alpha\in F$에 대하여 $f(x)=(x-\alpha)q(x)+f(\alpha)$가 되는 다항식 $q(x)\in F[x]$가 존재함을 보여라.

8 소체 $Z_2=\{0,1\}$ 위의 기약다항식을 모두 구하여라.

9 $\alpha_1, \cdots, \alpha_m$이 다항식 $f(x)\in F[x]$의 서로 다른 근일 때 $(x-\alpha_1)\cdots(x-\alpha_m)\mid f(x)$임을 보여라.

10 다항식 $f(x)=a_nx^n+\cdots+a_0$에 대하여 $f'(x)=na_nx^{n-1}+(n-1)a_{n-1}x^{n-2}+\cdots+a_1$을 $f(x)$의 **형식적 미분**(formal derivation)이라 한다.

체 F 위의 다항식 $f(x)$, $\deg f(x)>1$의 근 $\alpha\in F$의 중복도가 1을 초과할 필요충분조건은 $f'(\alpha)=0$임을 보여라.

11 $f(x)$가 체 F 위의 다항식으로 $\deg f(x)=n$이라 하자. F가 n개보다 많은 원소를 가지면 $f(\alpha)\neq 0$인 $\alpha\in F$가 존재함을 보여라.

12 $f(x)=g(x)h(x)$인 정수계수다항식 $f(x), g(x), h(x)$가 있다. p가 $f(x)$의 계수들의 약수이 소수이면 p는 $g(x)$의 모든 계수의 약수이거나 $h(x)$의 모든 계수의 약수임을 보여라.

13 $f(x)\in\mathbb{Z}[x]$가 $\mathbb{Z}[x]$에서 기약이면 원시다항식임을 보여라.

14 다항식 x^n-p (p는 소수)는 $\mathbb{Q}$ 위에서 기약임을 보여라.

15 최고차항의 계수가 1인 정수계수다항식의 유리근은 모두 정수임을 보여라.

16 다항식 $f(x) \in \mathbb{Q}[x]$가 r차다항식 $g(x) \in \mathbb{Q}[x]$와 s차다항식 $h(x) \in \mathbb{Q}[x]$의 곱으로 표시되면 $f(x)$는 r차다항식 $l(x) \in \mathbb{Z}[x]$와 s차다항식 $m(x) \in \mathbb{Z}[x]$의 곱으로 표시됨을 보여라.

17 소수 p데 대하여 다항식 $x^{p-1} + x^{p-2} + \cdots + x + 1$은 $\mathbb{Q}[x]$에서 기약임을 보여라.

18 다항식환 $\mathbb{Z}[x]$는 PID도 아니고 ED도 아님을 보여라.

19 $\mathbb{Z}[x]$에서 기약인 다항식 $f(x) \in \mathbb{Z}[x]$는 $\mathbb{Q}[x]$에서도 기약이다. 이를 증명하여라.

20 체 F 위의 다항식 $f(x)$, $\deg f(x) \geq 1$에 대하여 다음 사실은 동치이다. 이를 증명하여라.

(1) $p(x)$가 F 위에서 기약이다.

(2) $(p(x))$는 $F[x]$의 극대이데알이다.

(3) $(p(x))$는 소이데알이다.

(4) $F[x]/(p(x))$는 체이다.

21 다항식 $f(x)$가 기약일 필요충분조건은 다항식 $f(x+c)$가 기약다항식인 것이다. 이를 증명하여라.

22 $f(x) \in \mathbb{Z}[x]$가 원시다항식이고 $\mathbb{Q}[x]$에서 기약이면 $f(x)$는 $\mathbb{Z}[x]$에서도 기약이다. 이를 증명하여라.

23 다항식 $f(x) = 3x^3 + 2x^2 + 4x + 6$는 기약다항식임을 보여라.

CHAPTER 5

체 론

SECTION

5.1 확대체, 단순확대체

유리수체 $\mathbb{Q}$는 실수체 $\mathbb{R}$의 부분체이고 $\mathbb{R}$는 복소수체 $\mathbb{C}$의 부분체이다. 소수 p에 대하여 $\mathbb{Q}(\sqrt{p}) = \{a + b\sqrt{p} | a, b \in \mathbb{Q}\}$는 $\mathbb{Q}$를 포함하는 $\mathbb{R}$의 부분체로서 $\mathbb{Q}$와 $\mathbb{R}$ 사이의 중간체가 된다. 체론은 임용고시에 가장 비중이 높은 대수학 분야에 해당된다.

정의 체 F가 체 K의 부분체일 때 체 K를 F의 **확대체**(extension field)라 하고, $F \leq K$로 나타낸다. K가 F의 확대체이면 K는 F위의 벡터공간이다. F 위의 K의 차원 $\dim_F D$를 차수(degree)라 하고, $[K : F]$로 나타낸다.

차수 $[K : F]$가 유한이면 K를 F의 **유한차원확대체**(finite dimensional extension field) 또는 **유한확대체**라고 부르고, $[K : F]$가 무한이면 K를 F의 **무한차원확대체**(infinite dimensional extension field) 또는 **무한확대체**라고 한다. ■

보기 1 벡터공간 $\mathbb{Q}(\sqrt{2})$는 $\mathbb{Q}$ 위의 벡터공간으로 $\{1, \sqrt{2}\}$를 기저로 갖는다. 그러므로 $[\mathbb{Q}(\sqrt{2}) : \mathbb{Q}] = 2$. $\mathbb{R}$은 $\mathbb{Q}$ 위의 벡터공간으로 $\dim_Q \mathbb{R} = [\mathbb{R} : \mathbb{Q}] = \infty$이므로 $\mathbb{R}$은 $\mathbb{Q}$의 무한차원확대체이다.

정리 5.1.1 **Degree formula** K가 F의 유한차원확대체이고 L이 K의 유한차원확대체이면 L은 F의 유한차원 확대체이고, $[L : F] = [L : K][K : F]$이다.

증명 $\dim_F K = n$, $\dim_K L = m$이라 하면 $\dim_F L = nm$임을 보이자. $\{\alpha_1, \cdots, \alpha_n\}$이 F 위의 벡터공간 K의 기저, $\{\beta_1, \cdots, \beta_m\}$이 K 위의 벡터공간 L의 기저이면 $\{\alpha_1\beta_1, \cdots, \alpha_1\beta_m, \cdots, \alpha_n\beta_1, \cdots, \alpha_n\beta_m\}$은 F 위의 벡터공간 L의 기저임을 보이면 충분하다.

임의의 $\alpha \in L$은 $\alpha = \sum_{j=1}^{m} b_j\beta_j$, $b_j \in K$의 꼴로 표시된다. 각 $b_j \in K$는

$b_j = \sum_{i=1}^{n} a_{ij}\alpha_i,\ a_{ij} \in F$의 꼴로 표시되므로 $\alpha = \sum_{j=1}^{m}\left(\sum_{i=1}^{n} a_{ij}\alpha_i\right)\beta_j = \sum_{i=1}^{n}\sum_{j=1}^{m} a_{ij}(\alpha_i\beta_j)$. 그러므로 $\{\alpha_i\beta_j\}$는 F 위의 벡터공간 L의 생성원집합이다.

$\{\alpha_i\beta_j\}$가 F 위에서 일차독립임을 보이기 위하여 $\sum_{i=1,j=1}^{n,m} c_{ij}\alpha_i\beta_j = 0$이라고 가정하자. 그러면

$$\sum_{j=1}^{m}\left(\sum_{i=1}^{n} c_{ij}\alpha_i\right)\beta_j = 0,\quad \sum_{i=1}^{n} c_{ij}\alpha_i \in K$$

그런데 $\{\beta_j\}$는 K 위의 벡터공간 L의 기저이므로

$$\sum_{i=1}^{n} c_{ij}\alpha_i = 0$$

또한 $\{\alpha_i\}$가 F 위의 벡터공간 K의 기저이므로 모든 $c_{ij} = 0$. 따라서 $[L : M] = mn < \infty$이고 $[L : F] = mn = [L : K][K : F]$.

정리 5.1.2 체 F, K, L이 $F \le K \le L$이고 $[L : F]$가 유한이면 $[L : K], [K : F]$도 유한이고 $[K : F] \mid [L : F]$이다.

증명 K 위에서 일차독립인 L의 부분집합은 F 위에서도 일차독립이다. F 위에서 일차독립인 L의 부분집합의 원소의 개수는 $[L : F]$로 유한이므로 $[L : K]$도 유한이다.

F 위의 벡터공간 K는 F위의 벡터공간 L의 부분공간이므로
$[K : F] \le [L : F]$. 즉 $[K, F]$도 유한이다. 정리 5.1.2에 의하여
$[L : F] = [L : K][K : F]$이다. 따라서 $[K : F] \mid [L : F]$.

따름정리 5.1.3 모든 i, $1 \le i \le n-1$에 대하여 F_{i+1}이 F_i의 유한차원확대체이고, $F_1 \le F_2 \le \cdots \le F_n$인 체 F_i에 대하여 다음이 성립한다.

$$[F_n : F_1] = [F_n : F_{n-1}][F_{n-1} : F_{n-2}] \cdots [F_2 : F_1]$$

증명 정리 5.1.2와 n에 관한 귀납법으로 증명된다.

정의 K가 F의 확대체이고 $\alpha \in K$일 때 F와 α를 포함하고 있는 K의 부분체 중에서 최소인 것을 $F(\alpha)$로 나타내고 K 위에서 α에 의하여 생성된 부분체라 한다. 이를 **단순확대체**(simple extension field)라 한다. ■

정리 5.1.4 $F \leq K$와 $\alpha \in K$에 대하여 다음이 성립한다.

(1) $F(\alpha)$는 F와 α를 포함하고 있는 K의 모든 부분체의 교집합이다.

(2) $F(\alpha) = \{p(\alpha)/q(\alpha) | p(x), q(x) \in F[x],\ q(\alpha) \neq 0\}$

증명 (1) L을 F와 $\alpha \in K$를 포함하고 있는 K의 부분체 전체의 교집합이라 하면 L은 F, α를 포함하고 있는 K의 부분체이다. 그러므로 $F(\alpha) \leq L$. $L = F(\alpha) \cap$ (다른 부분체들)이므로 $F(\alpha) \geq L$. 따라서 $F(\alpha) = L$.

(2) $F(\alpha)$가 F, α를 포함하고 있는 체이므로 $\alpha, \alpha^2, \cdots$ 는 $F(\alpha)$의 원소이고 $a_0, \cdots, a_n \in F$가 존재하여 $p(\alpha) \in F(\alpha)$이다. 여기서

$$p(\alpha) = a_0 + a_1\alpha + \cdots + a_n\alpha^n,\ \ p(x) = a_0 + a_1 x + \cdots + a_n x^n.$$

한편, $q(\alpha) \neq 0$은 체 $F(\alpha)$의 원소이므로 $1/q(\alpha) \in F(\alpha)$. 그러므로 $p(\alpha)/q(\alpha) \in F(\alpha)$이다. 즉 $\{p(\alpha)/q(\alpha) | q(\alpha) \neq 0\} \leq F(\alpha)$. 역으로 $\{p(\alpha)/q(\alpha) | q(\alpha) \neq 0\}$은 F와 α를 포함하는 K의 부분체이므로 $F(\alpha) \leq \{p(\alpha)/q(\alpha) | q(\alpha) \neq 0\}$. 따라서 $F(\alpha) = \{p(\alpha)/q(\alpha) | q(\alpha) \neq 0\}$가 성립한다.

정의 체 $F \leq K$에서 $\alpha \in K$를 근으로 갖는 다항식 $f(x) \in F[x]$, $\deg f(x) \geq 1$가 존재할 때 α를 F 위에서 **대수적**(algebraic)이라 한다. F 위에서 대수적이 아닌 원소 $\alpha \in K$를 **초월적**(transcendental)이라 한다.

K의 모든 원소가 F 위에서 대수적일 때 K는 F 위에서 **대수적**이라 한다. 이때 K를 F의 대수적 확대체(algebraic extension field)라고 말한다. ■

보기 2 $\mathbb{Q} \leq \mathbb{R}$. $\sqrt{2} \in \mathbb{R}$는 $x^2 - 2 \in \mathbb{Q}[x]$의 근이므로 $\mathbb{Q}$ 위에서 대수적이다. $\mathbb{Q} \leq \mathbb{Q}(\sqrt[3]{2}) \leq \mathbb{R}$. $\mathbb{Q}$ 위에서 체 $F = \mathbb{Q}(\sqrt[3]{2})$의 기저는 $\{1, \sqrt[3]{2}, \sqrt[3]{4}\}$이므로 $[F : \mathbb{Q}] = 3$. 다항식 $x^3 - 2 \in \mathbb{Q}[x]$는 $\sqrt[3]{2}$를 근으로 가짐으로 $\sqrt[3]{2}$는 $\mathbb{Q}$ 위에서 대수적이다.

보기 3 π를 근으로 갖는 유리계수다항식은 존재하지 않는다[린데만(Lindemann)에 의하여 증명됨]. 그러므로 π는 $\mathbb{Q}$위에서 초월적이다.

체 $\mathbb{Q} \le \mathbb{R} \le \mathbb{C}$에서 대수적인 원소를 **대수적인 수**(algebraic number)라 하고, 초월적인 원소를 **초월수**(transcendental number)라 한다.

a가 체 K의 원소면 a는 $x-a \in K[x]$의 근이므로 a는 K 위에서 대수적이다. 그러므로 K는 K 자신 위에서 대수적이다. a가 K의 부분체 K' 위에서 대수적이면 $K'[x] \le K[x]$이므로 a는 K 위에서도 대수적이다.

보기 4 $i \in \mathbb{C}$는 $\mathbb{Q}$ 위에서 대수적이므로 R 위에서도 대수적이다.

체 $F \le K$와 미지수 x에서 $F \cup \{x\}$에 의하여 생성된 $K[x]$의 부분체를 $F(x)$라 한다. F와 $\alpha \in K$를 포함하고 있는 K의 부분환 중에서 최소인 것을 $F[\alpha]$로 나타내기로 하자.

정리 5.1.5 K를 체 F의 확대체라 하고 $\alpha \in K$이면 $F[\alpha] = \{f(\alpha) | f(x) \in F[x]\}$이다.

증명 $R = \{f(\alpha) | f(x) \in F[x]\}$는 F와 α를 포함하고 있는 K의 부분환임을 쉽게 알 수 있다. $F[\alpha]$의 최소성에 의하여 $F[\alpha] \subseteq R$. 임의의 $f(x) = a_0 + a_1 x + \cdots + a_n x^n \in F[x]$에 대하여 $\alpha, \alpha^2, \cdots, \alpha^n \in F[\alpha]$이므로 $f(\alpha) = a_0 + a_1 x + \cdots + a_n x^n \in F[\alpha]$. 그러므로 $R \subseteq F[\alpha]$가 성립한다.

정리 5.1.6 K가 체 F의 확대체이고 $\alpha \in K$가 F 위에서 초월적이면 F 위에서 고정된 체동형사상 $F(\alpha) \cong F(x)$가 존재한다.

증명 α가 초월원이며 영이 아닌 모든 다항식 $f(x), g(x)$에 대하여 $f(\alpha) \ne 0$, $g(\alpha) \ne 0$이다. $f(x)/g(x) \mapsto f(\alpha)/g(\alpha)$로 주어진 사상 $\varphi : F(x) \to F(\alpha)$는 $\varphi(a) = a, a \in F$인 단사 체 준동형사상이다. 정리 5.1.4 (2)에 의하여 $\mathrm{Im}\varphi = F(\alpha)$이므로 $F(x) \cong F(\alpha)$이다.

정리 5.1.6과 연습문제 5.1.2를 종합하면 $\alpha \in K$가 체 F 위에서 초월적이면 $F[\alpha] \cong F[x]$, $F(\alpha) \cong F(x)$임을 알 수 있다.

정리 5.1.7 체 K가 체 F의 확대체이고 $\alpha \in K$가 F 위에서 대수적이면 다음 사실이 성립한다.

(1) $F(\alpha) = F[\alpha]$

(2) $F[x]/(f(x)) \cong F(\alpha)$이고, α를 근으로 갖는 모닉 기약다항식 $f(x) \in F[x]$, $\deg f(x) \geq 1$가 단 하나 존재하여 $f(x) | g(x) \Leftrightarrow g(\alpha) = 0$이다.

증명 (1) $\varphi : F[x] \rightarrow F[\alpha]$, $g(x) \mapsto g(\alpha)$는 전사인 군 준동형사상이다. $F[x]$가 주 이데알 정역이므로 $\ker \varphi = (f(x))$, $f(x) \in F[x]$, $f(\alpha) = 0$. 그런데 α가 대수적이므로 $f(x) \neq 0$, $\ker\varphi \neq \{0\}$. 또한 $\varphi \neq 0$이므로 $\ker\varphi \neq F[x]$. 그러므로 $f(x) \neq 0$, $\deg f(x) \geq 1$. $f(x)$의 최고차항의 계수가 a이면 $a^{-1} \in F \subset F[x]$이므로 $a^{-1}f(x)$는 모닉 다항식으로 $(f(x)) = (a^{-1}f(x))$. 따라서 $f(x)$를 모닉 다항식으로 가정하여도 무방하다.

φ는 전사이므로 제1동형정리에 의하여

$$F[x]/\ker\varphi = F[x]/(f(x)) \cong \text{Im}\,\varphi = F[\alpha]$$

그런데 $F[\alpha]$가 정역이므로 이데알 $(f(x))$는 소이데알이다. 그러므로 $f(x)$는 기약이고 $(f(x))$는 극대이데알이다. 따라서 $F[x]/(f(x))$는 체이다. $F(\alpha)$는 F와 α를 포함하고 있는 최소체이고 $F(\alpha) \supseteq F[\alpha] \cong F[x]/(f(x))$. 그러므로 $F(\alpha) = F[\alpha]$.

(2) $f(x)$가 모닉이므로 이러한 다항식 $f(x)$는 유일하다. 또한

$$g(\alpha) = 0 \Leftrightarrow g(x) \in \ker\varphi \Leftrightarrow f(x) | g(x)$$

이다.

정리 5.1.8 K가 체 F의 확대체이고 $\alpha \in K$는 F 위에서 대수적이다. $f(\alpha) = 0$이고 기약인 모닉 다항식 $f(x) \in F[x]$의 차수를 $n(\geq 1)$이라 하면 다음이 성립한다.

(1) 집합 $\{1, a, \cdots, a^{n-1}\}$은 F 위의 벡터공간 $F(\alpha)$의 기저이다. 즉 $[F(\alpha) : F] = n$이다.

(2) $F(\alpha)$의 각 원소는 $a_0 + a_1\alpha + \cdots + a_{n-1}\alpha^{n-1} (a_i \in F)$ 의 꼴로 일의적으로 표시된다.

증명 (1) $F(\alpha) = F[\alpha]$의 각 원소는 $g(\alpha)$, $g(x) \in F[x]$의 꼴로 표시된다. 다항식의 나눗셈 정리에 의해서 $q(x)$, $r(x) \in F[x]$가 존재하여

$$g(x) = q(x)f(x) + r(x),\ \deg r(x) < \deg f(x),\ r(x) = 0$$

을 만족한다. 그러면

$$g(\alpha) = q(\alpha)f(\alpha) + r(\alpha) = 0 + r(\alpha)$$

$r(x) = b_0 + b_1 x + \cdots + b_m x^m,\ b_i \in F,\ m < n$이라 하면 $g(\alpha) = b_0 + b_1\alpha + \cdots + b_m\alpha^m$. 그러므로 $1, \alpha, \cdots, \alpha^{n-1}$은 $F(\alpha)$를 생성한다. 즉 $\{1, \alpha, \cdots, \alpha^{n-1}\}$은 F-벡터공간 $F(\alpha)$를 생성한다. 이 집합이 일차독립임을 보이기 위해

$$a_0 + a_1\alpha + \cdots + a_{n-1}\alpha^{n-1} = 0,\ a_i \in F$$

으로 가정하자. $g(x) = a_0 + a_1 x + \cdots + a_{n-1}x^{n-1} \in F[x]$는 α를 근으로 갖고 $\deg g(x) \le n-1$이다. 정리 5.1.7에 의하여 $f(x) \mid g(x)$. 그런데 $\deg f(x) = n$이므로 $g(x) = 0$이다. 그러므로 $a_i = 0$. 따라서 $\{1, \alpha, \cdots, \alpha^{n-1}\}$은 일차독립이다. 이로써 $\{1, \alpha, \cdots, \alpha^{n-1}\}$은 F=벡터공간 $F(\alpha)$의 기저이다. 또 $[F(\alpha), F] = \dim_F F(\alpha) = n$이다.

(2) 벡터공간의 기저의 성질에 의하여 임의의 $g(\alpha) \in F(\alpha)$는 $1, \alpha, \cdots, \alpha^{n-1}$의 일차결합으로 유일하게 표시된다.

정의 K가 체 F의 확대체이고 $\alpha \in K$가 F위에서 대수적일 때 정리 5.1.7의 기약 모닉 다항식 $f(x) \in F[x]$를 α의 F 위의 **기약다항식**(irreducible polynomial of α over F) 또는 **최소다항식**(minimal polynomial)라 하고, $\mathrm{irr}(\alpha, F)$ 혹은 $\min_F(\alpha)$로 나타낸다.

다항식 $\mathrm{irr}(\alpha, F)$의 차수를 F위의 α의 **차수**(degree of α over F)라 하고 $[\alpha : F]$로 나타낸다. ■

정리 2.5.8에 의하여 $[F(\alpha) : F] = [\alpha : F]$임을 알 수 있다.

보기 5 $\sqrt[3]{7}$의 $\mathbb{Q}$ 위의 최소다항식은 $x^3 - 7$이므로 $[\sqrt[3]{7} : \mathbb{Q}] = 3$. $\sqrt{2} + \sqrt{3}$의 $\mathbb{Q}$ 위의 최소다항식은 $x^4 - 10x^2 + 1$이므로

$$[(\sqrt{2} + \sqrt{3}) : \mathbb{Q}] = [Q(\sqrt{2} + \sqrt{3}) : \mathbb{Q}] = 4.$$

연습문제 5.1

1 체 $K \leq F$, 미지수 x에 대하여 $F(x)=\{f(x)/g(x) | f(x), g(x) \in F[x], g(x) \neq 0\}$임을 보여라.

2 K가 F의 확대체이고 $\alpha \in K$가 F 위에서 초월적이면 $F[\alpha] \cong F[x]$임을 보여라.

3 $[\mathbb{C} : \mathbb{R}], [\mathbb{Q}(\sqrt{3}) : \mathbb{Q}], [\mathbb{R} : \mathbb{R}]$의 값을 구하여라.

4 체 $F \leq K \leq L$에서 $[K : F] = \infty$일 때 $[L : F]$의 값을 구하여라.

5 유리수체 $\mathbb{Q}$ 위에서의 $\sqrt[5]{7}$의 차수와 $\sqrt{2}+\sqrt{3}$의 차수를 구하여라.

6 $e^{2\pi i/5}$의 $\mathbb{Q}$, $\mathbb{R}$ 위에서의 차수를 구하여라.

7 유리수체 $\mathbb{Q}$ 위에서의 초월수가 이루는 체 $F \leq \mathbb{C}$는 $\mathbb{Q}$의 유한차원확대체가 아님을 보여라.

8 $e, \pi, e+\pi$의 초월수에 관한 연구의 역사를 알아보아라.

9 실수체 $\mathbb{R}$ 위의 벡터공간 $\mathbb{C}$의 기저 $\{1, i\}$를 이용하여 $\mathbb{R}$ 위에서의 다항식 $2+3i$의 최소 다항식을 구하여라.

10 만약 K가 F의 유한차원확대체이고 L이 K의 유한차원확대체이면, L은 F의 유한차원 확대체임을 밝혀라.

11 $\sqrt{2}+\sqrt{3}$의 $\mathbb{Q}$ 위의 최소다항식은 x^4-10x^2+1임을 밝혀라.

12 특성이 0인 체 K의 소체는 $\mathbb{Q}$와 동형임을 보여라.

13 K가 체 F의 확대체이고 $\alpha \in K$가 F 위에서 초월적이면, $F(\alpha) \cong F(x)$, $F[x] \cong F[\alpha]$임을 보여라.

14 체 K가 체 F의 확대체이고 $\alpha \in K$가 F 위에서 대수적이면, $F(\alpha) = F[\alpha]$임을 밝혀라.

15 $\mathbb{Q}(1+i)$에서 곱셈에 대하여 닫혀있음을 묘사하여라.

16 K가 체 F의 확대체라 할 때, 다음을 밝혀라.

$$[K : F] = 1 \Leftrightarrow K = F$$

SECTION

5.2 대수적 확대체

체 K가 체 F의 확대체이면 K는 F 위에서 벡터공간을 이룬다. 이때 F-벡터공간 K의 차원에 대하여 살펴보자. 앞 절에서 언급한 바와 같이, K의 모든 원소가 F 위에서 대수적일 때 K는 F 위에서 **대수적**이라 한다. 이때 K를 F의 **대수적 확대체**(algebraic extension field)라고 말한다. 앞 절에서 배운 유한차원확대체는 대수적 확대체임을 보이고 유한생성 확대체를 공부한다.

정리 5.2.1 K가 체 F의 확대체이고 $\alpha \in K$가 F 위에서 대수적이면 모든 $\beta \in F(\alpha)$는 F 위에서 대수적이다. 또 $[\beta : F] | [\alpha : F]$이다.

증명 $[\alpha : F] = [F(\alpha) : F] = n$이면 $1, \beta, \cdots, \beta^n$ 은 $F(\alpha)$의 $n+1$개의 원소이므로 F 위에서 일차종속이다. 적어도 하나는 영이 아닌 F의 원소 $1, b_1, \cdots, b_n$ 이 존재하여

$$b_0 + b_1\beta + \cdots + b_n\beta^n = 0$$

이 성립한다.

한편, 다항식 $f(x) = b_0 + b_1x + \cdots + b_nx^n \in F[x]$는 $f(\beta) = 0$을 만족하는 영이 아닌 다항식이므로 β는 F위에서 대수적이다.

체 F, $F(\beta)$, $F(\alpha)$는 $F \leq F(\beta) \leq F(\alpha)$를 만족하므로 정리 5.1.1에 의하여 $[F(\alpha) : F] = [F(\alpha) : F(\beta)][F(\beta) : F]$.

따라서 $[F(\beta) : F] | [F(\alpha) : F]$, 즉 $[\beta : F] | [\alpha : F]$.

정리 5.2.2 K가 체 F의 유한차원확대체이고 $[K : F] = n$이면 K는 F의 대수적 확대체이고 $K = F(\alpha_1, \cdots, \alpha_n)$ 인 K의 원소 $\alpha_1, \cdots, \alpha_n$ 이 존재한다. 이를 **유한생성 확대체**(finitely generated extension field)라고 한다.

증명 $[K : F] = n$이라 하자. 그리고 각 원소 $\beta \in K$가 F 위에서 대수적임을 보이자. $K \geq F(\beta) \geq F$이므로 정리 5.1.2에 의하여 $[F(\beta) : F] | n$이 성립한다. 그러므

로 $[F(\beta):F] \leq n$. 정리 5.2.1에 의하여 β는 F 위에서 대수적이다.

$\{\alpha_1, \cdots, \alpha_n\}$이 F 위의 벡터공간 K의 기저이면 $K = F(\alpha_1, \cdots, \alpha_n)$이다.

보기 1 정리 5.2.2의 역은 일반적으로 성립하지 않는다. 예를 들면, $Q(\sqrt{2}, \sqrt{3}, \sqrt{5}, \sqrt{7}, \cdots)$은 Q 위에서 대수적이나 Q의 유한확대체는 아니다.

정리 5.2.3 K가 체 F의 확대체이고 $\{\alpha_1, \cdots, \alpha_n\}$ 이 F 위에서 대수적인 K의 부분집합으로 $K = F(\alpha_1, \cdots, \alpha_n)$ 이면 K는 F의 유한차원 확대체이다.

증명

$$F \leq F(\alpha_1) \leq F(\alpha_1, \alpha_2) \leq \cdots \leq F(\alpha_1, \cdots, \alpha_{n-1}) \leq F(\alpha_1, \cdots, \alpha_n)$$

에서 $\alpha_i (i \geq 2)$는 $F(\alpha_1, \cdots, \alpha_{i-1})$ 위에서 대수적이다.

$F(\alpha_1, \cdots, \alpha_i) = F(\alpha_1, \cdots, \alpha_{i-1})(\alpha_i)$이므로 정리 5.1.8에 의하여

$[F(\alpha_1, \cdots, \alpha_i) : F(\alpha_1, \cdots, \alpha_{i-1})] = n_i$이다. 따름정리 5.1.3에 의하여

$[F(\alpha_1, \cdots, \alpha_n) : F] = n_1 n_2 \cdots n_n$, 따라서 $K = F(\alpha_1, \cdots, \alpha_n)$ 은 F의 유한확대체이다.

정리 5.2.4 E가 체 F의 대수적 확대체이고 K가 E의 대수적 확대체이면 K는 F의 대수적 확대체이다.

증명 임의의 $\alpha \in K$는 E 위에서 대수적이므로 E의 원소 $b_0, b_1, \cdots, b_n (b_n \neq 0)$ 이 존재하여 $b_0 + b_1\alpha + \cdots + b_n\alpha^n = 0$. 그러므로 α는 $F(b_0, \cdots, b_n)$ 위에서 대수적이다. 정리 5.1.8에 의하여 $[F(b_0, \cdots, b_n)(\alpha) : F(b_0, \cdots, b_n)]$은 유한이다.

모든 $b_i \in E$는 F 위에서 대수적이므로 $[F(b_0, \cdots, b_n) : F]$는 유한이고, α가 $F(b_0, \cdots, b_n)$ 위에서 대수적이므로 $[F(b_0, \cdots, b_n)(\alpha) : F(b_0, \cdots, b_n)]$도 유한이다.

체열 $F \leq F(b_0, \cdots, b_n) \leq F(b_0, \cdots, b_n)(\alpha)$에 정리 5.1.2를 적용하면 $[F(b_0, \cdots, b_n)(\alpha) : F]$ 도 유한이다.

정리 5.2.2에 의하여 $\alpha \in F(b_0, \cdots, b_n)(\alpha)$는 F 위에서 대수적이다. 따라서 K는 F 위에서 대수적이다.

정리 5.2.5 K가 체 F의 확대체이면 F 위에서 대수적인 K의 원소 전체의 집합 E는 K의 부분체이다. 이 체 E는 K에 포함되는 F의 대수적 확대체로서 극대체이다.

증명 정리 5.2.3에 의하여 $\alpha, \beta \in E$이면 $F(\alpha, \beta)$는 F의 유한확대체이다. 정리 5.2.2에 의하여 $F(\alpha, \beta)$는 F의 대수적 확대체이다.

$\alpha - \beta$, $\alpha\beta^{-1}(\beta \neq 0)$은 $F(\alpha, \beta)$의 원소이므로 $\alpha - \beta \in E$, $\alpha\beta^{-1} \in E$이다. 따라서 E는 하나의 체이다.

연습문제 5.2

1 K가 체 F의 대수적 확대체이고 T가 $F \leq T \leq K$인 정역이면 T는 체임을 보여라.

2 모든 유한차원 확대체는 유한생성확대체이다.

3 특성이 0인 체 K의 소체는 Q와 동형임을 보여라.

4 체 $F \leq K \leq L$에서 L이 F상에서 대수적일 때 L이 K상에서도 대수적임을 보여라.

5 문제 2의 역은 성립하는가?

6 $[(\sqrt{2}+\sqrt{3}) : Q] = [Q(\sqrt{2}+\sqrt{3}) : Q] = 4$을 밝혀라.

7 $Q \leq R$이고, $\sqrt{5} \in R$일 때, 다항식 $x^2 - 5 \in Q[x]$는 Q 위에서 대수적임을 증명하여라.

8 $Q(\sqrt{2}, \sqrt{3}, \sqrt{5}, \sqrt{7}, \cdots)$ 은 Q위에서 대수적 확대체임을 보여라.

9 $[\mathbb{C} : 1\mathbb{R}] = 2$임을 밝혀라.

10 $[\mathbb{R} : \mathbb{Q}] = \infty$ 임을 보여라.

SECTION

5.3 분해체, 대수적 폐체

이 절에서는 가장 활용도가 높은 확대체로서 다항식을 이용한 분해체 및 대수적 폐체를 공부하고, 대수학의 기본정리로 알려져 있는 모든 복수계수 다항식은 해를 갖는다는 사실을 알아보는 것이 학습목표다. 특히, 분해체는 갈루아군과 연계하여 임용고사에 많이 출제되는 분야이다.

정의 F가 체이고 $f(x) \in F[x]$, $\deg f(x) \geq 1$일 때 다음 조건을 만족하는 F의 확대체 K를 F 위의 $f(x)$의 **분해체**(splitting field)라고 한다.

(1) $f(x) = a_0(x-a_1)(x-a_2)\cdots(x-a_n)$, $a_0 \in F$, $a_i \in K$, $i = 1, 2, \cdots, n$

(2) $K = F(a_1, \cdots, a_n)$ ■

위의 정의에서 (1)이 성립하면 $f(x)$는 $K[x]$에서 **분해된다**(split)라고 한다. 특히, 모든 $a_i \in F$일 때 $f(x) \in F[x]$는 F 위에서 분해된다고 한다.

정리 5.3.1 K가 체 F의 확대체이고 $f(x) \in F[x]$, $\deg f(x) \geq 1$이면 K 내의 $f(x)$의 서로 다른 근의 개수는 $\deg f(x)$ 이하이다.

증명 $\deg f(x) = n$, K 내의 $f(x)$의 서로 다른 근의 개수를 k라 하자. K 내에 $f(x)$의 근이 존재하지 않으면 $k = 0 < n$이다. $f(x)$의 서로 다른 K 내의 근을 $\alpha_1, \cdots, \alpha_k$ 라하고, α_1에 대하여 $f_1(x) \in K[x]$가 존재하여 $f(x) = (x-\alpha_1)f_1(x)$이다. α_2가 $f(x)$의 근이므로 $0 = f(\alpha_2) = (\alpha_2 - \alpha_1)f_1(\alpha_2)$. $\alpha_1 \neq \alpha_2$이므로 $\alpha_2 - \alpha_1 \neq 0$. 그러므로 $f_1(\alpha_2) = 0$. α_2은 $f_1(x)$의 근이므로 $f_2(x) \in K[x]$가 존재하여 $f_1(x) = (x-\alpha_2)f_2(x)$. 이러한 과정을 k번 반복하면 $f_k(x) \in K[x]$가 존재하여

$$f(x) = (x-\alpha_1)(x-\alpha_2)\cdots(x-\alpha_k)f_k(x)$$

이다. 이 식의 양변의 차수를 비교하면 $\deg f(x) \geq k$이다.

E가 체 F의 확대체이고 E'가 체 F'의 확대체일 때 F에서 F'로의 동형사상을 E에서 E'로의 동형사상으로 확대하는 문제를 생각하여 보자. 동형사상 $\sigma: F \to F'$에 대하여 $\tau|_K = \sigma$가 되는 동형사상 $\tau: E \to E'$의 존재성을 살펴보자.

정리 5.3.2 $\sigma: F \to F'$가 체동형사상일 때 다음으로 정의된 사상 $\sigma^*: F[x] \to F'[x]$는 $\sigma^*|_F = \sigma$을 만족하는 환동형사상이다.

$$\begin{aligned}\sigma^*(f(x)) &= \sigma^*(a_0 + a_1 x + \cdots + a_n x^n) \\ &= \sigma(a_0) + \sigma(a_1)x + \cdots + \sigma(a_n)x^n\end{aligned}$$

이때 $p(x) \in F[x]$가 F 위에서 기약이면 $\sigma^*(p(x))$도 F'위에서 기약이다. 또한 $f(x) + (p(x)) \mapsto \sigma^*(f(x)) + (\sigma^*(p(x)))$로 정의된 사상 $\theta: F[x]/(p(x)) \to F'[x]/(\sigma^*(p(x)))$는 환동형사상이다.

증명 σ^*가 주어진 조건을 만족하는 환동형사상이고 $p(x)$가 F 위에서 기약이면 $\sigma^*(p(x)$가 F' 위에서 기약임은 쉽게 증명되다. σ^*가 동형이므로 θ도 동형이다. θ가 잘 정의된 사상임을 보이기 위하여 $f(x) + (p(x)) = g(x) + (p(x))$라 하자. 그러면 $p(x) | (f(x) - g(x))$이고 σ^*가 동형이므로 $\sigma^*(p(x)) | (\sigma^*(f(x)) - \sigma^*(g(x)))$. 그러므로 $\sigma^*(f(x)) - \sigma^*(g(x)) \in (\sigma^*(p(x)))$, $\sigma^*(f(x)) + (\sigma^*(p(x))) = \sigma^*(g(x)) + (\sigma^*(p(x)))$. 따라서 θ는 잘 정의된 환동형사상이다.

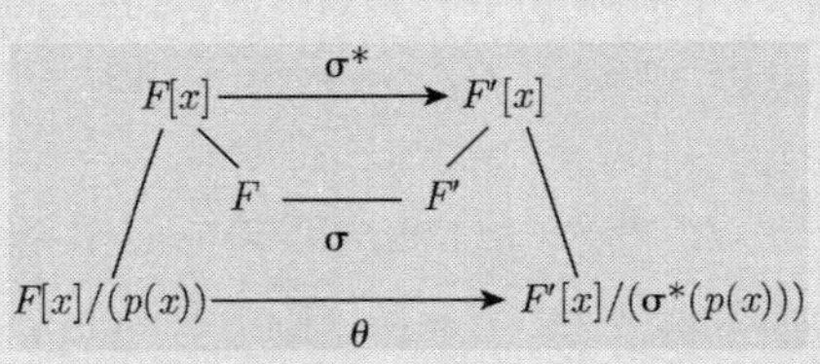

그림 5.1

정리 5.3.3 $\sigma: F \to F'$가 체동형사상이고 α가 F의 확대체 E의 원소, β가 F'의 확대체 E'의 원소라 하자. α가 기약다항식 $p(x) \in F[x]$의 근이고 β가 다항식 $\sigma(p(x))$의 근이면 $\tau(\alpha) = \beta$, $\tau|_F = \sigma$가 되는 동형사상 $\tau: F(\alpha) \to F'(\beta)$가 존재한다.

증명 정리 5.3.2에 의하여 $p(x) \in F[x]$가 F위에서 기약이므로 $\sigma(p(x)) \in F'[x]$도 F' 위에서 기약이다. 정리 5.1.7에 의하여 동형사상 φ, ψ가 존재한다.

$$\varphi : F[x]/(p(x)) \to F(\alpha),\ \varphi(f(x)+(p(x))) = f(\alpha)$$
$$\psi : F'[x]/(\sigma^*(p(x))) \to F'(\beta),\ \psi(g(x)+(\sigma^*(p(x)))) = g(\beta)$$

또 정리 5.3.2에 의하여 동형사상 $\theta : F[x]/(p(x)) \to F'[x]/(\sigma^*(p(x)))$, $\theta(f(x)+(p(x)) = \sigma^*(f(x))+(\sigma^*(p(x)))$가 존재한다. 동형사상 φ의 역동형사상 φ^{-1}에 대하여 다음 합성이 가능하다.

$$F(\alpha) \xrightarrow{\varphi^{-1}} F[x]/(p(x)) \xrightarrow{\theta} F'[x]/(\sigma(p(x))) \xrightarrow{\psi} F'(\beta)$$

그러면 $\tau = \psi \cdot \theta \cdot \varphi^{-1} : F(\alpha) \to F'(\beta)$는 주어진 조건을 만족하는 동형사상이다. 실제로 $\tau(\alpha) = (\psi \cdot \theta \cdot \varphi^{-1})(\alpha) = (\psi \cdot \theta)(x+(p(x))) = \psi(x+(\sigma^*(p(x)))) = \beta$, $\tau(a) = (\psi \cdot \theta \cdot \varphi^{-1})(a) = (\psi \cdot \theta)(a+(p(x))) = \psi(\sigma^*(a)+(\sigma^*(p(x)))) = \sigma(a)$, $a \in F$. 다음 그림을 참고하면 이해하기에 용이하다.

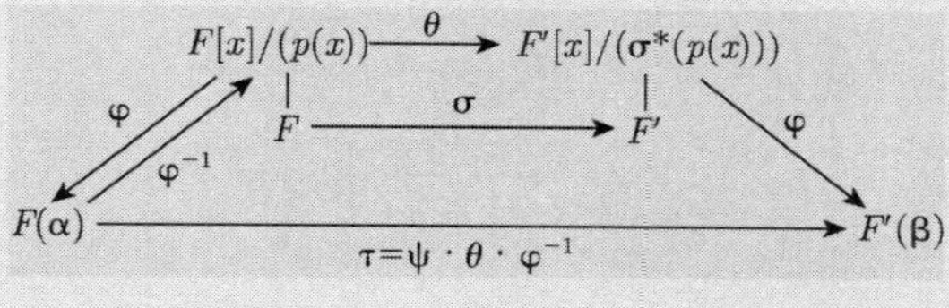

그림 5.2

정의 $\text{irr}(\alpha, F) = \text{irr}(\beta, F)$인 체 F의 확대체 K의 두 원소 α, β를 F 위에서 서로의 **공액원**(conjugate elements)이라 한다. ■

보기 1 복소수체 $C = R(i) = R(-i)$에서 $\text{irr}(i, R) = x^2+1 = \text{irr}(-i, R)$이므로 i와 $-i$는 R 위에서 공액이다.

정리 5.3.4 E, K는 체 F의 확대체이고 $\alpha \in E, \beta \in K$는 모두 F 위에서 대수적이다. α와 β가 F 위에서 공액이기 위한 필요충분조건은 $\tau(\alpha) = \beta$, $\tau|_F = 1_F$가 되는 동형사상 $\tau : F(\alpha) \to F(\beta)$가 존재하는 것이다.

증명 α, β가 같은 기약다항식 $p(x) \in F[x]$의 근이라 하자. 정리 5.3.3에서 $F = F$,

$\sigma = 1_F$라 놓으면 동형사상 $\tau: F(\alpha) \to F(\beta)$가 존재하여 $\tau(\alpha) = \beta$, $\tau|_F = 1_F$를 만족한다.

역으로 주어진 조건을 만족하는 동형사상 $\tau: F(\alpha) \to F(\beta)$가 존재한다고 가정하자. α를 근으로 갖는 기약다항식 $p(x) \in F[x]$, $p(x) = a_0 + a_1 x + \cdots + a_n x^n$에 대하여 $0 = \tau(0) = \tau(a_0 + a_1\alpha + \cdots + a_n\alpha^n) = \tau(\beta)$. 그러므로 $p(x)$는 β를 근으로 갖는 기약다항식이다. 따라서 $\operatorname{irr}(\alpha, F) = \operatorname{irr}(\beta, F)$, 즉 α와 β는 서로 공액이다.

보기 2 i와 $-i$는 R 위에서 공액이고 $\sigma: C \to C$, $\sigma(i) = -i$, $\sigma 1_R = 1_R$는 동형사상이다.

다항식 $f(x) \in F[x]$의 근을 포함하는 F의 확대체에 대하여 생각하여 보자.

정리 5.3.5 F가 체이고 $f(x) \in F[x]$, $\deg f(x) = n \geq 1$일 때 다음 조건을 만족하는 F의 유한확대체 $K = F(\alpha)$가 존재한다.

(1) $\alpha \in K$는 $f(x)$의 근이다.

(2) $[F(\alpha) : F] \leq n$이고 등호가 성립할 필요충분조건은 $f(x) \in F[x]$가 기약다항식이 되는 것이다.

(3) $f(x) \in F[x]$가 F 위에서 기약이면 $F(\alpha)$는 일의적으로 결정된다.

증명 $f(x) \in F[x]$가 F 위에서 기약인 경우와 기약이 아닌 경우로 나누어 생각해보자.

$f(x)$가 기약이면 $(f(x))$는 $F[x]$의 극대이데알이므로 $K = F[x]/(f(x))$는 체이다. 정사영 $\pi: F[x] \to F[x]/(f(x)) = K$의 F 위의 축소사상 $\pi|_F: F \to F/(f(x))$는 동형사상이다.

실제로 $\pi(a) = \pi(b)$, $a, b \in F$에 대하여 $a + (f(x)) = b + (f(x))$, $a - b \in (f(x))$. 극대이데알 $(f(x))$의 상수는 0뿐이므로 $a - b = 0$, $a = b$. 그러므로 $F \cong \pi(F) \leq K$. 즉 K는 F의 확대체로 볼 수 있다. $\pi(x) = x + (f(x)) = \alpha$라 놓으면 $f(\alpha) = f(x + (f(x))) = f(x) + (f(x)) = (f(x))$이므로 K 내에서 $f(\alpha) = 0$. K의 각 원소는 $b_0 + b_1\alpha + \cdots + b_n\alpha^n$ $(b_i \in F)$의 꼴로 표시되므로 $\{1, \alpha, \cdots, \alpha^{n-1}\}$은 벡터공간 K의 기저이다. 그러므로 $K = F(\alpha)$, $[F(\alpha) : F] = n$.

β가 기약다항식 $f(x)$의 근이면 α와 β는 공액이므로 정리 5.3.4에 의하여 $F(\alpha) \cong F(\beta)$. $f(x)$가 기약이 아니라 하자. $p(x)|f(x)$ $1 \le \deg p(x) < n$인 기약다항식 $p(x) \in F[x]$가 존재한다. 정리 5.1.8에 의하여 F의 확대체 $F(\alpha)$가 존재하여 $p(\alpha)=0$, $[F(\alpha):F] = \deg p(x)$. 그러면 $f(\alpha)=0$, $[F(\alpha):F] = \deg p(x) < n$.

다항식 $f(x) \in F[x]$의 모든 근을 포함하는 F의 최소확대체에 대하여 생각하여 보자.

정리 5.3.6 체 F에 대하여 $f(x) \in F[x]$, $\deg f(x) = n \ge 1$일 때 F 위에서 $f(x)$의 분해체 K가 존재하여 $[K:F] \le n!$이다.

증명 $n=1$ 또는 $f(x)$가 $F(x)$에서 일차인수의 곱으로 완전히 분해될 때 이 정리의 성립은 분명하다.

실제로 $f(x) = a_0 + a_1 x \in F[x]$, $a_1 \ne 0$이면 $\alpha = -\dfrac{a_0}{a_1} \in F$이므로 $K = F(\alpha) = F$는 $f(x)$의 분해체이고, $[K:F] = 1 = 1!$이다. 또한 $f(x)$가 F 위에서 분해되면 $f(x) = a_0(x-a_1)\cdots(x-a_n)$, $a_i \in F(0 \le i \le n)$가 되어 $K = F(a_1, \cdots, a_n) = F$. 그러므로 $[K:F] = 1 \le n!$이다.

$n > 1$이고 $f(x)$가 $F[x]$에서 일차인수의 곱으로 분해되지 않을 경우를 생각하여 보자. 귀납법으로 증명하기 위하여 $n-1$차 이하의 모든 다항식에 대하여 이 정리가 성립한다고 가정하자.

$1 < \deg p(x) \le n$, $p(x)|f(x)$인 기약다항식 $p(x) \in F[x]$에 정리 5.3.5를 적용하면 F의 확대체 $F(\alpha_1)$이 존재하여

$$p(\alpha_1) = 0,\ [F(a_1):F] = \deg p(x) \le n$$

정리 4.5.8에 의하여 $f(x) = (x-a_1)g(x)$, $\deg g(x) = n-1$인 다항식 $g(x) \in F(a_1)[x]$가 존재한다. 가정에 의하여 다항식 $g(x) \in F(a_1)[x]$의 분해체 K가 존재하여 $[K:F(a_1)] \le (n-1)!$이다.

K의 성질에 의하여 $g(x) = a_0(x-a_2)\cdots(x-a_n)$, $a_0 \in F$로 $K[x]$ 내에서 분해되고 $K = F(a_1)(a_2, \cdots, a_n) = F(a_1, \cdots, a_n)$이다.

또한 $f(x) = (x-a_1)g(x) = a_0(x-a_1)(x-a_2)\cdots(x-a_n)$이고, $[K:F] = [K:F(a_1)][F(a_1):F] \le ((n-1)!)n = n!$이다.

보기 3 다항식 $f(x)=ax^2+bx+c\in Q[x]$의 근은 $\alpha=\dfrac{(-b+\sqrt{b^2-4ac})}{2a}$, $\beta=\dfrac{(-b-\sqrt{b^2-4ac})}{2a}$이다. $D=b^2-4ac$가 어떤 유리수의 제곱수가 아니면 $Q(\sqrt{D})$는 $f(x)$의 분해체이고, D가 어떤 유리수의 제곱수이면 Q 자신이 $f(x)$의 분해체이다. 또한 $[Q(\sqrt{D}: Q)]\le 2=2!$이므로 정리 5.3.6이 성립한다.

보기 4 다항식 $p(x)=x^n-a$의 분해체를 생각하여 보자. $x^2-2\in Q[x]$는 $x^2-2=(x-\sqrt{2})(x+\sqrt{2})$로 분해된다. $Q(\sqrt{2},-\sqrt{2})=Q(\sqrt{2})$이므로 $Q(\sqrt{2})$는 Q 위에서 x^2-2의 분해체이다. $[Q(\sqrt{2}):Q]=2=2!$이다.

$x^3-2\in Q[x]$는 $x^3-2=(x-\sqrt[3]{2})(x+\omega\sqrt[3]{2})(x-\omega^2\sqrt[3]{2})$, $\omega=\dfrac{-1+\sqrt{-3}}{2}$으로 분해된다. $Q(\sqrt[3]{2},\ \omega\sqrt[3]{2},\omega^2\sqrt[3]{2})=Q(\sqrt[3]{2},\ \omega)=Q(\sqrt[3]{2},\ \sqrt{-3})$이므로, $Q(\sqrt[3]{2},\ \sqrt{-3})$은 Q 위에서 x^3-2의 분해체이다. 한편, $[Q(\sqrt[3]{2},\sqrt{-3}):Q]=[Q(\sqrt[3]{2},\sqrt{-3}):Q(\sqrt[3]{2})][Q(\sqrt[3]{2}):Q]=2\cdot 3=3!$이다.

보기 5 $f(x)=x^4+x^2+1=(x^2+x+1)(x^2-x+1)=(x-\omega)(x-\omega^2)(x-\omega^4)(x-\omega^5)$, $\omega=\dfrac{(1-\sqrt{-3})}{2}$이다. 그러므로 $Q(\omega)=Q(\sqrt{-3})$은 $f(x)$의 분해체이고 $[Q(\omega):Q]=2\le 4\ne(\deg f(x))!$이다.

정리 5.3.7 $\sigma: F\to F'$가 체동형사상이고 K가 F 위에서의 다항식 $f(x)\in F[x]$, $\deg f(x)\ge 1$의 분해체, K'가 F' 위에서의 다항식 $\sigma(f(x))\in F'[x]$의 분해체라 하면 σ를 확장하는 체동형사상 $\tau: K\to K'$가 존재한다.

증명 $K=F$이면 $f(x)$는 F 위에서 일차인수의 곱으로 표시된다. 정리 5.3.2에 의하여 $\sigma(f(x))$도 F' 위에서 일차인수의 곱으로 표시된다. 그러므로 $K'=F'$이다. $K\ne F$이면 $[K:F]=n>1$이다. 이때 $f(x)$는 F 위에서 일차인수로 분해되지 않는다. 그러므로 $f(x)$이 기약인수 중에서 차수가 1보다 큰 다항식 $p(x)\in F[x]$가 존재한다. 그러면 $\sigma(p(x))\in F'[x]$도 F'위에서 기약이고 차수는 $p(x)$의 차수와 동일하다.

K가 F 위에서 $f(x)$의 분해체이므로 $f(x)$는 K 위에서 일차인수의 곱으로 표시된다. 그러므로 $p(x)$는 $f(x)$의 인수이므로 $p(x)$는 이 일차인수 중 몇 개의 곱으로 표시된다. 그러므로 $p(x)$의 근 $\alpha \in K$가 존재하여 $[F(\alpha):F] = \deg p(x) = m$이다. 같은 이유에서 $\sigma(p(x))$의 근 $\beta \in K'$가 존재하여 $[F'(\beta):F'] = \deg(\sigma(p(x))) = \deg p(x) = m$이다.

정리 5.3.3에 의하여 $\theta|_F = \sigma$, $\theta(\alpha) = \beta$인 동형사상 $\theta : F(\alpha) \to F'(\beta)$가 존재한다.

K가 F 위에서 $f(x)$의 분해체이면 $f(x) \in F(\alpha)[x]$이고 이는 $F(\alpha)$ 위에서도 분해된다. 그러므로 K는 $F(\alpha)$ 위에서 $f(x)$의 분해체이다. 마찬가지로 K'는 $F'(\beta)$위에서 $\sigma(f(x))$의 분해체이다. 또 $[K:F(\alpha)][F(\alpha):F] = [K:F] = n$이므로 $[K:F(\alpha)] = \dfrac{n}{m} < n$. 마찬가지로 $[K':F'(\beta)] < n$이다.

$$
\begin{array}{ccccl}
F & \xrightarrow{\quad\sigma\quad} & F' & & \\
| & & | & & \\
F(\alpha) & \xrightarrow{\quad\theta\quad} & F'(\beta), & & \theta|_F = \sigma \\
| & & | & & \\
K & \xrightarrow{\quad\tau\quad} & K', & & \tau|_{F(\alpha)} = \theta
\end{array}
$$

그림 5.3

n에 관한 귀납법으로 이 정리를 증명하자. n 이하의 모든 경우에 성립한다고 가정하면 위의 사실에서 $\theta : F(\alpha) \to F'(\beta)$를 확장하는 동형사상 $\tau : K \to K'$가 존재하여 $\tau|_{F(\alpha)} = \theta$이다. 그림에서 $\tau : K \to K'$는 $\tau|_F = \sigma$인 동형사상임을 알 수 있다.

정리 5.3.8 다항식 $f(x) \in F[x]$의 분해체는 동형관계에 의하여 일의적으로 존재한다.

증명 정리 5.3.7에서 $F = F'$, $\sigma = 1_F$이면 $K \cong K'$. 따라서 $f(x)$의 분해체는 서로 동형관계에 있음을 알 수 있다.

정리 5.3.9 K는 체 F 위에서의 다항식 $f(x) \in F[x]$의 분해체이다. $\alpha \in K$, $\beta \in K$가 F 위에서 공액이기 위한 필요충분조건은 $\tau|_F = 1_F$, $\tau(\alpha) = \beta$인 동형사상 $\tau : K \to K$가 존재하는 것이다.

증명 정리 5.3.4에 의하여 $\sigma|_F = 1_F$, $\sigma(\alpha) = \beta$인 동형사상 $\sigma : F(\alpha) \to F(\beta)$가 존재한다. K가 F 위에서의 $f(x)$의 분해체이므로 K는 $f(\alpha)$ 위에서의 $f(x)$의 분해체이고 $F(\beta)$ 위에서의 $f(x)$의 분해체가 된다.

정리 5.3.7에 의하여 $\tau|_F = 1_F$, $\tau(\alpha) = \beta$이다. 정리 5.3.4와 같은 방법으로 이의 역도 증명할 수 있다.

정리 5.3.10 체 F 위에서 다음 조건은 서로 동치관계에 있다.

(1) 상수가 아닌 모든 다항식 $f(x) \in F[x]$는 F 내에 있는 근을 갖는다.
(2) 상수가 아닌 모든 다항식 $f(x) \in F[x]$는 F 위에서 일차인수로 분해된다.
(3) $F[x]$의 모든 기약다항식의 차수는 1이다.
(4) F 자신 이외에 F의 대수적 확대체는 존재하지 않는다.

증명 정리 5.1.7과 정리 5.2.2, 정리 5.2.4 등에 의하여 쉽게 증명할 수 있다.

정의 위 정리의 어느 한 조건을 만족하는 체를 **대수적으로 닫혀있다**(algebraically closed)고 한다. 대수적으로 닫혀있는 체 F를 **대수적 폐체**(algebraically closed field)라 한다. ■

정리 5.3.11 **대수학의 기본정리** 복소수체 C는 대수적 폐체이다. 즉 임의의 다항식 $f(x) \in C[x]$, $\deg f(x) \geq 1$은 C 자신을 분해체로 갖는다.

증명 리우빌(Liouville) 정리를 이용하여 해석학적인 방법으로 증명하자. $f(x) \in C[x]$, $\deg f(x) \geq 1$이 C 내에 근을 갖지 않는다고 가정하면 함수 $h : C \to C$, $\triangle h(c) = \dfrac{1}{f(c)}$은 C 위에서 해석적이다. $f(x)$가 상수함수가 아니므로 $h(x)$도 상수함수가 아니고 $\lim_{|c| \to \infty} |f(c)| = \infty$, $\lim_{|c| \to \infty} \left| \dfrac{1}{f(c)} \right| = 0$. 그러므로 h는 C 위에서 유계이다. 리우빌 정리에 의하여 h는 상수함수이다. 따라서 f도 상수함수이다. 이는 명백한 모순이다. 즉 C 안에 근을 갖지 않는 1차 이상의 다항식은 존재하지 않는다.

유한체의 유한확대체에 관한 성질을 살펴보자.

체 F의 특성은 0 또는 소수 p이다. 특성이 0이면 F는 유리수체 Q의 동형인 무한위수의 체를 포함하므로 F가 유한체라는 가정에 모순이다. 그러므로 F의 특성은 소수 p이다.

소체 Z_p는 위의 벡터공간 F의 차원을 n이라 하면

$$F=< v_1,\cdots,v_n \geqq \{a_1v_1+\cdots+a_nv_n|z_i\in Z_p\}$$

인 기저 $\{v_1,\cdots v_n\}$이 존재한다. 따라서 $|F|=p^n$ 이다. $\mathbb{Z}_p$는 **동형관계** (isomorphic relation)에 의하여 F의 소체로 볼 수 있고, F는 $\mathbb{Z}_p$의 유한확대체이다.

정리 5.3.12 F가 유한체이면 F의 특성은 소수 p이고 $|F|=p^n$, $n>0$이다.

증명 모든 유한체 $\mathbb{Z}_p$와 동형인 소체의 유한확대체이므로 앞의 언급에 따른다.

정리 5.3.13 위수가 p^n인 유한체 F, 동형관계에 의한 F의 소체를 $\mathbb{Z}_p$라 하면 F는 $\mathbb{Z}_p$ 위에서 다항식 $x^{p^n}-x$의 분해체이다.

증명 $\text{char}\,F=p$, $|F|=p^n$이라 하자. 곱셈군 $F^*=F-\{0\}$의 위수는 p^n-1이다. 임의의 $\alpha\in F^*$의 위수는 p^n-1의 약수이므로 $\alpha^{p^n}=\alpha$이다. 즉 모든 $\alpha\in F^*$는 다항식 $x^{p^n}-x=0$의 근이다. 그런데 $x^{p^n}-x$의 근의 개수는 p^n 이하이므로 $\mathbb{Z}_p$ 위에서의 $x^{p^n}-x$의 근은 모두 F 내에 존재한다. 따라서 F는 $\mathbb{Z}_p$ 위에서 $x^{p^n}-x$의 분해체이다.

정리 5.3.14 체 F의 곱셈군 $F^*=F-\{0\}$의 임의의 유한부분군 G는 순환군이다. 또 F가 유한체이면 곱셈군 F^*는 유한순환군이다.

증명 정리 3.1.11에 의하여 유한가환군 G는 순환군 $\mathbb{Z}_{m_i}(1\le i\le r)$의 직적 $\mathbb{Z}_{m_1}\times\cdots\times\mathbb{Z}_{m_r}$과 동형이다. 이때 $m_i|m_{i+1}$, $|\mathbb{Z}_{m_i}|=m_i$이다. 모든 $a_i\in\mathbb{Z}_{m_i}$에 대하여 $a_i^{m_i}=1$이다. 그러므로 G의 모든 원소는 다항식 $x^{m_r}-1$의 근이다. $|G|=|\mathbb{Z}_{m_1}|\cdots|\mathbb{Z}_{m_r}|=m_1\cdots m_r$이고 $x^{m_r}-1$의 근은 m_r개 이하이므로 $r=1$이다. 즉 $G\cong\mathbb{Z}_{m_1}$. 따라서 G는 순환군이다.

F가 유한체이면 $F^*=F-\{0\}$는 유한곱셈군으로 순환군이다.

정리 5.3.15 유한체 F의 유한확대체 K는 단순확대체이다. 즉 $K=F(\alpha)$인 원시원 $\alpha \in K$가 존재한다.

증명 정리 5.3.14에 의하여 $K^* = K-\{0\}$은 순환군이다. 따라서 $K=F(\alpha)$, $\alpha \in K$이다.

연습문제 5.3

1 유리수체 $\mathbb{Q}$ 위에서의 x^3-8, x^3+x^2+x+1의 분해체를 구하여라.

2 유리수체 $\mathbb{Q}$ 위에서의 x^4-2의 분해체 K의 차수를 구하여라.

3 다항식 $p(x)\in\mathbb{R}[x]$의 분해체는 $\mathbb{R}$ 또는 $\mathbb{C}$임을 보여라. 또한 모든 삼차방정식 $p(x)=ax^3+bx^2+cx+d\in\mathbb{R}[x]$는 적어도 하나의 근을 가짐을 보여라.

4 $\sigma: F\to F'$가 체동형사상일 때 다음으로 정의된 사상 $\sigma^*: F[x]\to F'[x]$는 $\sigma^*|_F=\sigma$을 만족하는 환동형사상이다. 이를 밝혀라.

$$\sigma^*(f(x))=\sigma^*(a_0+a_1x+\cdots+a_nx^n)=\sigma(a_0)+\sigma(a_1)x+\cdots+\sigma(a_n)x^n$$

5 $\sigma: F\to F'$가 체동형사상이고 α가 F의 확대체 E의 원소, β가 F'의 확대체 E'의 원소라 하자. α가 기약다항식 $p(x)\in F[x]$의 근이고 β가 다항식 $\sigma(p(x))$의 근이면 $\tau(\alpha)=\beta$, $\tau|_F=\sigma$가 되는 동형사상 $\tau: F(\alpha)\to F'(\beta)$가 존재한다. 이를 증명하여라.

6 체 $\mathbb{Q}$에 대하여 $f(x)=3x^2+4x+5\in\mathbb{Q}[x]$일 때 $\mathbb{Q}$ 위에서 $f(x)$의 분해체 K를 구하고 $[K:\mathbb{Q}]$를 구하여라.

7 체 $\mathbb{Q}$ 위에서 x^3-2의 분해체 K를 구하고 $[K:\mathbb{Q}]$를 구하여라.

8 체 F 위에서 다음 조건은 서로 동치관계에 있음을 보여라.

(1) 상수가 아닌 모든 다항식 $f(x)\in F[x]$는 F 내에 있는 근을 갖는다.

(2) 상수가 아닌 모든 다항식 $f(x)\in F[x]$는 F 위에서 일차인수로 분해된다.

(3) $F[x]$의 모든 기약다항식의 차수는 1이다.

(4) F 자신 이외에 F의 대수적 확대체는 존재하지 않는다.

9 차수가 1차 이상인 다항식 $f(x)\in F[x]$의 분해체는 동형관계에 의하여 일의적으로 존재함을 설명하여라.

10 다음 사실을 증명하여라.
임의의 다항식 $f(x)\in\mathbb{C}[x]$, $\deg f(x)\ge 1$은 $\mathbb{C}$ 자신을 분해체로 갖는다.

SECTION 5.4

분리확대체, 정규확대체

먼저 체 F에 대하여 F의 분리확대체 및 정규확대체의 개념에 대하여 공부한다. 그 후 유한분리확대체는 단순확대체이고, 여기서 원시원도 찾아보며, 차원이 2인 유한차원확대체가 정규확대체임을 알아본다.

정의 K가 체 F의 확대체이고 $\alpha \in K$가 다항식 $f(x) \in F[x]$, $\deg f(x) \geq 1$의 근이라 하자. 다음 조건을 만족하는 최대 양의 정수 m을 $f(x)$의 근 α의 **중복도**(multiplicity of root)라 한다.

$$f(x) = (x-\alpha)^m g(x), \quad g(x) \in K[x],\ g(\alpha) \neq 0$$

$m > 1$일 때 α를 $f(x)$의 **중근**(multiple root), $m = 1$일 때 α를 $f(x)$의 **단근**(simple root)이라 한다.

다항식의 근의 중복도를 조사하는 데 다항식의 **형식적 미분**(formal derivation)이 이용된다. 체 F 위의 다항식 $f(x) = \sum_{i=0}^{n} a_i x^i = a_0 + a_1 x + \cdots + a_n x^n$에 대하여 $f'(x) = \sum_{i=1}^{n} i a_i x^{i-1} = a_1 + 2a_2 x + \cdots + n a_n x^{n-1} \in F[x]$를 $f(x)$의 **미분**(derivation)이라고 한다. ■

정리 5.4.1 K는 체 F의 확대체이고 $f(x) \in F[x]$이다.

(1) $\alpha \in K$가 $f(x)$의 중근이기 위한 필요충분조건은 $f(\alpha)=0$, $f'(\alpha)=0$인 것이다.

(2) $\alpha \in K$가 기약다항식 $f(x) \in F[x]$의 단근이기 위한 필요충분조건은 $f(\alpha)=0$, $f'(\alpha) \neq 0$인 것이다.

증명 (1) $\alpha \in K$가 $f(x)$의 $m(\geq 2)$중근이라 하면 $f(x) = (x-\alpha)^m g(x)$, $g(\alpha) \neq 0$인 $g(x) \in F[x]$가 존재한다. 그러면 $f'(x) = m(x-\alpha)^{m-1} g(x) + (x-\alpha)^m g'(x)$에서 $f'(\alpha) = 0$이다.

역으로, $f(\alpha)=0$, $f'(\alpha)=0$일 때 $m=1$이라 가정하자. 그러면 $f(x)=(x-\alpha)g(x)$, $f'(x)=g(x)+(x-\alpha)g'(x)$에서 $0=f(\alpha)=f'(\alpha)=g(\alpha)$. 이는 $g(\alpha)\neq 0$라는 조건에 어긋난다. 따라서 $0=f(\alpha)=f'(\alpha)$이면 $m\geq 2$이다.

(2) $f(x)\neq 0$이면 $\deg f'(x)<\deg f(x)$이고 $f(x)$가 기약다항식이므로 $f(x)$와 $f'(x)$는 서로소이다. 그러면 $h(x), l(x)\in F[x]$가 존재하여

$$f(x)h(x)+f'(x)l(x)=1$$

$\alpha\in K$가 $f(x)$의 중근이라 가정하면 (1)에 의하여 $f(\alpha)=f'(\alpha)=0$. 결과적으로 $0=1$이 되어 모순이다. 그러므로 $\alpha\in K$는 $f(x)$의 단근이다. 역으로 $f'(x)=0$이라 하자. 그러면 $f'(x)=0$이므로 $f'(\alpha)=0=f(\alpha)$이다. (1)에 의하여 α는 $f(x)$의 중근이다. 이의 대우는 "α가 $f(x)$의 단근이면 $f'(x)\neq 0$이다."가 된다.

정의 체 F 위의 기약다항식 $f(x)$의 모든 근이 그 분해체 내에서 단근일 때 $f(x)$를 **분리다항식**(separable polynomial)이라 한다. K가 체 F의 확대체이고 α의 기약다항식이 F 위에서 분리다항식일 때 $\alpha\in K$를 F 위에서의 **분리원**(separable element)이라 한다. K의 모든 원소가 F 위에서 분리원인 체 F의 대수적 확대체 K를 체 F의 **분리확대체**(separable extension field)라 한다. ■

보기 1 다항식 $x^2+1\in Q[x]$는 $C[x]$에서 분리가능하다. $x^2+1=(x+1)^2\in Z_2[x]$는 기약다항식이 아니고 Z_2 위에서 단근을 갖지 않는다.

정리 5.4.2 특성이 0인 체 F의 대수적 확대체 K는 F의 분리확대체이다. 또 $\text{char } F=p$, $[K:F]=n$, $p\nmid n$이면 K는 F의 분리확대체이다.

증명 기약다항식 $\text{irr}(\alpha, F)=f(x)$에 대하여 $\deg f'(x)\geq 0$이므로 $f'(x)\neq 0$. 정리 5.4.1(2)에 의하여 $f(x)$는 K내에 단근만을 갖는다. 따라서 K는 F의 분리확대체이다.

$\alpha\in K$, $\text{irr}(\alpha, F)=f(x)=x^m+\cdots+a_1x+a_0\,(m\geq 1)$에 대하여

$$F\leq F(\alpha)\leq K,\ [F(\alpha):F][K:F(\alpha)]=[K:F]$$

가 성립한다. $[F(\alpha):F]=m$, $[K:F]=n$이므로 $m|n$이다. $p\nmid n$이므로

$p \nmid m$이다. 그러므로 $f'(x) = mx^{m-1} + \cdots + a_1 \neq 0$. 정리 5.4.1(2)에 의하여 $f(x)$의 분해체 내의 근은 단근뿐이다. 그러므로 α는 F 위에서의 분리원이다. 모든 K의 원소에 대하여 이 성질이 성립하므로 K는 F의 분리확대체이다.

정의 E를 체 F의 확대체라 할 때, E가 다음 두 조건을 만족하는 E를 F의 **정규확대체**(normal extension of F)라 한다.

(1) E는 F의 대수적 확대체이다.

(2) $F[x]$에서의 기약다항식인 $f(x) \in F[x]$가 E에서 한 근을 가지면 $f(x)$는 E 위에서 분해된다.

보기 2 체 R은 Q의 정규 확대체가 아니다. 다항식 x^3+1은 근 -1은 Q의 원소나 $R[x]$에서 일차인수로 분해되지는 않는다. 또 $Q(\sqrt[3]{2})$는 Q의 비정규확대체이다. 그러나 $Q(\sqrt[3]{2}, \epsilon)$은 Q의 정규확대체이다.

정리 5.4.3 체 F의 유한확대체 K에 대하여 다음은 동치이다.

(1) K가 F의 정규확대체이다.

(2) K가 F 위의 한 다항식의 분해체이다.

증명 K가 F의 정규 확대체이고 $[K : F] = n$이라 하자. F 위의 벡터공간 K의 기저를 $\{\alpha_1, \cdots, \alpha_n\}$ 이라 하면 $K = F(\alpha_1, \cdots, \alpha_n)$ 이다. 유한확대체 K는 대수적 확대체이므로 모든 $\alpha_i (1 \leq i \leq n)$는 F 위에서 대수적이다. $\text{irr}(\alpha_i, F) = p_i(x)$는 $\alpha_i \in K$를 한 근으로 가지므로 정의에 의하여 $K[x]$내에서 일차인수로 분해된다. $f(x) = p_1(x) \cdots p_n(x)$라 놓으면

$$f(x) = (x-\beta_1)(x-\beta_2)\cdots(x-\beta_m),\ \beta_j \in K,\ j = 1, \cdots, m$$

으로 표시된다. 이때 β_j는 K 내에 속하고 적당한 $p_i(x)$의 근이다. 그러므로 $F(\beta_1, \cdots, \beta_m) = F(\alpha_1, \cdots, \alpha_n) = K$ 이다. 따라서 K는 $f(x) \in F[x]$의 분해체이다.

역으로 K가 F 위의 다항식 $f(x)$의 분해체라 하고 $p(x)$가 $\alpha \in K$를 한 근으로 갖는 F 위의 기약다항식이라 하자. 또 E를 K 위에서의 $p(x)$의 분해체

라 하고 β를 E 내의 $p(x)$의 한 근이라 하자. 정리 5.3.4에 의하여 $\tau|_F = 1_F$, $\tau(\alpha) = \beta$인 동형사상 $\tau : F(\alpha) \to F(\beta)$가 존재한다. 따라서 $[F(\alpha) : F] = [F(\beta) : F]$이다.

K는 $F(\alpha)$ 위에서의 $f(x) \in F(\alpha)[x]$의 분해체이고 $K' = K(\beta)$는 $F(\beta)$ 위에서의 $\tau(f(x)) \in F(\beta)[x]$의 분해체이다. 그런데 $\tau|_F = 1_F$이므로 $\tau(f(x)) = f(x)$이다. 정리 5.3.7에 의하여 $\sigma|_{F(\alpha)} = \sigma$인 동형사상 $\sigma : K \to K'$가 존재한다.

$$\begin{array}{ccc}
K & \xrightarrow{\quad\sigma\quad} & K' = K(\beta) \\
| & & | \\
F(\alpha) & \xrightarrow{\quad\tau\quad} & F'(\beta) \\
| & & | \\
F & \xrightarrow{\quad 1_F \quad} & F'
\end{array}$$

그림 5.4

그림의 τ, σ에 대하여 $[K : F(\alpha)] = [K' : F(\beta)]$가 성립한다. 그런데 $[K' : F] = [K' : F(\beta)][F(\beta) : F] = [K : F(\alpha)][F(\alpha) : F] = [K : F]$, $[K' : F] = [K(\beta) : F] = [K(\beta) : K][K : F]$에서 $[K(\beta) : K] = 1$. 그러므로 $\beta \in K$이다. K 위에서의 $p(x) \in F[x]$의 분해체 E 내의 근이 모두 K에 속하므로 $K = E$이다. 따라서 $p(x)$는 $K[x]$ 내에서 일차인수의 곱으로 분해된다. K는 F 위에서 대수적이므로 K는 F의 정규확대체이다.

다음 장의 갈루아 이론을 설명하는 데 필요한 **원시원**(primitive element)에 대하여 살펴보자.

정리 5.4.4 무한체 F의 유한분리확대체 K는 단순확대체이다. 즉 $K = F(\alpha)$인 원시원 $\alpha \in K$가 존재한다.

증명 F 위의 분리원 β, γ에 대하여 $F(\beta, \gamma) = F(\alpha)$인 α가 존재함을 보이자. $\mathrm{irr}(\beta, F)$의 서로 다른 근을 $\beta_1 = \beta, \cdots, \beta_m$, $\mathrm{irr}(\gamma, F)$의 서로 다른 근을 $\gamma_1 = \gamma, \gamma_2, \cdots, \gamma_n$이라 하자. K가 F의 분리확대체이므로 이들은 모든 단근이다. F가 무한체이므로 모든 $\dfrac{(\beta_i - \beta)}{(\gamma - r_j)}$와는 다른 $a \in F$가 존재한다. 즉 모든 i, j에 대하여 $\beta + a\gamma \neq \beta_i + ar_j$이다. $\alpha = \beta + a\gamma$라 놓으면 $\alpha - ar_j \neq \beta$,

$j \neq 1$이다. $f(x) = \text{irr}(\beta, F)$, $g(x) = \text{irr}(\gamma, F)$라 하자.

다항식 $h(x) = f(\alpha - ax) \in F(\alpha)[x]$에 대하여 $h(\gamma) = f(\beta) = 0$. $f(x)$의 근은 β_i뿐이므로 $h(r_j) \neq 0$, $j \neq 1$. 그러므로 $h(x)$와 $g(x) = \text{irr}(\gamma, F)$는 $F(\alpha)[x]$ 내에서 공통근 γ를 갖는다. 그런데 γ가 $h(x)$, $g(x)$의 유일한 근이므로 $\text{irr}(\gamma, F(\alpha)) = x - \gamma$, $\gamma \in F(\alpha)$. $\beta = \alpha - a\gamma \in F(\alpha)$이므로 $F(\beta, \gamma) = F(\alpha)$이다. 체 $K = F(\beta_1, \cdots, \beta_l)$에 이 성질을 귀납적으로 적용하면 $K = F(\alpha)$, $\alpha \in K$를 얻는다.

정리 5.4.5 특성이 0인 체 F의 유한확대체 K는 단순확대체이다.

증명 char $F = 0$인 체 F는 무한체이다. 정리 5.4.2과 정리 5.4.4에 의하여 유한확대체 K는 단순확대체이다.

특성이 0인 체 F의 모든 유한확대체는 분리확대체이다. 유한체의 모든 유한확대체는 분리확대체이고 또한 정규 확대체인가 살펴보자.

정리 5.4.6 E를 체 F의 확대체라 하고 $[E:F] = 2$라 하자. 그러면 E는 F의 정규확대체이다.

증명 $[E:F] = 2$이므로 정리 5.2.2에 의하여 E는 F의 대수적 확대체이다. $f(x) \in F[x]$를 $F[x]$에서의 기약다항식이라 하고 $\alpha(\alpha \in E)$를 $f(x)$의 근이라 하자. $p(x)$를 F 위의 α의 최소다항식이라 하면 정리 5.1.8에 의하여 $\deg p(x) = \deg f(x)$이고 $[F(\alpha):F] = \deg f(x) \geq 1$이다. 한편, $F \subset F(\alpha) \subset E$이므로 차원의 성질에 의하여

$$[F(\alpha):F] \leq [E:F] = 2$$

이다. 따라서 $\deg f(x) = 1$ 또는 $\deg f(x) = 2$이다. 먼저 $\deg f(x) = 1$이면 연습문제 5.1.16에 의하여 $F(\alpha) = F$이므로 $\alpha \in F$이다. 따라서 인수정리(factor theorem)에 의하여

$$f(x) = c(x - \alpha) \quad (c \in F,\ \alpha \in F \subset E)$$

의 꼴로 표시되므로 $f(x)$는 E 위에서 분해된다.

다음은 $\deg f(x)=2$라고 하자. 그러면 인수정리에 의하여

$$f(x)=(x-\alpha)g(x)$$

를 만족시키는 $g(x)\in E[x]$가 존재한다. 이때 $\deg f(x)=2$이므로 $\deg g(x)=1$이다. 따라서

$$g(x)=cx+d(c,\ d\in E,\ c\neq 0)$$

의 형태로 표시된다. 그래서 $\beta=-c^{-1}d$라 하면 $\beta\in E$이고

$$g(x)=c+dx=c(x+c^{-1}d)=c(x-\beta)$$

의 형태로 표시된다. 그러므로

$$f(x)=(x-\alpha)g(x)=c(x-\alpha)(x-\beta)$$

이다. 이때 $f(x)\in F[x]$이므로 $c\in F$이다. 따라서 $f(x)$는 E 위에서 분해된다. 그러므로 E는 F의 정규확대체이다.

보기 3 유리수체 $\mathbb{Q}$의 단순확대체 $\mathbb{Q}(\sqrt{2})$를 생각해보자. 보기 5.1.2에 의하여 $[\mathbb{Q}(\sqrt{2}):\mathbb{Q}]=2$이므로 $\mathbb{Q}(\sqrt{2})$는 $\mathbb{Q}$의 정규 확대체이다.

연습문제 5.4

1 K가 F의 유한차원확대체이고 정규확대체이면, K가 F 위의 한 다항식의 분해체임을 보여라.

2 특성이 0인 체 F의 모든 기약다항식은 분리다항식임을 보여라.

3 K가 $x^5 - 7 \in Q[x]$의 분해체이면 $[K : Q] = 20$임을 보여라.

4 특성이 0인 체 F의 대수적 확대체 K는 F의 분리확대체임을 보여라. [문제 2 참조]

5 K를 체 F의 확대체라 하고 $[K : F] = 2$라 하자. 그러면 K는 체 F의 정규 확대체임을 증명하여라.

6 체 F의 유한확대체 K에 대하여 다음사실이 동치개념임을 보여라.
(1) K가 F의 정규 확대체이다.
(2) K가 F 위의 한 다항식의 분해체이다.

7 특성이 0인 체 F의 유한차원확대체 K는 단순확대체임을 증명하여라.

8 p를 소수라 하고 $f(x)$를 $\mathbb{Z}_p[x]$에서 차수가 2인 기약다항식이라 하자. K가 $\mathbb{Z}_p$의 확대체이고 위수가 p^3이라 하면 $f(x)$가 $K[x]$에서 기약이라는 것을 보여라.

9 특성이 0인 체 F는 무한체임을 증명하여라.

10 체 F 위의 다항식 $f(x) \in F[x]$와 $f'(x)$가 서로소일 때, $f(x)$는 분리다항식임을 보여라.

11 무한체 F의 유한차원분리확대체 K는 단순확대체, 즉 $K = F(\alpha)$임을 증명하여라.

SECTION

5.5 유한체

유한체는 사영기하, 조합, 실험설계, 그리고 암호작성술을 포함한 많은 분야에서 응용된다. 이 절에서는 유한체를 체의 확대 그리고 분해체의 관점에서 다룬다.

몇 가지 필요한 정의와 체나 심지어는 환에 적용되는 결과들로 이 절을 시작한다. 그 결과들은 유한체를 공부하는데 도움이 될 것이다.

R을 항등원을 가지는 환이라 하자. 양의 정수 m과 $c \in R$에 대하여 $mc = c + c + \cdots + c$(m개의 합)라는 것을 기억하자. 환 R이 모든 양의 정수 m에 대하여 $m1_R \neq 0_R$이라면 특성 0(characteristic 0)이라고 배웠다. 반면에, 만약 어떤 양의 정수 m에 대하여 $m1_R = 0_R$라면 정수의 정렬성에 의하여 $m1_R = 0_R$를 만족하는 양의 정수들 중에 가장 작은 m이 존재한다. 만약 n이 $n1_R = 0_R$를 만족하는 가장 작은 양의 정수라면 우리는 R이 **특성** n (characteristic n)을 가진다고 하였다. 예를 들어, $\mathbb{Q}$는 특성 0을 가지고 $\mathbb{Z}_3$는 특성 3을 가진다.

보조정리 5.5.1 만약 R이 정역이라면 R의 특성은 0이거나 양의 소수이다.

증명 만약 R의 특성이 0이라면, 증명할 게 없다. 그래서 R이 특성 $n > 0$을 가진다고 해보자. 만약 n이 소수가 아니라면 $n = kt$, $k < n$, $t < n$을 만족하는 $k, t \in \mathrm{N}$ 존재한다. 그러면 분배법칙에 의하여

$$(k1_R)(t1_R) = \underbrace{(1_R + \cdots + 1_R)}_{k\text{개}}\underbrace{(1_R + \cdots + 1_R)}_{t\text{개}}$$

$$= 1_R 1_R + \cdots + 1_R 1_R$$
$$= \underbrace{1_R + \cdots + 1_R}_{kt\text{개}}$$

$$= (kt)1_R = n1_R = 0_R$$

이 성립한다. 이때 R이 정역이므로 $k1_R = 0_R$ 이거나 $t1_R = 0_R$이다. 이는 n

이 $n1_R = 0_R$을 만족하는 가장 작은 양의 정수라는 것에 모순이 된다. 그러므로 n은 소수이다.

보조정리 5.5.2 R을 특성이 $n > 0$인 항등원을 가진 환이라고 하자. 그러면 $k1_R = 0_R$일 필요충분조건은 $n|k$이다.

증명 $n|k$라 하자. 그러면 $k = nd$를 만족하는 $d \in R$이 있다. 그래서

$$k1_R = nd1_R = (n1_R)(d1_R) = 0_R(d1_R) = 0_R$$

이다.

역으로 $k1_R = 0_R$라 하자. 그러면 나눗셈 정리에 의하여 $k = nq + r$, $0 \le r < n$인 $q, r \in \mathbb{Z}$가 있다. 그러면 $n1_R = 0_R$이므로

$$r1_R = r1_R + 0_R = r1_R + nq1_R = (r + nq)1_R = k1_R = 0_R$$

이다. $r < n$이고 특성의 정의에 의하여 n이 $n1_R = 0_R$을 만족하는 가장 작은 양의 정수이기 때문에 $r = 0$이어야 한다. 그러므로 $k = nq$이고, $n|k$이다.

정리 5.5.3 R을 항등원을 가지는 환이라고 하자. 그러면

(1) 집합 $P = \{k1_R | k \in \mathbb{Z}\}$는 R의 부분환이다.

(2) 만약 R의 특성이 0이면, $P \cong \mathbb{Z}$이다.

(3) 만약 R의 특성이 $n > 0$이면, $P \cong \mathbb{Z}_n$이다.

증명 $f : \mathbb{Z} \to R$이 $f(k) = k1_R$으로 정의되었다고 하자. 그러면

$$f(k+t) = (k+t)1_R = k1_R + t1_R = f(k) + f(t)$$

이다. 또한, (보조정리 5.5.1의 증명에서처럼) 분배법칙에 의하여

$$f(kt) = (kt)1_R = (k1_R)(t1_R) = f(k)f(t)$$

이 성립한다. 따라서 f는 환 준동형사상이다. f의 상은 정확하게 집합 P이다. 그래서 P는 부분환(criterion)에 의하여 환이다. 결과적으로 f는 $\mathbb{Z}$에서 P로의 전사 준동형사상이라고 간주할 수 있다. 그러면 제1동형사상에 의하여 $P \cong \mathbb{Z} / (\mathrm{Ker}\, f)$이다.

만약 R이 특성 0을 가지고 있다면 $k1_R = 0$를 만족하는 유일한 정수 k는 $k = 0$이다. 그래서 f의 핵은 이데알 $(0) \subset \mathbb{Z}$ 이고 $P \cong \mathbb{Z}/(0) \cong \mathbb{Z}$ 이다.

만약 R이 특성 $n > 0$을 가지고 있다면 보조정리 5.5.2에 의하여 f의 핵은 n의 모든 배수들로 이루어진 주 이데알 (n)이다. 따라서 $P \cong \mathbb{Z}/(n) \cong \mathbb{Z}_n$ 이다.

정리 5.5.3에 따르면 특성 0인 체는 $\mathbb{Z}$와 동형인 부분환을 가지고 있다. 따라서 그러한 체는 반드시 무한이다. 이러한 결과를 바탕으로 보조정리 5.5.1에 의하여 다음과 같은 정리를 얻는다.

정리 5.5.4 모든 유한체는 어떤 소수 p에 대하여 특성 p를 가진다.

정리 5.5.4의 역은 성립하지 않는다. 특성 p를 가지는 무한체가 있기 때문이다.(연습문제 8)

K가 소수인 특성 p를 가지는 체라고 하자(특히 K가 유한인 경우). 그러면 정리 5.5.3으로부터 K가 $\mathbb{Z}_p$와 동형인 부분체 P를 포함한다는 것을 알 수 있다. 이 부분체 P는 K의 **소 부분체**(prime subfield)라 불리고 K의 모든 부분체들을 포함한다. (왜냐하면 모든 부분체들은 1_K를 포함하고 따라서 모든 정수 t에 관하여 $t1_K$ 를 포함하기 때문이다.) P에 관한 다른 설명은 연습문제 4를 통하여 알아보자. 우리는 이제 소 부분체 P를 그의 동형인 $\mathbb{Z}_p$와 동일시할 것이다. 그러면 모든 특성 p인 체들은 $\mathbb{Z}_p$를 포함한다고 할 수 있다.

유한체 K의 원소의 수를 우리는 K의 **위수**(order of K)라고 한다. 특성이 p인 유한체의 위수를 결정하기 위하여 K를 그의 소 부분체 $\mathbb{Z}_p$의 확대체라고 간주하자.

정리 5.5.5 유한체 K가 특성 p이고 $n = [K : \mathbb{Z}_p]$이면 K의 위수는 p^n이다.

증명 $\mathbb{Z}_p$ 상에서 K를 생성하는 원소들로 이루어진 집합은 반드시 유한이다. (K 그 자체가 이미 유한이기 때문이다.) 결과적으로, K는 $\mathbb{Z}_p$ 상에서 유한 기저 $\{u_1, u_2, \cdots, u_n\}$ 을 갖는다. K의 모든 원소들은 어떤 $c_i \in \mathbb{Z}_p$에 대하여

$$(*) \quad c_1u_1 + c_2u_2 + \cdots + c_nu_n$$

의 형태로 일의적으로 표현된다. 각 c_i에 대하여 정확하게 p개의 가능한 선택

이 있으므로, 정확하게 p^n개의 서로 다른 (*)형태의 선형결합이 있다. 그래서 K는 n이 기저에 있는 원소의 수, 즉 $[K: \mathbb{Z}_p]$일 때 위수가 p^n이다.

정리 5.5.5는 유한체의 가능한 크기를 제한한다. 예를 들어, 위수를 6으로 가지는 체는 존재하지 않는다. 왜냐하면 6은 어떤 소수의 거듭제곱으로 나타낼 수 없기 때문이다. 이것은 그 역에 관한 몇 가지 궁금점을 자아낸다. 모든 소수 p와 정수 n에 대하여 p^n을 위수로 가지는 체가 존재하는가? 위수가 p^n인 두 체 사이에는 어떤 관계가 있는가? 이 질문들에 대한 답을 하기 위하여 정리 5.5.7과 그의 따름정리들을 살펴보자. 우선, 우리는 기술적인 보조정리가 필요하다.

보조정리 5.5.6 **The Freshman's Dream** p를 소수라 하고 R을 특성이 p인 항등원을 가지는 가환환이라 하자. 그러면 모든 $a, b \in R$과 모든 양의 정수 n에 대하여

$$(a+b)^{p^n} = a^{p^n} + b^{p^n}$$

이 성립한다.

증명 n에 관한 수학적 귀납법을 통해 증명하자.

$n=1$일 때, 이항정리에 의하여

$$(a+b)^p = a^p + \binom{p}{1}a^{p-1}b + \cdots + \binom{p}{r}a^{p-r}b^r + \cdots + \binom{p}{p-1}ab^{p-1} + b^p$$

이다. 이때, 정수론의 결과로부터 각 중간의 계수 $\binom{p}{r} = \dfrac{p!}{r!(p-r)!}$가 정수라는 것을 알고 있다. 또한, 이의 모든 항의 분모가 소수 p보다 작기 때문에 분자에 있는 인수 p는 상쇄되지 않는다. 그러므로 p가 $\binom{p}{r}$를 나눈다. 즉, $\binom{p}{r} = tp$이다. 환 R의 특성이 p이기 때문에,

$$\binom{p}{r}a^{p-r}b^r = tp1_R a^{p-r}b^r = t(p1_R)a^{p-r}b^r = t0_R a^{p-r}b^r = 0_R$$

이다. 그러므로 모든 중간 항들은 모두 영이고 $(a+b)^n = a^n + b^n$이다. 그러므로 이 정리는 $n=1$일 때 성립한다. 이 정리가 $n=k$일 때 성립한다고 가정하자. 이 가정과 $n=1$일 때의 경우를 이용하여

$$(a+b)^{p^{k+1}} = \left((a+b)^{p^k}\right)^p = \left(a^{p^k}+b^{p^k}\right)^p = \left(a^{p^k}\right)^p + \left(b^{p^k}\right)^p = a^{p^{k+1}} + b^{p^{k+1}}$$

임을 보일 수 있다. 그러므로 이 정리는 $n=k+1$인 경우에도 성립하고, 수학적 귀납법에 의하여 모든 양의 정수 n에 대하여 성립한다.

정리 5.5.7 K를 $\mathbb{Z}_p$의 확대체라 하고 n을 양의 정수라고 하자. 그러면 K가 위수 p^n을 가질 필요충분조건은 K가 $\mathbb{Z}_p$ 상에서 $x^{p^n}-x$의 분해체인 것이다.

증명 K가 $f(x)=x^{p^n}-x\in\mathbb{Z}_p[x]$의 분해체라 하자. $f'(x)=p^n x^{p^n-1}-1=0x^{p^n-1}-1=0x^{p^n-1}-1=-1$이기 때문에 정리 5.4.1(2)에 의하여 $f(x)$는 분리가능하다. E를 $x^{p^n}-x$의 서로 다른 p^n개 근을 포함하는 K의 부분집합이라 하자. $c\in E$일 필요충분조건이 $c^{p^n}=c$라는 것을 주목하라. 이제 우리는 E가 사실 K의 부분체라는 것을 보일 것이다.

만약 $a,b\in E$라면 보조정리 5.5.6에 의하여

$$(a+b)^{p^n} = a^{p^n}+b^{p^n} = a+b$$

이다. 그러므로 $a+b\in E$이고 E는 덧셈에 대하여 닫혀있다.

$(ab)^{p^n}=a^{p^n}b^{p^n}=ab$이므로 집합 E는 곱셈에 대하여 닫혀있다. 명백하게, $0_K\in E$이고 $1_K\in E$이다. 만약 $a\in E$가 영이 아닌 원소라고 하면 $-a\in E$이고 $a^{-1}\in E$이다. 왜냐하면 예를 들어

$$\left(a^{-1}\right)^{p^n} = a^{-p^n} = \left(a^{p^n}\right)^{-1} = a^{-1}$$

이기 때문이다. $-a$에 대한 논의도 비슷하다(연습문제 7). 그러므로 E는 K의 부분체이다. 분해체 K가 근의 집합 E를 포함하는 가장 작은 부분체이기 때문에, $K=E$이다. 그러므로 K는 위수 p^n을 가진다.

역으로 K의 위수가 p^n이라 하자. 우리는 모든 K의 원소가 $x^{p^n}-x$의 근이라는 것을 보이기만 하면 된다. 왜냐하면 그렇게 되면 K의 서로 다른 p^n개의 원소가 모두 가능한 근들이고 K는 $x^{p^n}-x$의 분해체가 된다. 0_K는 명백하게 근이 된다. 그러므로 영이 아닌 $c\in K$를 가지고 오자. 또한 $c_1,c_2,\cdots,c_k$를 모두 K의 영이 아닌 원소들이라 하자. 여기서 $k=p^n-1$이고 c를 c_i 중 하나라고 하자. 그리고 $u=c_1c_2\cdots c_k$라 두자. $cc_i=cc_j$가 $c_i=c_j$를 의미하므로 k개

의 원소 $cc_1, cc_2, \cdots, cc_k$ 는 모두 서로 다른 원소들이다. 그러므로 그들은 그저 K의 영이 아닌 원소들의 다른 순서이다. 그리고 그들의 곱은 원소 u이다. 그러므로

$$u = (cc_1)(cc_2)\cdots(cc_k) = c^k(c_1c_2\cdots c_k) = c^k u$$

이다. 양변에서 u를 소거하면 $c^k = 1_K$이다. 그래서 $c^{k+1} = c$이다. 즉, $c^{k+1} - c = 0_K$이다. $k+1 = p^n$이므로 c는 $x^{p^n} - x$의 근이다.

정리 5.5.7은 몇 가지 중요한 결과들을 가지고 온다. 또한 이로써 우리는 유한체를 동형관계까지 완전히 결정할 수 있다.

따름정리 5.5.8 각각의 양의 소수 p와 양의 정수 n에 대하여 위수가 p^n인 체가 존재한다.

증명 정리 5.3.6에 의하여 $\mathbb{Z}_p$ 위의 $x^{p^n} - x$에 대한 분해체가 존재한다. 그리고 이 체는 정리 5.5.7에 의하여 위수 p^n을 가진다.

따름정리 5.5.9 두 개의 위수가 같은 유한체는 동형이다.

증명 K와 L을 위수가 p^n인 체라고 하자. 그러면 정리 5.5.8에 의하여 둘 다 $\mathbb{Z}_p$ 위의 $x^{p^n} - x$에 대한 분해체이다. 그러므로 둘은 정리 5.3.7에 의하여 동형이다.(정리 5.3.7을 쓸 때, σ를 $\mathbb{Z}_p$에서 $\mathbb{Z}_p$로의 항등 사상으로 두면 된다.)

따름정리 5.5.9에 의하여 위수가 p^n인 (동형관계를 따지면) 유일한 체가 있다. 이러한 체를 **위수가 p^n인 갈루아 체**(Galois field of order p^n)라고 한다. 이제, 군 이론을 이용하여 증명할 수 있는 두 개의 결론과 함께 이 유한체에 대한 절을 마무리하자.

정리 5.5.10 K를 유한체라 하고 F를 그의 부분체라 하자. 그러면 K는 F의 단순확대이다.

증명 정리 5.3.14에 의하여 K의 영이 아닌 원소들로 이루어진 곱셈군은 순환군이다. u가 이 군의 생성원이라 하면 부분체 $F(u)$는 0_F와 모든 u의 거듭제곱들을 포함한다. 따라서 K의 모든 원소를 포함한다. 그러므로 $K = F(u)$이다.

따름정리 5.5.11 p를 양의 소수라 하자. 모든 양의 정수 n에 대하여 $\mathbb{Z}_p[x]$에 차수가 n인 기약다항식이 존재한다.

증명 따름정리 5.5.8에 의하여 위수가 p^n인 K가 $\mathbb{Z}_p$의 확대체로서 존재한다. 그리고 정리 5.5.10에 의하여 어떤 $u \in K$에 대하여 $K = \mathbb{Z}_p(u)$이다. 정리 5.1.8에 의하여 $\mathbb{Z}_p[x]$에서 u의 최소다항식은 차수 $[K : \mathbb{Z}_p]$인 기약다항식이며, 정리 5.5.5로부터 $[K : \mathbb{Z}_p] = n$이다.

연습문제 5.5

1 R을 항등원을 가지고 있는 환이고 $m, n \in \mathbb{Z}$ 이라 하자. $(m1_R)(n1_R) = (mn)1_R$이라는 것을 증명하라.(m, n이 양수인 경우는 보조정리 5.5.1의 증명에서 증명되었다.)

2 다음 환의 특성을 구하여라.

(1) $\mathbb{Q}$　(2) $\mathbb{Z}_2 \times \mathbb{Z}_6$　(3) $\mathbb{Z}_3[x]$

(4) $M(\mathbb{R})$　(5) $M(\mathbb{Z}_3)$

3 R을 항등원을 가지고 특성이 $n \geq 0$인 환이라고 하자. 모든 $a \in R$에 대하여 $na = 0_R$ 임을 증명하라.

4 K를 소수 특성 p를 가지고 있는 체라고 하자. 그러면 K의 모든 부분체들의 교집합이 K의 소 부분체라는 것을 보여라.

5 F를 유한체 K의 부분체라고 하자. 만약 F의 위수가 q이면 $n = [K : F]$일 때 K의 위수가 q^n이라는 것을 보여라.

6 체 K의 위수가 p^n이고 $k = p^n - 1$이라 하자. 그러면 K는 1_K의 k제곱근을 모두 포함한다.

7 E를 어떤 분해체에서 $x^{p^n} - x \in \mathbb{Z}_p[x]$의 근들의 집합이라 하자. 만약 $a \in E$라면 $-a \in E$라는 것을 보여라.

8 p를 소수라 하고 $\mathbb{Z}_p(x)$를 다항식 환 $\mathbb{Z}_p[x]$의 상체라 하자. 그러면 $\mathbb{Z}_p(x)$가 특성 p를 가지는 무한체라는 것을 보여라.

9 R을 특성이 p인 항등원을 가지는 가환환이라 하자. 만약 $a, b \in R$이고 $n \geq 1$이라면 $(a-b)^{p^n} = a^{p^n} - b^{p^n}$이라는 것을 증명하여라.

10 K를 특성 p인 유한체라 하자. $f(a) = a^p$으로 정의되는 사상 $f : K \to K$가 동형사상이라는 것을 보여라. 그리고 K의 모든 원소들이 K에 p제곱근을 가진다는 결론을 내려라.

11 특성 p가 소수가 아니거나 R이 비 가환이면 보조정리 5.5.6의 Freshman's Dream이 성립하지 않는다는 것을 보여라.
(힌트: $\mathbb{Z}_6$와 $M(\mathbb{Z}_2)$를 고려하라.)

12 만약 c가 $f(x) \in \mathbb{Z}_p[x]$의 근이라면, c^p또한 근이라는 것을 보여라.

13 페르마의 작은 정리(Fermat's Little Theorem)를 증명하여라.

만약 p가 소수이고 $a \in \mathbb{Z}$라면 $a^p \equiv a \pmod{p}$이다. 만약 a가 p와 서로소이면 $a^{p-1} \equiv 1 \pmod{p}$이다.

(힌트: $\mathbb{Z}$에서의 합동에 관한 진술을 $\mathbb{Z}_p$상에서 등호에 관한 진술로 바꾸고 정리 5.5.7을 이용하라.)

14 F를 체라 하고 $f(x)$를 $F[x]$에서의 어떤 분해체 K에서도 근들이 모두 서로 다른 모닉다항식이라 하자. 또한 E를 K에 있는 $f(x)$의 근들의 집합이라 하자. 만약 집합 E가 K의 부분체가 된다면 F가 어떤 소수 p에 대하여 특성 p를 가진다는 것과 어떤 $n \geq 1$에 대하여 $f(x) = x^{p^n} - x$임을 보이라.

15 (1) $x^3 + x + 1$이 $\mathbb{Z}_2[x]$에서 기약임을 보이고 위수가 8인 체를 만들어라.

(2) $x^3 - x + 1$이 $\mathbb{Z}_3[x]$에서 기약임을 보이고 위수가 27인 체를 만들어라.

(3) $x^4 + x + 1$이 $\mathbb{Z}_2[x]$에서 기약임을 보이고 위수가 16인 체를 만들어라.

16 K를 특성 p인 유한체라 하고 F를 K의 부분체라 하고 m을 양의 정수라 하자. $L = \{a \in K | a^{p^m} \in F\}$라 할 때 다음을 증명하여라.

(1) L은 K의 부분집합이고 F를 포함한다.

(2) $L = F$이다.

(힌트: $\{u_1, \cdots, u_n\}$를 F상에서 L의 기저라고 두자. 그리고 연습문제 10과 보조정리 5.5.6을 이용하여 $\{u_1^{p^m}, \cdots, u_n^{p^m}\}$이 F상에서 일차독립이라는 것을 보여라. 이는 $n = 1$임을 의미한다.)

17 만약 E와 F가 유한체 K의 부분체이고 E가 F와 동형이라면 $E = F$임을 보여라.

18 K를 체라 하고 k, n을 양의 정수들이라 하자.

(1) $K[x]$에서 $x^k - 1_K$가 $x^n - 1_K$를 나눌 필요충분조건은 $\mathbb{Z}$에서 $k|n$임을 보이라.

(힌트: 나눗셈 정리에 의하여 $n = kq + r$이다. $h(x) = x^{n-k} + x^{n-2k} + \cdots + x^{n-qk}$일 때 $x^n - 1_K = (x^k - 1_K)h(x) + (x^r - 1_K)$임을 보여라.)

(2) $p \geq 2$이 정수일 때 $(p^k - 1)|(p^n - 1)$일 필요충분조건은 $k|n$임을 보여라.

(힌트: (1)의 증명에서 x의 자리에 p로 대체하라.)

19 K를 위수가 p^n인 유한체라 하자.

(1) F가 K의 부분체라 할 때 $d|n$인 어떤 d에 대하여 F의 위수가 p^d임을 보여라.

(힌트: 연습문제 18)

(2) $d|n$라 하자. K의 위수가 p^d인 부분체가 일의적으로 존재한다는 것을 증명하여라.

(힌트: 연습문제 17를 참고하고 유일성 부분에서는 따름정리 5.5.9를 참고하라.)

20 정리 2.4.8(2)를 이용하여 위수가 p^n인 유한체 K의 모든 영이 아닌 원소 c가 $c^{p^n-1} = 1_K$를 만족함을 보여라. 그리고 c가 $x^{p^n} - x$의 근이라는 결론을 내리고, 이 사실을 이용하여 정리 5.5.7을 증명하라.

SECTION
5.6 작도가능성

눈금이 새겨지지 않는 **자**(straightedge)와 **컴퍼스**(compass)만을 이용하여 어떤 각의 3등분을 작도, 어떤 도형의 넓이와 같은 다른 도형 넓이의 작도 또는 어떤 정육면체의 부피의 두 배를 갖는 새로운 정다면체를 만들 수 있는가 하는 기하학적 문제를 살펴보자.

평면 $R^2 = R \times R$ 상의 어떤 점들의 집합 K에 대한 다음의 두 작용을 생각하여 보자.

① 자의 작용(ruler operation): K의 어떤 지점 A, B를 지나는 직선을 그린다.

② 컴퍼스의 작용(compass operation): 주어진 세 점 A, B, $C \in K$에 대하여 선분 AB의 길이를 반지름으로 하고 C를 중심으로 하는 원을 그린다.

정의 직선과 직선, 직선과 원, 원과 원이 ①, ②로부터 작도되어, 두 도형의 교점을 K로부터 **1단계**로 **작도가능하다**(constructible)라고 한다. 점 P_1이 K로부터의 1단계 작도가능하고, P_2가 $K \cup \{P_1\}$으로부터 1단계 작도가능, $\cdots$, P_i가 $K \cup \{P_1, \cdots, P_{i-1}\}$로부터 1단계 작도가능한 점 $P_1, \cdots, P_n = P$가 존재할 때 점 P를 K로부터 **작도가능한 점**(constructable point)이라고 한다. ■

보기 1 두 점 $A, B \in K$를 잇는 선분 AB의 중점 M은 작도가능하다. 점 A를 중심, $\overline{AB}$를 반지름으로 하는 원과 점 B를 중심, $\overline{AB}$를 반지름으로 하는 원의 교점을 C, D라 하면 이들은 $\{A, B\}$로부터 1단계작용으로 작도가능하다. 다음으로 C, D을 잇는다. 이 직선과 직선 AB의 교점이 구하려는 중점이다. 따라서 $\overline{AB}$의 중점 M은 $\{A, B\}$로부터 작도가능하다.

실수체 R의 부분체 F의 원소 a, b를 좌표로 하는 점들의 집합 $F \times F$를 F위의 평면이라 한다.

두 점 P, $Q \in F \times F$를 지나는 직선을 F 위의 직선, P를 중심으로 하고 선분 PQ를 반지름으로 원을 F 위의 원이라 한다. 이들 도형은 a, b, $c \in F$에 대하여 다음으로 표시된다.

$$\text{직선} : ax+by+c=0, \qquad \text{원} : x^2+y^2+ax+by+c=0$$

정리 5.6.1 실수체 R의 부분체 F 위의 평행하지 않은 두 직선 L_1, L_2과 같지 않은 두 원 O_1, O_2에 대하여 다음이 성립한다.

(1) L_1, L_2의 교점은 F 위의 점이다.

(2) $L_1 \cap O_1$은 $\varnothing$이거나 적당한 $\alpha \in F(\alpha \ge 0)$가 존재하여 $F(\sqrt{\alpha})$ 위의 한 점 또는 두 점이다.

(3) $O_1 \cap O_2$는 $\varnothing$이거나 적당한 $\alpha \in F(\alpha \ge 0)$가 존재하여 $F(\sqrt{\alpha})$ 위의 한 점 또는 두 점이다.

증명 (1) 직선 $L_1 : ax+by+c=0$, $L_2 : a'x+b'y+c'=0$의 교점은 $x=\dfrac{bc'-b'c}{ab'-a'b}$, $y=\dfrac{ac'-a'c}{ab'-a'b}$. 계수 a, a', b, b', c, c'는 모두 체 F의 원소이므로 $x, y \in F$. 따라서 $L_1 \cap L_2 \in F \times F$이다.

(2) L_1과 O_1의 교점 (x, y)는 다음 방정식을 만족한다.

$$L_1 : dx+ey+f=0,\ d, e \in F$$

$$O_1 : x^2+y^2+a_1x+b_1y+c_1=0,\ a_1, b_1, c_1 \in F$$

$d=0$일 때 $e \ne 0$이므로 $y=-\dfrac{f}{e} \in F$. 이를 O_1의 식에 대입하면

$$x^2+y^2+a_1x+b_1\left(-\frac{f}{e}\right)^2+c_1=0$$

$$\left(x+\frac{a_1}{2}\right)^2+\left\{\left(-\frac{f}{e}\right)^2+b_1\left(-\frac{f}{e}\right)+c_1-\frac{a_1^2}{4}\right\}=0$$

이 식에서 $\alpha=-\left(-\dfrac{f}{e}\right)^2-b_1\left(-\dfrac{f}{e}\right)-c_1+\dfrac{a_1^2}{2}$이라 놓으면 $\alpha \in F$이다.

$\alpha<0$이면 $L_1 \cap O_1=\varnothing$이고 $\alpha \ge 0$이면 $\left(x+\dfrac{a_1}{2}\right)^2=\alpha$, $x=\pm\sqrt{\alpha}-\dfrac{a_1}{2} \in F(\sqrt{\alpha})$. 따라서 $(x, y) \in F(\sqrt{\alpha}) \times F \subseteq F(\sqrt{\alpha}) \times F(\sqrt{\alpha})$. 이는

$L_1 \cap O_1 = \varnothing$ 또는 $F(\sqrt{\alpha})(\alpha \geq 0)$ 위의 점임을 뜻한다.

$d \neq 0$일 때 $x+\frac{e}{d}y+\frac{f}{d}=0$, $\frac{e}{d}, \frac{f}{d} \in F$. $\frac{e}{d}=e'$m $\frac{f}{d}=f'$라 놓으면 L_1의 식은 $x+e'y+f'=0$. 이 x를 O_1의 식에 대입하면

$$(-e'y-f')^2+y^2+a_1(-e'y-f')+b_1y+c_1=0$$

$$(e'^2+1)y^2+(2e'f-a_1e'+b^1)y+f'^2-a_1f'+c_1=0$$

이때 $A=e'^2+1$, $B=2e'f-a_1e'+b_1$, $C=f'^2-a_1f'+c_1$이라 하면 $A, B, C \in F$. 그런데 $A>1$이므로

$$y^2+\frac{B}{A}y+\frac{C}{A}=0,\ \frac{B}{A}, \frac{C}{A} \in F,$$

$$\left(y+\frac{B}{2A}\right)^2+\left\{\frac{C}{A}-\frac{1}{4}\left(\frac{B}{A}\right)^2\right\}=0$$

$\alpha=\frac{1}{4}\left(\frac{B}{A}\right)^2-\frac{C}{A}$라 놓으면 $\alpha \in F$. $\alpha<0$이면 $L_1 \cap O_1 = \varnothing$이고 $\alpha \geq 0$이면 $y \in F(\sqrt{\alpha})$. 또 $x=-e'f-f' \in F(\sqrt{\alpha})$. 그러므로 $(x, y) \in F(\sqrt{\alpha}) \times F(\sqrt{\alpha})$.

(3) 원 O_2의 방정식을 $x^2+y^2+a_2x+b_2y+c_2=0$, $a_2, b_2, c_2 \in F$라 하면 O_1과 O_2의 교점은 직선 $L:(a_1-a_2)x+(b_1-b_2)y+(c_1-c_2)=0$과 O_1(또는 O_2)의 교점이다. 이는 (2)의 경우로 환원된다.

단위선분의 길이를 1이라 하고 직선 O_x(또는 O_y) 위에 점 O를 기준으로 하여 1만큼씩 잘라가며 정수 $\cdots, -1, 0, 1, 2, \cdots$ 을 길이로 갖는 정수점 (a, b)를 작도할 수 있다.

정의 좌표가 정수인 점들로부터 작도가능한 실수점 $(c, 0)$을 **작도가능한 점** (constructable point)이라 한다. 이때 실수 c를 작도가능한 실수라 한다. 실수점 (a, b)가 작도가능할 필요충분조건은 점 $(a, 0)$과 $(b, 0)$이 작도가능한 점인 것이다. ■

평면 위의 점 (c, d)가 작도가능하기 위한 필요충분조건은 실수 c, d가 작도가능한 것이다. 점 (c, d)가 작도가능하면 점 $(c, 0)$과 점 $(0, d)$도 작도가능하

고, 점 $(c, 0)$과 점 $(0, d)$가 작도가능하며 직사각형의 대각선이 이루는 꼭지점 (c, d)도 작도가능하기 때문이다.

정리 5.6.2 작도가능한 실수 전체의 집합은 실수체 R의 부분체이다. 또 모든 유리수는 작도가능하다.

증명 a, b가 작도가능하면 $a+b$, $a-b$, ab, $\frac{a}{b}(b \neq 0)$도 작도가능함을 보이자. a, b가 작도가능하면 길이가 $|a|, |b|$인 선분이 작도가능하다. $a>0, b>0$라 하면 $a+b$, $a-b$는 다음 그림으로 작도가능하다.

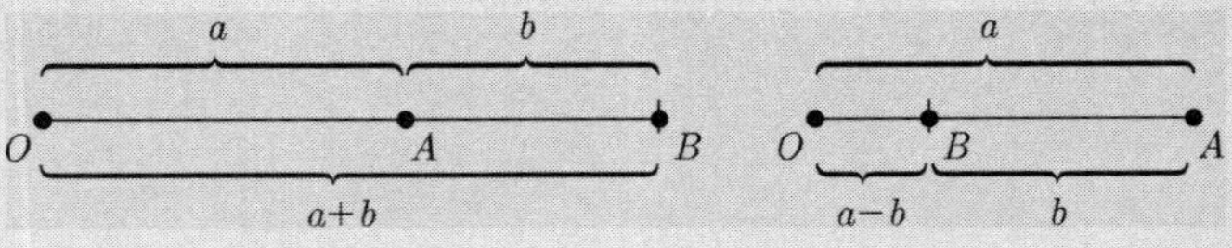

그림 5.6

길이가 a인 선분의 한 끝점에서 이 선분의 연장선상에 길이가 b인 선분을 컴퍼스로 작도하면 위 그림의 (i), (ii)가 된다.

$a>0, b>0$일 때 ab, $\frac{a}{b}(b \neq 0)$는 다음 그림으로 작도가능하다.

(iii) 점 O를 지나는 직선 OA와 다른 직선 OM을 긋고 $\overline{OB}=1$인 점 B를 이 직선 위에 잡는다. 직선 OM 위에 $\overline{OC}=b$인 점 C를 잡는다. 점 C를 지나 직선 AB와 평행한 직선 CD가 직선 OA와 만나는 점을 D라 하자. $\triangle ABO$와 $\triangle DCO$의 닮음의 성질에 의하여 OD는 길이가 ab인 선분이다.

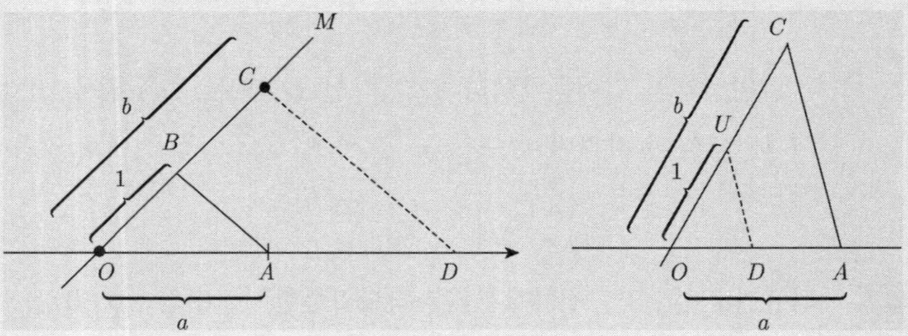

그림 5.7

(iv) $\overline{OA}=a$, $\overline{OC}=b$인 점 A, C를 잇고 $AC /\!/ DU$인 점 D를 OA 위에 잡으면 $\overline{OD}=\frac{a}{b}$이다.

또한 유리체 Q는 R의 최소부분체이므로 Q는 작도가능한 실수전체로 이루어진 체의 부분체이다. 그러므로 모든 유리수는 작도가능하다.

보기 2 실수 $c \geq 0$가 작도가능하면 $\sqrt{c}$ 도 작도가능하다. 아래 그림에서 $\overline{OQ} = \sqrt{c}$ 이다.

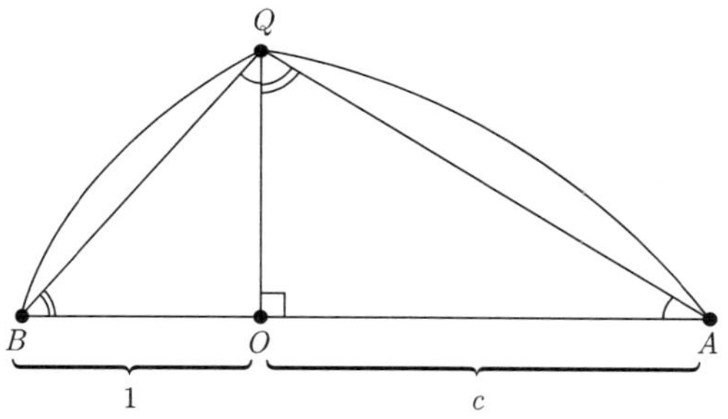

그림 5.8

정리 5.6.3 실수가 c가 작도가능하면 c는 유리수체 Q 위에서 대수적이고 차수는 2의 거듭제곱이다.

증명 실수 c가 작도가능하면 정수점들로 부터 정리 5.6.1의 작업을 유한번 시행하여 점 $(c, 0)$을 작도할 수 있다. 유리수체 Q에 이러한 작업을 한 번 시행하면 정리 5.6.1에 의하여 적당한 $a_1 \in Q$, $a_1 \geq 0$이 존재하여 작도가능한 체 $Q(\sqrt{a_1})$이 생긴다. 이 체 $Q(\sqrt{a_1})$에 같은 작업을 다시 시행하면 적당한 $a_2 \in Q(\sqrt{a_1})$, $a_2 \geq 0$이 존재하여 작도가능한 체 $(Q(\sqrt{a_1}))(\sqrt{a_2}) = Q(\sqrt{a_1}, \sqrt{a_2})$가 생긴다.

c가 작도가능하면 이러한 작업을 유한번 (n번) 시행하여

$$c \in Q(\sqrt{a_1}, \cdots, \sqrt{a_n}),\ a_n \geq 0,\ a_n \in Q(\sqrt{a_1}, \cdots, \sqrt{a_{n-1}})$$

이 되는 체 $Q(\sqrt{a_1}, \cdots, \sqrt{a_n}) = (Q(\sqrt{a_1}, \cdots, \sqrt{a_{n-1}}))(\sqrt{a_n})$이 존재한다. 즉

$$Q \leq Q(\sqrt{a_1}) \leq \cdots \leq Q(\sqrt{a_1}, \cdots, \sqrt{a_n}),$$

$$a_1 \in Q,\ a_i \in Q(\sqrt{a_1}, \cdots, \sqrt{a_{i-1}})\ (2 \leq i \leq n)$$

따름정리 5.1.4에 의하여

$$\begin{aligned}&[Q(\sqrt{a_1}, \cdots, \sqrt{a_n}) : Q] \\ &= [Q(\sqrt{a_1}, \cdots, \sqrt{a_n}) : Q(\sqrt{a_1}, \cdots, \sqrt{a_{n-1}})] \cdots [Q(\sqrt{a_1}) : Q]\end{aligned}$$

그런데 $[Q(\sqrt{a_1}, \cdots, \sqrt{a_i}) : Q(\sqrt{a_1}, \cdots, \sqrt{a_{i-1}})] = 1$ 또는 2이므로

$$[Q(\sqrt{a_1}, \cdots, \sqrt{a_n}) : Q] = 2^m, \quad M \geq 0$$

$F = Q(\sqrt{a_1}, \cdots, \sqrt{a_n})$ 이라 하면 $c \in F$이므로 $Q(c)$는 F의 부분체이고 $[Q(c) : Q] | [F : Q]$. 그러므로 $[c : Q] = [Q(c) : Q] | 2^l$. 따라서 $[c : Q] = 2^r$, $r \geq 0$.

위의 정리에서 $[c : Q]$가 2의 거듭제곱이 아니면 c는 작도가능하지 않음을 알 수 있다. 작도불가능한 세 가지 유형의 문제를 생각하여 보자.

정리 5.6.4 자와 컴퍼스만을 이용하여 모든 각을 3등분할 수는 없다.

증명 크기가 60° 인 각을 3등분하는 작도는 불가능함을 보이자. 60° 인 각을 3등분한다는 것은 실수 cos 20° 를 작도할 수 있다는 뜻이다. 각 θ에 관한 드무아브르의 공식에 의하면 $\cos 3\theta = 4\cos^3\theta - 3\cos\theta$가 성립한다. $\theta = 20°$, $c = \cos 20°$ 라 하면 $\frac{1}{2} = 4c^3 - 3c$, $8c^3 - 6c - 1 = 0$. 이는 $c = \cos 20°$ 가 다항식 $p(x) = 8x^3 - 6x - 1 \in Q[x]$의 근임을 뜻한다.

$p(x)$는 Q 위에서 기약다항식이므로 $[c : Q] = [Q[c] : Q] = 3$이다. 이것은 2의 거듭제곱이 아니므로 정리 2.5.8에 의하여 c는 작도 불가능하다. 따라서 크기가 20° 인 각은 작도불가능하다.

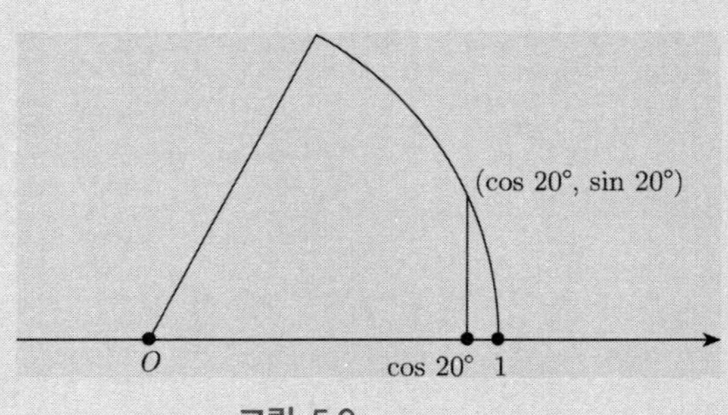

그림 5.9

정리 5.6.5 한 변의 길이가 1인 정육면체의 부피의 두 배를 부피로 갖는 정육면체는 자와 컴퍼스만으로 작도불가능하다.

증명 실수 $c = \sqrt[3]{2}$는 작도불가능함을 보이자. $c^3 - 2 = 0$이므로 c는 다항식

$p(x) = x^3 - 2 \in Q[x]$의 근이다. $p(x)$는 Q 위에서 기약이므로 $[Q(\sqrt[3]{2}) : Q] = 3$. 그러므로 $[\sqrt[3]{2} : Q]$는 2의 거듭제곱이 아니다. 따라서 실수 $\sqrt[3]{2}$는 작도 불가능하다.

정리 5.6.6 주어진 원과 같은 면적을 갖는 정사각형을 자와 컴퍼스만으로 작도하는 것은 불가능하다.

증명 반지름의 길이가 1인 원의 면적은 π이다. 이와 같은 면적을 갖는 정사각형의 한변의 길이는 $\sqrt{\pi}$이다. π와 $\sqrt{\pi}$는 초월수이므로 $[Q(\sqrt{\pi}) : Q] = \infty$. $[\sqrt{\pi} : Q]$는 2의 거듭제곱이 아니다. 따라서 $\sqrt{\pi}$는 작도불가능이다.

정 n다각형의 작도가능성에 대하여 살펴보기로 하자. 정n다각형의 작도는 점 $\left(\cos\frac{2\pi}{n}, \sin\frac{2\pi}{n}\right)$의 작도 여부에 달려 있다. 복소평면에서는 $r = e^{\frac{2\pi i}{n}}$의 작도가능성에 따른다.

r를 근으로 갖는 Q 위의 최소 기약다항식은 $\Phi_n(z) = (z-r)\cdots(z-r^k)\cdots(z-r^{n-1})$인 것을 잘 알려진 사실이다. 또한 $\Phi_n(z)$의 차수는 오일러의 파이-함수 $\varnothing(n)$이다. 가우스는 1826년 $n = 2^k + 1$꼴의 소수인 정다각형은 작도가능함을 보였다.

가우스는 실제로 정17다각형을 작도한 바 있다. $n = 2^k, 3 \cdot 2^k, 5 \cdot 2^k$인 정$n$다각형은 오래전에 그리스인들에 의하여 작도가능함이 증명되었다.

1837년 방첼(Pierre L. Wantzel)은 정n다각형이 작도가능할 필요충분조건은 $2^n + 1$꼴의 서로 다른 소수 p_i에 대하여 $n = 2^k p_1 p_2 \cdots p_i$이 되는 것을 증명하였다.

연습문제 5.6

1 α가 작도가능하면 $\sqrt{|\alpha|}$ 도 작도가능함을 도형으로 보여라.

2 $p = 2^n + 1$인 소수 p에 대하여 정 p각형은 작도가능함을 보여라.

3 자와 컴퍼스만을 이용하여 모든 각을 3등분할 수 있는가?

4 실수 전체의 집합은 작도가능하는가?

5 주어진 원과 같은 면적을 갖는 정사각형을 자와 컴퍼스만으로 작도가능하는가?

6 한 변의 길이가 1인 정육면체의 부피의 두 배를 부피로 갖는 정육면체는 자와 컴퍼스만으로 작도가능하는가?

7 실수가 c가 작도가능하면 c는 유리수체 Q 위에서 대수적이고, $[c : Q] = 2^r$, $r \geq 0$이다.

8 정n다각형의 작도는 점 $\left(\cos\frac{2\pi}{n}, \sin\frac{2\pi}{n}\right)$의 작도 여부에 달려 있음을 보여라.

CHAPTER 6

갈루아 이론

SECTION

6.1 갈루아군 및 갈루아 확대체

이 절에서는 체 F 위의 동형사상과 갈루아 확대체를 살펴보기로 하자.

체 F에서 F에로의 전단사인 동형사상 $\sigma : F \to F$를 F 위의 **자기동형사상**(automorphism)이라 한다. 즉, 모든 $\alpha, \beta \in F$에 대하여 $\sigma(\alpha+\beta) = \sigma(\alpha) + \sigma(\beta)$, $\sigma(\alpha\beta) = \sigma(\alpha)\sigma(\beta)$를 만족하는 F 위의 일대일 대응 σ는 자기동형사상이다.

체 F 위의 자기동형사상 전체의 집합은 사상의 합성에 의하여 군을 이룬다. 이 군을 체 F 위의 **자기동형군**(group of automorphism)이라 하고 $\mathrm{Aut}(F)$로 나타낸다. 항등사상 $1_F : F \to F$는 이 군의 항등원이고 $\sigma \in \mathrm{Aut}(F)$의 역사상 σ^{-1}은 σ의 역원이다.

보기 1 유리수체 Q 위의 자기 동형군은 항등원 하나로만 이루어진다. $\alpha : Q \to Q$가 자기동형사상이면 $\alpha(1) = 1$, $\alpha(1+1) = \alpha(2) = 2$, $\alpha(n) = n$, $n \in Z$이다. $n, m(\neq 0) \in Z$에 대하여 $\alpha(nm^{-1}) = \alpha(n)\alpha(m)^{-1} = nm^{-1}$이다. 모든 $\frac{n}{m}(m \neq 0) \in Q$에 대하여 $\alpha\left(\frac{n}{m}\right) = \frac{n}{m}$. 따라서 $\alpha = 1_{\mathbb{Q}}$, 즉 $\mathrm{Aut}(Q) = \{1_{\mathbb{Q}}\}$.

보기 2 실수체 R 위의 자기 동형은 항등원뿐이다. $\alpha \in \mathrm{Aut}(R)$, $x \in R$이라 하자. $\alpha(x^2) = \alpha(x)\alpha(x)$이므로 $x > 0$일 때 $\alpha(x) > 0$이다. $y > x$이면 $y - x > 0$이므로 $\alpha(y-x) = \alpha(y) - \alpha(x) > 0$, $\alpha(y) > \alpha(x)$. $\alpha(x) > x$라고 가정하면 $\alpha(x) > q_0 > x$인 유리수 q_0가 존재한다. 보기 1에 의하여 $\alpha(q_0) = q_0$이므로 $\alpha(x) > \alpha(q_0) = q_0$. 이는 $q_0 > x$이면 $\alpha(q_0) > \alpha(x)$라는 성질에 모순이다. 그러므로 $\alpha(x) \leq x$. 마찬가지로 $\alpha(x) \geq x$가 성립한다. 따라서 $\alpha(x) = x$, $x \in R$, 즉 $\alpha = 1_R$이다.

정의 체 F의 확대체 K의 자기동형사상으로 F의 모든 원소를 고정시키는 것들 전체의 집합을 $\mathrm{Gal}_F K$ 또는 $\mathrm{G(K/F)}$로 나타낸다. 이는 자기동형군 $\mathrm{Aut}(K)$의 부분군이다. 이 군

$$\mathrm{Gal}_F K = \{\sigma \in \mathrm{Aut}(K) \mid \sigma|_F = 1_F\}$$

를 F 위의 K의 **갈루아군**(Galois group of K over F)이라 한다. ■

보기 3 $K = F$이면 $\mathrm{Gal}_F K = \{1_F\}$이다. 그러나 이의 역은 성립하지 않는다. $\mathrm{Gal}_{\mathbb{Q}} \mathbb{R} = \{1_{\mathbb{Q}}\}$이지만 $\mathbb{R} \supsetneq \mathbb{Q}$이기 때문이다.

보기 4 $\mathrm{Aut}(Q(\sqrt[3]{2})) = \{1\}$이고 $Gal_Q Q(\sqrt[3]{2}) = \{1\}$이다. 실제로, α가 $Q(\sqrt[3]{2})$의 자기동형사상이면 $q \in Q$에 대하여 $\alpha(q) = q$이다. $\alpha(x^3 - 2) = \alpha(x)^3 - 2$에서 $x^3 - 2 = 0$이면 $\alpha(x)^3 - 2 = 0$. 그러므로 $x = \sqrt[3]{2}$이면 $\alpha(x) = \sqrt[3]{2}$, $\omega\sqrt[3]{2}$, $\omega^2\sqrt[3]{2}$이 된다. 그런데 $\alpha(Q) = Q \subset R$이므로 $\alpha(\sqrt[3]{2}) = \sqrt[3]{2}$. 따라서 α는 항등사상이다.

정의 체 F 위의 동형사상 σ에 대하여 $\sigma(a) = a$인 $a \in F$를 σ에 의한 **불변원**(fixed element by σ)이라 한다.

S가 F 위의 자기동형사상으로 이루어진 집합일 때, S의 모든 원소에 의하여 불변인 F의 원소 전체의 집합은 F의 부분체를 이룬다. 이 체

$$F_S = \{a \in F \mid \forall \sigma \in S,\ \sigma(a) = a\}$$

를 집합 S의 **불변체**(fixed field of S)라 한다. ■

보기 5 체 $Q(\sqrt{2}) = Q(-\sqrt{2})$에서 $\sqrt{2}, -\sqrt{2}$는 다항식 $x^2 - 2 \in Q[x]$의 서로 다른 두 근이다. $G(Q(\sqrt{2})/Q) = \{1, \tau\}$이다. 이때 $\tau: Q(\sqrt{2}) \to Q(-\sqrt{2})$, $a + b\sqrt{2} \to a + b(-\sqrt{2}) = a - b\sqrt{2}$, $a, b \in Q$이고 $a + b\sqrt{2} = a + b(-\sqrt{2})$ $\Leftrightarrow b = 0$. 따라서 $Q(\sqrt{2})_{\{\tau\}} = Q$이다.

주의 갈루아군 $\mathrm{Gal}_F K$의 불변체 $K_{\mathrm{Gal}_F K}$는 기초체 F를 포함하는 K의 부분체를 이룬다. [밝혀라]

정의 갈루아군 $\mathrm{Gal}_F K$의 불변체 $K_{\mathrm{Gal}_F K}$가 기초체 F와 같을 때, F의 확대체 K를 F의 **갈루아 확대체**(Galois extension field)라 한다. ■

보기 6 $\pm i$는 x^2+1의 서로 다른 두 근이므로 $|\mathrm{Gal}_{\mathbb{R}}\,\mathbb{C}|\leq 2$ 이다. 실제로 보기 2에 의하여 $\mathbb{R}$ 위의 자기동형사상은 항등사상뿐이므로 $\mathrm{Gal}_{\mathbb{R}}\,\mathbb{C}=\{1,\tau\}$, $\tau:\mathbb{C}\to\mathbb{C}$, $\tau(a+bi)=a-bi$, $a,b\in\mathbb{R}$ 이다. $\tau|_{\mathbb{R}}=1_{\mathbb{R}}$ 이면 $\tau(a)=a$, $a\in\mathbb{R}$ 이다. 따라서 $C_{G(C/R)}=R$, $C=R[i]$는 R의 갈루아 확대체이다. 마찬가지로 체 $Q(\sqrt{3})$은 Q의 갈루아 확대체이다.

보기 7 $G(Q(\sqrt[3]{3})/Q)=\{1\}$이므로 이 군은 불변체는 $Q(\sqrt[3]{3})$이다. 그러므로 $Q(\sqrt[3]{2})$는 Q의 갈루아 확대체가 아니다. 마찬가지는 $G(R/Q)=\{1\}$이므로 이 군의 기초체 R는 Q와 같지 않다. 따라서 R은 Q의 갈루아 확대체가 아니다.

K가 F의 확대체이고 $G(K/F)$가 갈루아군이면 $K_{G(K/F)}$는 K의 부분체이고 $F\leq K_{G(K/F)}$이다. 또 $F\geq K_{G(K/F)}$가 성립할 때 K는 F의 갈루아 확대체이다.

K가 체 F의 갈루아 확대체이기 위한 필요충분조건은 모든 $\alpha\in K-F$에 대하여 $\sigma(\alpha)\neq\alpha$가 되는 $\sigma\in G(K/F)$가 존재하는 것이다. 즉 모든 $\alpha\in K-F$는 불변원이 아니다.

정리 6.1.1 H가 $\mathrm{Aut}(K)$의 부분군이고 $F=K_H$이면 체 K는 F의 갈루아 확대체이다. 즉 $F=K_{G(K/F)}$이다.

증명 $F\geq K_{G(K/F)}$임을 보이면 충분하다. $\alpha\in E-F$에 대하여 $F=K_H$이므로 $\sigma(\alpha)\neq\alpha$인 $\alpha\in H\leq H(K/F)$가 존재한다. 그러므로 $\alpha\not\in K_{G(K/F)}$, 즉 $K_{G(K/F)}\leq F$. 따라서 $F=K_{G(K/F)}$이다.

위의 정리 6.1.1에서 $G=G(K/F)$, $F_0=K_{G(K/F)}$이면 $G(K/F)=G(K/F_0)$이다. 또 K는 F_0의 갈루아 확대체이다.

K가 F의 유한확대체인 경우 갈루아군 $G(K/F)$와 $[K:F]$의 관계를 살펴보자.

정리 6.1.2 K가 체 F의 유한확대체라 하면 $G(K/F)$는 유한군이고 $|G(K/F)| \le [K:F]$이다.

증명 K가 F의 유한확대체이므로 K는 F의 대수적 확대체이다. $\alpha \in K$, $\operatorname{irr}(\alpha, F) = p(x)$의 $F(\alpha)$ 내의 서로 다른 근 전체의 집합을 $\{\alpha = \alpha_1, \alpha_2, \cdots, \alpha_k\}$ 라 하자. 이때 $|G(F(\alpha)/F)| = k \le [F(\alpha):F]$가 성립함을 보이자.

$\deg p(x) = m$이면 정리 5.3.1과 5.3.5에 의하여 $k \le m = [F(\alpha):F]$. 정리 5.3.5의 증명과정에서 $\{1, \alpha, \cdots, \alpha^{m-1}\}$ 은 F 위의 벡터공간 $F(\alpha)$의 기저이다. 모든 i에 대하여 $F(\alpha) = F(\alpha_i)$가 성립한다. 정리 5.3.4에 의하여 $\sigma_i(\alpha) = \alpha_i$인 $\sigma_i \in G(F(\alpha)/F)$가 존재하여 이들은 서로 다르다. 이는 α와 α_i가 서로 공액이기 때문이다. 그러므로

$$\{\sigma_1 = 1, \sigma_2, \cdots, \sigma_k\} \subseteq G(F(\alpha)/F) .$$

정리 5.3.4에 의하며 $\sigma \in G(K/F)$에 대하여 $\sigma(\alpha)$도 $p(x)$의 근이다. 그러므로 $\sigma(\alpha)$는 $\alpha_1 = 1, \alpha_2, \cdots, \alpha_k$ 중의 하나이다. $\sigma(\alpha) = \alpha_j$라 놓으면 임의의 $u = a_0 + a_1\alpha + \cdots + a_{m-1}\alpha^{m-1} \in F(\alpha)$에 대하여

$$\begin{aligned}
\sigma(u) &= a_0 + a_1\sigma(\alpha) + \cdots + a_{m-1}(\sigma(\alpha))^{m-1} \\
&= a_0 + a_1\alpha_j + \cdots + a_{m-1}\alpha_j^{m-1} \\
&= a_0 + a_1\sigma_j(\alpha) + \cdots + a_{m-1}(\sigma_j(\alpha))^{m-1} \\
&= \sigma_j(a_0 + a_1\alpha + \cdots + a_{m-1}\alpha^{m-1}) \\
&= \sigma_j(u)
\end{aligned}$$

그러므로 $\sigma = \sigma_j$, $j = 1, \cdots, k$ 이다. 즉 $G(K/F) \subseteq \{\sigma_1 = 1, \sigma_2, \cdots, \sigma_k\}$. 따라서 $|G(F(\alpha)/F)| = k \le [F(\alpha):F]$. 즉 $G(K/F)$는 유한군이다.

$[K:F] = n$에 관한 귀납법으로 증명하자.

$n = 1$이면 $G(K/F) = \{1\}$, $[K:F] = 1$이므로 $|G(K/F)| = 1 = [K:F]$이다. $n > 1$이고 $l < n$인 모든 양의 정수 l에 대하여 이 정리가 성립한다고 가정하자. 모든 $\alpha \in K$의 기약다항식 $\operatorname{irr}(\alpha, F) = p(x)$가 K 내에 α만을 근으로 갖는다고 가정하고, σ가 $G(K/F)$의 임의의 원소라 하자. 그러면 $\sigma(\alpha)$도 $p(x)$의 근이므로 $\sigma(\alpha) = \alpha$이다. 따라서 $\sigma = 1_K$이다.

이때 $|G(K/F)|=1 \le [K:F]$가 성립한다.

$\mathrm{irr}(\alpha, F)=p(x)$가 K 내에 서로 다른 두 개 이상의 근을 갖는 $\alpha \in K$가 존재하는 경우를 생각할 수 있다. 이때 $\mathrm{irr}(\alpha, F)=p(x)$, $\deg p(x) \ge 2$, $T=\{\alpha_1=\alpha, \alpha_2, \cdots, \alpha_k\}$를 $p(x) \in F[x]$의 서로 다른 K 내의 근의 집합이라 하자.

갈루아군 $G(K/F(\alpha))$는 $G(K/F)$의 부분군이다. $G(K/F(\alpha))=H$, $S=\{H\sigma | \sigma \in G\}$, $G=G(K/F)$에 연습문제 6.1.2을 적용하면

$$|S|=[G:H]=|T|=k \le r=\deg p(x)=[F(\alpha):F]$$

이다. 그런데 $[K:F(\alpha)][F(\alpha):F]=[K:F]$에서 $[K:F(\alpha)]=[K:F]/[F(\alpha):F]=n/r<n$이다. 가정에 의하여 $|H|=|G(K/F(\alpha))| \le [K:F(\alpha)]$이므로

$$|G(K/F)|=|G|=|H|[G:H] \le [K:F(\alpha)][F(\alpha):K]=[K:F].$$

따라서 모든 $n=[K:F]$에 대하여 이 정리가 성립한다.

정리 6.1.3 K가 체 F의 유한확대체이고 F위에서의 분리다항식 $f(x) \in F[x]$의 분해체이면 $|G(K/F)|=[K:F]$이다.

증명 K가 $f(x) \in F[x]$의 분해체이고 $[K:F]=n$이라 하자. n에 관한 귀납법으로 이 정리를 증명하자.

$n=1$이면 분명하므로 $n>1$이라 하자. $f(x)$는 2차 이상의 기약인수 $p(x) \in F[x]$를 갖는다. $f(x)$의 기약인 수가 1차식뿐이라면 $K=F$이므로 $[K:F]=1$이기 때문이다.

$\deg p(x)=m \ge 2$, $\alpha \in K$, $p(\alpha)=0$이라 하면 $[F(\alpha):F]=m$이다.

$p(x)$의 K 내의 근 전체의 집합을 T라 하자. $p(x)$가 F 위에서 분리다항식이므로 $|T|=\deg p(x)=m=[F(\alpha):F]$이다. 연습문제 6.1.2를 적용하면 $G=G(K/F)$, $H=G(K/F(\alpha))$, $S=\{H\sigma | \sigma \in G\}$에 대하여

$$[G:H]=|S|=|T|=m=[F(\alpha):F]$$

또 K는 $f(x) \in F(\alpha)[x]$의 $F(\alpha)$ 위에서의 분해체이고 $f(x)$는 $F(\alpha)$에서의 분리다항식이다. $[K:F(\alpha)] \le \frac{n}{m} < n$이므로 귀납법에 의하여 $|H|=|G(K/F(\alpha)|=[F(\alpha):F]$이다. 따라서 $|G(K/F)|=|H|[G:H]=[K:F(\alpha)][F(\alpha):F]=[K:F]$이다.

보기 8 체 $Q(\sqrt{2}, \sqrt{3})$은 Q 위의 분리다항식 $f(x)=(x^2-2)(x^2-3)$의 분해체이므로 $[Q(\sqrt{2}, \sqrt{3}):Q]=|G(Q(\sqrt{2}, \sqrt{3})/Q)|=4$이다.

정리 6.1.4 체 F의 유한확대체 K가 F의 갈루아 확대체이기 위한 필요충분조건은 K가 F의 정규분리확대체인 것이다. 또 F의 특성이 0이면 K가 F의 갈루아 확대체이기 위한 필요충분조건은 K가 F의 정규 확대체인 것이다.

증명 F의 유한확대체 K는 F의 대수적 확대체이다. 임의의 $\alpha \in K$의 기약다항식 $\mathrm{irr}(\alpha, F)=p(x)$의 K 내의 서도 다른 근을 $\alpha_1=\alpha_1, \alpha_2, \cdots, \alpha_m$ $(m \le \deg p(x))$이라 하자.

정리 5.3.4에 의하여 $\sigma \in G(K/F)$에 의한 $\sigma(\alpha_j)$는 모두 K 내의 $p(x)$의 근이다. σ는 K 위의 치환이므로 $\{\alpha_1, \cdots, \alpha_m\}=\{\sigma(\alpha_1), \cdots, \sigma(\alpha_m)\}$ 이다. $q(x)=(x-\alpha_1)\cdots(x-\alpha_m)$, $\sigma(q(x))=(x-\sigma(\alpha_1))\cdots(x-\sigma(\alpha_m))$이라 놓으면 결국 $q(x)=\sigma(q(x))$가 된다. 그러므로 $q(x)$의 각 계수는 σ에 의하여 불변인 K의 원소이다. K가 F의 갈루아 확대체이면 $K_{\sigma(K/F)}=F$이므로 모든 $\sigma(\alpha_j)=\alpha_j$인 원소 α_j는 F의 원소이다. 즉 $q(x) \in F[x]$이다. $\alpha_1=\alpha$는 $p(x)$와 $q(x)$의 공통근이므로 정리 5.1.7(2)에 의하여 $p(x)|q(x)$이다. $q(x)$의 차수는 $p(x)$의 차수 이하이고 최고차항의 계수가 1인 모닉 다항식이므로 $p(x)=q(x)$이다. $p(x)$의 근은 서로 다르고 모두 K 내에 있으므로 K는 F의 분리확대체인 동시에 정규 확대체이다.

역으로, K가 F의 유한정규확대체이면 정리 5.4.3에 의하여 K는 한 다항식 $f(x) \in F[x]$의 분해체이다. 그런데 K가 분리확대체이므로 $f(x)$는 F 위의 분리다항식이다. 정리 6.1.3에 의하여 $|G(K/F)|=[K:F]$이다.

$F_0=K_{G(F/F)}$라 놓으면 정리 6.1.1에 의하여 K는 F_0의 갈루아 확대체이고 $G(K/F)=G(K/F_0)$이다. K가 F의 유한확대체이므로 $|G(K/F_0)|=[K:F_0]$이다. 그러므로 $[K:F_0]=|G(K/F_0)|=|G(K/F)|=[K:F]$이다. 그런데 $F \le F_0$이므로 $[K:F_0]=[K:F]$는 $F=F_0$를 의미한다. 따라서 $F=K_{G(K/F)}$. 즉 K는 F의 갈루아 확대체이다.

F의 특성이 0이면 모든 기약다항식은 분리다항식이므로 K가 F의 갈루아 확대체이기 위한 필요충분조건은 K가 F의 정규확대체가 된다.

정리 6.1.5 체 F의 유한확대체 K가 갈루아 확대체이기 위한 필요충분조건은 K가 한 분리다항식 $f(x) \in F[x]$의 분해체가 되는 것이다.

증명 위 정리의 증명과정에서 정리가 성립함은 분명하다.

정리 6.1.6 특성이 소수 p인 유한체 F의 유한확대체 K는 F의 갈루아 확대체이다.

증명 char $F = p$, $|F| = p^r$, $[K : F] = n$이라 하자.

$Z_p \leq F \leq K$에서 $[K : Z_p] = [K : F][F : Z_p] = rn$ 이므로 $|K| = p^{rn}$.

정리 5.3.13에 의하여 F는 Z_p 위에서의 다항식 $x^{p^{rn}} - x$의 분해체이다.

또 K는 Z_p 위의 다항식 $x^{p^{rn}} - x$의 분해체이다. 그러므로 K는 F 위의 다항식 $x^{p^{rn}} - x$의 분해체이다.

$f(x) = x^{p^{rn}} - x$, $f'(x) = p^{rn} x^{p^{rn} - 1} - 1 = -1 \in F[x]$이다.

정리 5.4.1에 의하여 $f(x)$는 K 내의 서로 다른 p^{rn}개의 근을 갖는다. 즉 K는 F 위의 분리다항식 $f(x) = x^{p^{rn}} - x$의 분해체이다. 정리 6.1.5에 의하여 K는 F의 갈루아 확대체이다.

G가 임의의 군이라 하자. 이때 $G(E/Q)$가 G와 군동형이 되는 Q의 갈루아 확대체 E가 존재하는가 하는 것은 갈루아 이론에서 확인되지 않은 것이다.

체 K와 F의 부분체들과 갈루아군 $G(K/F)$의 부분군들 사이의 격자(lattice)에 관한 갈루아 이론을 살펴보자.

K가 체 F의 유한확대체라 하자. K가 한 다항식 $f(x) \in F[x]$의 분해체이면 K는 F의 정규 확대체이다. 또 K가 한 분리다항식 $f(x) \in F[x]$의 분해체이면 K는 갈루아의 확대체이다.

체 F의 유한정규 확대체 K에 대하여 성립하는 갈루아의 기본정리를 증명하기 위하여 몇 가지 사실을 언급하여 보자.

정리 6.1.7 K가 체 F의 유한확대체이고 E가 $F \leq E \leq K$인 임의의 중간체라 하자. K가 F의 갈루아 확대체이면 K는 E의 갈루아 확대체이다.

증명 K가 F의 갈루아 확대체이면 K는 한 분리다항식 $f(x) \in F[x]$의 분해체이다. K는 다항식 $f(x) \in F[x] \subseteq E[x]$의 분해체이기도 하고, $f(x)$는 E 위에서도 분리다항식이다. 정리 6.1.5에 의하여 K는 E의 갈루아 확대체이다. 따라서 $E = K_{G(K/E)}$이다.

정리 6.1.8 K가 체 F의 유한차원 갈루아 확대체이고 E가 $F \leq E \leq K$인 임의의 부분체라 하자. E가 F의 갈루아 확대체이기 위한 필요충분조건은 모든 $\sigma \in G(K/F)$에 대하여 $\sigma(E) \leq E$가 되는 것이다.

증명 E가 F의 갈루아 확대체이고 $\sigma \in G(K/F)$, $\alpha \in E$라 하자. E가 F의 정규 확대체이므로 $\operatorname{irr}(\alpha, F) = p(x)$의 모든 근은 E의 원소이다. 정리 5.3.9에 의하여 $\sigma(\alpha)$와 α는 모두 $p(x)$의 근이다. 그러므로 $\sigma(\alpha) \in E$. 즉 $\sigma(E) \leq E$이다.

역으로 $\sigma \in G(K/F)$, $\sigma(E) \leq E$라 하면 $\sigma^{-1} \in G(K/F)$이고 $\sigma^{-1}(E) \subseteq E$이다. $\sigma^{-1}(E) \leq E$에서 $E = \sigma(\sigma^{-1}(E)) \leq \sigma(E)$. $E = \sigma(E)$가 되므로 $\sigma|_E \in G(E/F)$이다. K가 F의 갈루아 확대체이므로 $K_{G(K/F)} = F$에서 $E - F$의 원소 α에 대하여 $\sigma(\alpha) \neq \alpha$인 $\sigma \in G(K/F)$가 존재한다. 그러면 $\sigma|_E(\alpha) \neq \alpha$, $\sigma|_E \in G(E/F)$가 성립한다. 따라서 $E_{G(E/F)} = F$. 즉 E는 F의 갈루아 확대체이다.

정리 6.1.9 K는 체 F의 갈루아유한확대체이다. $F \leq E \leq K$인 부분체 E가 F의 갈루아 확대체이기 위한 필요충분조건은 $G(K/E)$가 군 $G(K/F)$의 정규부분군이 되는 것이다. 이때 $G(E/F) \cong G(K/F)/G(K/E)$가 성립한다.

증명 정리 6.1.8에 의하여 $\sigma \in G(K/F)$이면 $\sigma(E) \leq E$이다. 임의의 $\delta \in G(K/E)$, $\alpha \in E$에 대하여

$$(\sigma^{-1}\delta\sigma)(\alpha) = \sigma^{-1}(\delta\sigma(\alpha)) = (\sigma^{-1}\sigma)(\alpha) = \alpha$$

그러므로 $\sigma^{-1}\delta\sigma|_E = 1_E$. 따라서 $\sigma^{-1}\delta\sigma \in G(K/E)$이다.

즉 $G(K/E) \triangleleft G(K/F)$이다.

역으로 $G(K/E) \triangleleft G(K/F)$라 하자. 임의의 $\sigma \in G(K/F)$, $\delta \in G(K/E)$에 대하여 $\sigma^{-1}\delta\sigma \in G(K/E)$이므로 $\alpha \in E$에 대하여

$$(\sigma^{-1}\delta\sigma)(\alpha) = \alpha, \quad (\delta\sigma)(\alpha) = \sigma(\alpha)$$

즉 $\delta(\sigma(\alpha)) = \sigma(\alpha)$. 그러므로 $\sigma(\alpha) \in K_{G(K/E)}$. 정리 6.1.7에 의하여 K는 E의 갈루아 확대체이므로 $K_{G(K/E)} = E$이다. 그러므로 $\sigma(\alpha) \in E$.

정리 6.1.8에 의하여 $\sigma(E) \leq E$에서 E는 F의 갈루아 확대체임을 알 수 있다.

사상 $\phi : G(K/F) \to G(E/F)$, $\phi(\sigma) = \sigma|_E$는 잘 정의된 사상이다. 정리

6.1.8에 의하여 $\sigma(E)=E$이므로 $\sigma|_E \in G(E/F)$이기 때문이다. 임의의 $\sigma, \delta \in G(K/F)$에 대하여 $\varphi(\sigma\delta)=\sigma\delta|_E=(\sigma|_E)(\delta|_E)=\phi(\sigma)\phi(\delta)$이므로 ϕ는 군 준동형사상이다.

$\sigma \in \ker\phi$이면 $\phi(\sigma)=\sigma|_E=1_E$, $\sigma(\alpha)=\alpha$, $\alpha \in E$이므로 $\sigma \in G(K/E)$이다. 또 역도 성립한다. 그러므로 $\ker\phi = G(K/E)$. 앞에 나온 정리 6.1.2, 6.1.9들에 의하여 $|G(K/F)/(K/E)|=[E:F]=|G(E/F)|$이므로 $|\mathrm{Im}\,\phi|=|G(E/F)|$. $G(E/F)$는 유한군이므로 $Im\phi = G(E/F)$.

군에 대한 제1동형정리에 의하여 $G(K/F)/\ker\phi = G(K/F)/G(K/E) \cong G(E/F)$이다.

정리 6.1.10 K가 체 F의 유한 갈루아 확대체이고 E가 $F \le E \le K$인 부분체이면 임의의 부분군 $H \subseteq G(K/F)$에 대하여 $H=G(K/K_H)$이다.

증명 $H \subseteq G(K/F)$인 유한군 H는 $H \subseteq G(K/K_H) \subseteq \mathrm{Aut}(K)$를 만족하므로 H가 $G(K/K_H)$의 진부부군이 아님을 보이면 된다. 정리 5.3.15와 5.4.4에 의하여 체 K_H가 유한이든 또는 무한이든 어느 경우에나 $K=K_H(\alpha)$인 $\alpha \in K$가 존재한다.

정리 6.1.1에 의하여 K는 체 K_H의 갈루아 확대체이다. 그러므로 정리 6.1.3에 의하여 $|G(K/K_H)|=[K:K_H]=n$이다. $|H|=m$, $H=\{\sigma_1, \cdots, \sigma_m\}$, $m<n$이라 가정하자.

다항식 $f(x)=(x-\sigma_1(\alpha))\cdots(x-\sigma_m(\alpha))=\prod_{i=1}^{m}(x-\sigma_i(\alpha))$의 차수는 n 미만이다. $\delta \in H$에 대하여 $H=\{\sigma_1, \cdots, \sigma_m\}=\{\delta\sigma_1, \cdots, \delta\sigma_m\}$ 이다. 이는 δ가 동형사상이기 때문에 가능하다. $f(x)$의 전개식에서 x의 누승의 계수는 δ에 의하여 불변이다.

실제로 x^{m-1}의 계수 $-\sigma_1(\alpha)-\sigma_2(\alpha)-\cdots-\sigma_m(\alpha)$와 $-(\delta\sigma_1)(\alpha)-(\delta\sigma_2)(\alpha)-\cdots-(\delta\sigma_m)(\alpha)$는 더하는 순서만 다를 뿐 그 값은 같다. 그러므로 $f(x) \in K_H[x]$이다. $\sigma_1, \cdots, \sigma_m$ 의 어느 하나는 항등사상이므로

$$f(\alpha)=(\alpha-\delta_1(\alpha))\cdots(\alpha-\delta_m(\alpha))=0.$$

$\mathrm{irr}(\alpha, H) \in K_H[x]$의 차수를 생각하여 보자.

$\deg(\alpha, K_H) \le \deg f(x) < n = [K:K_H]=[K_H(\alpha):K_H]$에서 $\deg(\alpha, K_H)$

$< [K_H(\alpha) : K_H] = \deg(\alpha, K_H)$라는 모순이 생긴다.

결과적으로 H는 $G(K/K_H)$의 진부분군이 될 수 없다. 따라서 $H = G(K/K_H)$가 성립한다.

연습문제 6.1

1 K가 체 F의 유한확대체이고 $\alpha \in K$, $\operatorname{irr}(\alpha, F) = p(x)$라 하자. K 내의 $p(x)$의 서로 다른 근 전체의 집합 $T = \{\alpha = \alpha_1, \cdots, \alpha_k\}$와 군 $G = G(K/F)$의 부분군 $H = G(K/F(\alpha))$의 잉여류 전체의 집합 $S = \{H\sigma | \sigma \in G\}$에 대하여 $\varphi(H\sigma) = \sigma(\alpha)$로 정의된 사상 $\varphi : S \to T$는 단사함수임을 보여라.

2 위의 문제에서 K가 분리다항식 $p(x)$의 분해체이면 φ는 전단사함수임을 보여라.

3 K가 F의 확대체이고 $G(K/F)$가 갈루아군이고 $F_0 = K_{G(K/F)}$이면, $G(K/F) = G(K/F_0)$ 임을 보이고, 또 K는 F_0의 갈루아 확대체임을 보여라.

4 K가 체 F의 확대체이고 E가 $F \le E \le K$인 중간체라 하자. $[K : F] = n$양의 정수이고, K가 F의 갈루아 확대체이면 K는 E의 갈루아 확대체임을 밝혀라.

5 유리수체 Q 위의 자기 동형사상은 항등사상뿐임을 보여라.

6 K는 체 F의 갈루아유한확대체이다. $F \le E \le K$인 부분체 E가 F의 갈루아 확대체이기 위한 필요충분조건은 $G(K/E)$가 군 $G(K/F)$의 정규부분군임을 밝혀라.

7 체 F의 유한확대체 K가 갈루아 확대체이기 위한 필요충분조건은 K가 한 분리다항식 $f(x) \in F[x]$의 분해체가 됨을 증명하여라.

8 K가 체 F의 유한차원 갈루아 확대체이고 E가 $F \le E \le K$인 임의의 부분체라 하자. E가 F의 갈루아 확대체이기 위한 필요충분조건은 모든 $\sigma \in G(K/F)$에 대하여 $\sigma(E) \le E$가 됨을 증명하여라.

SECTION 6.2 갈루아 이론의 기본정리, 가해성

앞 절의 갈루아군 및 갈루아 확대체에 관한 정리를 이용하여 갈루아 이론의 기본정리를 살펴보자.

정리 6.2.1 갈루아 이론의 기본정리(Fundamental Theorem of Galois Theory)

K는 체 F의 유한 갈루아 확대체라고 하자. 다음과 같이 정의된 사상

$$\phi : \{E | E\text{는 } F \le E \le K\text{의 부분체}\} \to \{H | H\text{는 } G(K/F)\text{의 부분군}\}$$

은 일대일 대응이다.

$$\phi(E) = G(K/E),\ \ \phi^{-1}(H) = K_H$$

이때 다음 성질이 성립한다.

(1) 체 $F \le E \le K$, $F \le L \le K$에 대하여 $E \le L$일 필요충분조건은 $G(K/E) \supseteq G(K/L)$인 것이다. 또 $[G(K/E) : G(K/L)] = [L : E]$이다.

(2) 부분군 $H, J \subseteq G(K/F)$에 대하여 $H \supseteq J$일 필요충분조건은 $K_H \le K_J$인 것이다. 또 $[H : J] = [K_H : K_J]$이다.

(3) 체 $F \le E \le K$에서 E가 F의 갈루아 확대체이면 $G(K/E) \triangleleft G(K/F)$이고 $G(E/F) \cong G(K/F)/G(K/E)$이다.

(4) $G(K/F)$의 부분군의 격자와 $F \le E \le K$인 부분체의 격자는 아래의 관계로 표시된다.

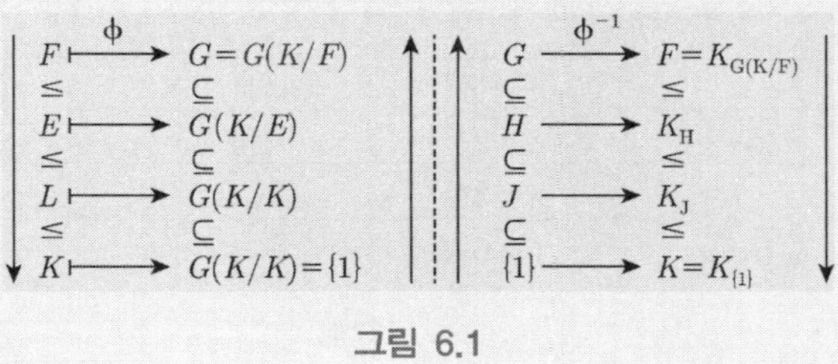

그림 6.1

증명 우선 ϕ가 일대일 대응임을 보이자. K가 F의 갈루아 유한확대체이므로 정리 6.1.7에 의하여 K는 E의 갈루아 확대체이다. 그러므로 $E = K_{G(K/E)}$다. $\phi(E_1) = \phi(E_2)$, $G(K/E_1) = G(K/E_2)$이면 $K_{G(K/E_1)} = K_{G(K/E_2)}$이다. K가 E_1, E_2의 갈루아 확대체이므로 $E_1 = K_{G(K/E_1)} = K_{G(K/E_2)} = E_2$이다. 그러므로 ϕ는 일대일사상이다.

정리 6.1.10에 의하여 부분군 $H \subseteq G(K/F)$에 대하여 $H = G(K/K_H)$이므로 K_H는 $F \le K_H \le K$인 부분체이다. 즉 K_H는 $\phi(K_H) = G(K/K_H) = H$인 K의 부분체이다. 그러므로 ϕ는 전사이다. 이로서 ϕ가 일대일 대응임이 확인되었다.

(1) 갈루아군과 불변체의 정의에 의하여 $E \le L \Leftrightarrow G(K/E) \ge G(K/L)$. $F \le E \le L \le K$이면 K는 E, L의 갈루아 확대체이므로

$$[G(K/E) : G(K/L)] = |G(K/E)|/|G(K/L)| = \frac{[K:E]}{[K:L]} = [L:E]$$

(2) $H, J \subseteq G(K/F)$인 유한군에 대하여 $H \subseteq J \Leftrightarrow K_H \supseteq K_J$이다. 정리 6.1.10에 의하여 $H = K_{G(K/K_H)}$, $|H| = |K_{G(K/K_H)}| = [K:K_H]$이고 $J = K_{G(K/K_J)}$, $|J| = |K_{G(K/K_J)}| = [K:K_J]$이다.

$$H \subseteq J\text{이면 } [H:J] = \frac{|H|}{|J|} = \frac{[K:K_H]}{[K:K_J]} = [K_J : K_H].$$

(3) 정리 6.1.10에 의한다.

(4) 일대일 대응 ϕ와 역사상 ϕ^{-1}의 상과 원상을 (1), (2)에 의하여 그림 6.1과 같이 나타낼 수 있다.

보기 1 $K = Q(\sqrt{2}, \sqrt{3})$은 Q 위의 분리다항식 $(x^2-2)(x^2-3)$의 분해체이므로 정리 6.1.3에 의하여 $|G(K/Q)| = 4$이다. 그러므로 Q의 모든 원소를 고정시키는 K 위의 동형사상은 네 개뿐이다. Q 위의 벡터공간 K의 기저 $\{1, \sqrt{2}, \sqrt{3}, \sqrt{6}\}$에 관한 동형사상 $1, \sigma, \delta, \tau$를 다음으로 나타내자.

	1	σ	δ	$\tau = \delta\sigma$
$\sqrt{2} \to$	$\sqrt{2}$	$-\sqrt{2}$	$\sqrt{2}$	$-\sqrt{2}$
$\sqrt{3} \to$	$\sqrt{3}$	$\sqrt{3}$	$-\sqrt{3}$	$-\sqrt{3}$
$\sqrt{6} \to$	$\sqrt{6}$	$-\sqrt{6}$	$-\sqrt{6}$	$\sqrt{6}$

그림 6.2

이 표에서 $\sigma\delta=\delta\sigma$, $\sigma^2=\delta^2=\tau^2=1$이다. 그러므로 $G=\{1,\ \sigma,\ \delta,\ \tau\}$는 클라인 사원군과 동형으로 $G(K/Q)\cong Z_2\oplus X_2$이다.

$G(K/Q)$의 부분군은 $\{1,\ \sigma,\ \delta,\ \tau\}$, $\{1,\ \sigma\}$, $\{1,\delta\}$, $\{1,\tau\}$, $\{1\}$뿐이다.

$Q\le E\le F=Q(\sqrt{2},\ \triangle\sqrt{3})$인 체 E는 $Q(\sqrt{2},\ \sqrt{3})$, $\triangle Q(\sqrt{2})$, $Q(\sqrt{3})$, $Q(\sqrt{6})$, Q뿐이다.

갈루아 정리의 일대일사상 $E\to G(K/E)$의 격자는 다음 표가 된다.

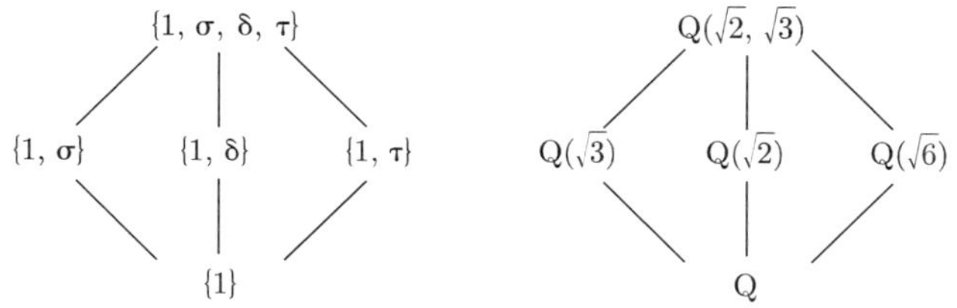

그림 6.3

여기에서 $K_{(1)}=Q(\sqrt{2},\ \sqrt{3})$, $K_{(1,\ \sigma)}=Q(\sqrt{3})$, $K_{(1,\ \delta)}=Q(\sqrt{2})$, $K_{(1,\ \tau)}=Q(\sqrt{6})$, $K_{(1,\ \sigma,\ \delta,\ \tau)}=Q$이다.

보기 2 다항식 x^2-2의 근은 $\sqrt[3]{2},\epsilon\sqrt[3]{2},\epsilon^2\sqrt[3]{2}\ (\epsilon=e^{\frac{2\pi i}{3}})$이다. Q의 확대체 $Q(\sqrt[3]{2},\epsilon)$의 갈루아군 $G(Q(\sqrt[3]{2},\epsilon)/Q)$를 생각하여 보자. 임의의 $\epsilon\in G(Q(\sqrt[3]{2},\epsilon)/Q)$은 다음 표의 어느 하나이다.

	1	σ_1	σ_2	σ_3	σ_4	σ_5
$\sqrt[3]{2}\to$	$\sqrt[3]{2}$	$\sqrt[3]{2}$	$\epsilon\sqrt[3]{2}$	$\epsilon\sqrt[3]{2}$	$\epsilon^2\sqrt[3]{2}$	$\epsilon^2\sqrt[3]{2}$
$\epsilon\to$	ϵ	ϵ^2	ϵ	ϵ^2	ϵ	ϵ^2
$\epsilon^2\to$	ϵ^2	ϵ	ϵ^2	ϵ	ϵ^2	ϵ

그림 6.4

즉 $G(Q(\sqrt[3]{2},\epsilon)/Q)=\{1,\ \sigma_1,\sigma_2,\sigma_3,\sigma_4,\sigma_5\}$이고, 이는 위수가 6인 비가환군이다. 위수가 6인 비 가환군은 대칭군 S_3뿐이므로 $G(Q(\sqrt[3]{2},\epsilon)/Q)\cong S_3$이다.

$Q(\sqrt[3]{2},\epsilon)$의 모든 원소는

$$a+a_2\sqrt[3]{2}+a_3(\sqrt[3]{2})^2+a_4\epsilon+a_5\epsilon\sqrt[3]{2}+a_6\epsilon(\sqrt[3]{2})^2$$

의 꼴로 표시된다. 모든 $\sigma \in G(Q(\sqrt[3]{2}, \epsilon)/Q)$에 의하여 불변인 원소는 $a_2 = a_3 = a_4 = a_5 = a_6 = 0$인 경우뿐이다. 그러므로 군 $G(Q(\sqrt[3]{2}, \epsilon)/Q)$의 불변체는 Q이다. 따라서 $Q(\sqrt[3]{2}, \epsilon)$은 Q의 갈루아 확대체이다.

$K = Q(\sqrt[3]{2}, \epsilon)$과 $G = G(K/Q)$의 갈루아격자를 비교하면 다음과 같다. 여기에서 $\sigma = \{1\,2\,3\}$, $\delta = \{1\,3\}$이다.

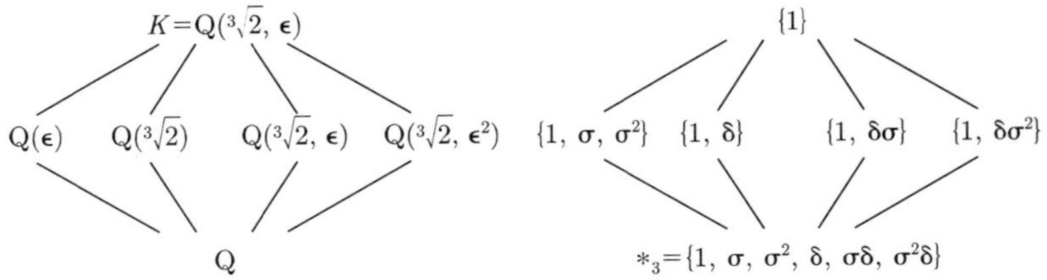

그림 6.5

보기 3 $K = Q(\alpha, i)$는 Q 위의 다항식 $x^4 - 2$의 분해체이다. $\alpha = \sqrt[4]{2} - \alpha$, $i\alpha - i\alpha$ $(i^2 = -1)$는 K 내에 있는 $x^4 - 2$의 단근이기 때문이다. $Q(\alpha) \subset R$이므로 $K \neq Q(\alpha)$이다. $Q \leq E \leq K$인 부분체 E는 Q, $Q(\alpha)$, $Q(\alpha, i) = K$뿐이다. Q 위의 $E = Q(\alpha)$의 기저 $\{1, \alpha, \alpha^2, \alpha^3\}$, E 위의 K의 기저 $\{1, i\}$에 대하여 $\{1, \alpha, \alpha^2, \alpha^3, i, i\alpha, i\alpha^2, i\alpha^3\}$은 Q 위의 K의 기저이다.

$[K : Q] = [K : E][E : Q] = 2 \cdot 4 = 8$이다. 정리 6.1.3에 의하여 $|G(K/Q)| = 8$. 그러므로 Q의 모든 원소를 고정하는 K 위의 자기동형사상은 여덟 개가 있다. 자기동형사상은 Q 위의 벡터공간 K의 기저 $\{1, \alpha, \alpha^2, \alpha^3, i, i\alpha, i\alpha^2, i\alpha^3\}$에 대응하는 원소에 의하여 결정된다. 다음 표는 생성원 α, i에 대응방법을 나타낸 것이다.

	σ_0	σ_1	σ_2	σ_3	τ_1	δ_1	τ_2	δ_2
$\alpha \to$	α	$i\alpha$	$-\alpha$	$-i\alpha$	α	$i\alpha$	$-\alpha$	$-i\alpha$
$i \to$	i	i	i	i	$-i$	$-i$	$-i$	$-i$

그림 6.6

이때 $\sigma_1\tau_1 = \delta_1$, $\tau_1\sigma_1 = \delta_2$이므로 $\sigma_1\tau_1 \neq \tau_1\sigma_1$이므로 $G(K/Q)$는 비가환군이다. $G(K/Q)$의 여덟 개 부분군의 격자는 다음과 같다.

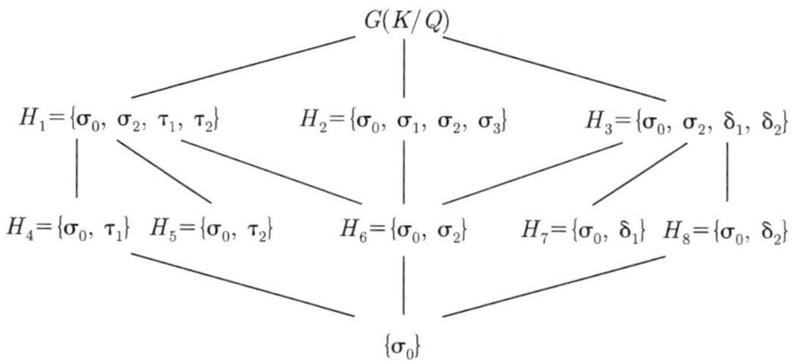

그림 6.7

$H_i \leq G(K/Q)$에 대한 K_{H_i}를 하나하나 구하면 부분체의 격자는 아래와 같다.

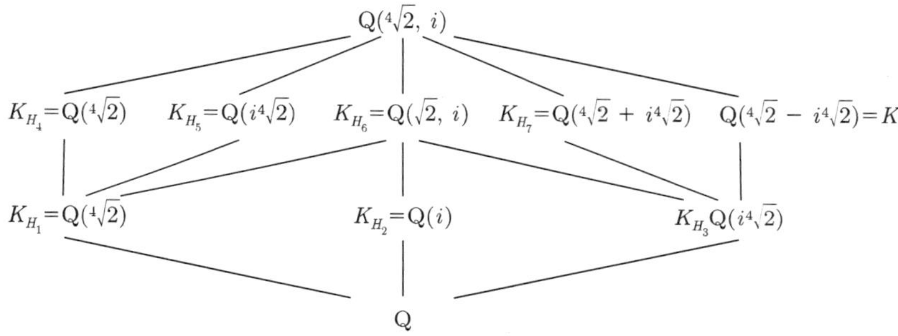

그림 6.8

갈루아군 $G(K/F)$가 가해군이 되는 경우를 생각하여 보자. $G=H_0 \triangleright \cdots \triangleright H_n=\{1\}$, $H_{i-1}/H_i (1 \leq i \leq n)$는 아벨군인 가환정규열 $\{H_i\}$가 존재할 때 G를 가해군이라 한 바 있다. 대칭군 S_2, S_3, S_4는 모두 가해군, $S_n (n \geq 5)$은 가해군이 아니다.

다항식 $f(x)=ax^2+bx+c(a \neq 0) \in Q[x]$는 복소수 C 내에서 $\dfrac{-b \pm \sqrt{b^2-4ac}}{2a}$를 근으로 갖는다. $d=b^2-4ac$, $\sqrt{d}=\alpha$라 하면 $a^2=d \in Q$. 그러므로 $f(x)$의 모든 근은 체 $Q(\alpha)$에 속한다.

$f(x)$의 근은 Q의 원소와 α(제곱근) 사이에 체의 연산인 덧셈, 뺄셈, 곱셈, 나눗셈을 유한 번 시행해서 얻어진다. 이러한 생각을 체 F 위의 n차원 다항식에 대해 일반화하여 보자.

정의 다음 조건을 만족하는 $\alpha_1, \cdots, \alpha_n \in K$가 존재하여 K를 체 F의 **거듭제곱근 확**

대체(radical extension field)라 한다.

(1) $K = F(\alpha_1, \cdots, \alpha_n)$

(2) $n_i \geq 1$에 대하여 $a_1^{n_1} \in F,\ a_i^{n_i} \in F(\alpha_1, \cdots, \alpha_{i-1})(2 \leq i \leq n)$

다항식 $f(x) \in F[x]$의 분해체를 포함하는 체 F의 거듭제곱근 확대체가 존재할 때 $f(x)$는 F 위에서 **거듭제곱근**(radicals)에 의하여 **가해**(solvable)이다 라고 한다. ■

보기 4 다항식 $x^5 - 1$은 Q 위에서 거듭제곱근 가해이다. $\xi^5 = 1$인 $\xi \in C$에 대하여 $K = Q(\xi)$는 $\xi^5 = 1 \in Q$인 분해체이다.

보기 5 다항식 $x^5 - 2$는 Q 위에서 거듭제곱근 가해이다. $\xi^5 = 2$인 $\xi \in C$에 대하여 $Q \subseteq Q(\xi) \subseteq Q(\xi, \sqrt[5]{2})$, $\xi^5 = 1 \in Q$, $(\sqrt[5]{2})^5 = 2 \in Q(\xi)$. 그러므로 $K = Q(\xi, \sqrt[5]{2})$는 $x^5 - 2$의 분해체이고, Q의 거듭제곱근 확대체이다.

정리 6.2.2 항등원의 모든 n제곱근을 포함하고 있는 체 F 위의 다항식 $x^n - \alpha \in F[x]$의 분해체 E는 F의 갈루아단순확대체이다. 또 $G(E/F)$는 가해군이다.

증명 항등원의 n제곱근 전체의 집합 $U_n = \{1, \xi, \xi^2, \cdots, \xi^{n-1}\}$은 항등원의 원시 n제곱근 ξ에 의하여 생성된 순환군이다. $a = 0$이면 분명하므로 $a \neq 0$인 경우를 생각하자. β를 $x^n - a$의 한 근이라 하면 $\beta, \xi\beta, \cdots, \xi^{n-1}\beta$는 $x^n - a$의 서로 다른 근 전체이다. 이들은 모두 $F(\beta)$에 속하므로 $f(\beta)$는 $x^n - a \in F[x]$의 분해체이다. 또 $x^n - a$의 근은 모두 다르므로$x^n - a$는 F 위의 분리다항식이다. 따라서 $E = F(\beta)$는 F의 갈루아 확대체이고 단순확대체이다.

자기동형사상 $\sigma \in G(E/F)$는 $\sigma(\beta)$에 값에 따라 결정된다. $\sigma(\beta) = \xi\beta$, $\delta(\beta) = \xi^j\beta(1 \leq i \leq n-1)$라 놓으면

$$(\sigma\delta)(\beta) = \sigma(\delta(\beta)) = \sigma(\xi^j\beta) = \sigma(\xi^j)\sigma(\beta) = \xi^j\xi^i\beta$$
$$(\delta\sigma)(\beta) = \delta(\sigma(\beta)) = \delta(\xi^i\beta) = \delta(\xi^i)\delta(\beta) = \xi^i\xi^j\beta$$

그러므로 $\sigma\delta = \delta\sigma$. 즉 $G(E/F)$는 가환군이다. 따라서 $G(E/F)$는 가해군이다.

정리 6.2.3 F는 특성이 0인 체이고 $a \in F$이다. E가 $x^n - a \in F[x]$의 분해체이면 $G(E/F)$는 가해군이다.

증명 항등원의 n제곱근이 F에 포함되는 경우에는 정리 6.2.2에 의하여 증명되었다. 항등원의 어느 n제곱근도 F에 속하지 않을 때 이 정리가 성립함을 보이자.

F의 특성이 0이므로 항등원 원시 n제곱근 ξ가 존재하여 $U_n = < \xi >$이다. β가 $x^n - a$의 한 근이면 $\xi\beta$도 이 다항식의 근이다. 그러므로 $\xi = \dfrac{\xi\beta}{\beta} \in E$이다. 즉 분해체 E는 항등원의 원시제곱근 ξ를 포함하고 있는 체이다. $F_1 = F(\xi)$는 $x^n = 1 \in F[x]$의 분해체이고 $F \le F_1 \le E$이다. 정리 6.1.5에 의하여 F_1은 F의 유한차원 갈루아 확대체이다.

정리 6.2.2의 증명과정에서 보는 바와 같이 $G(F_1/F)$는 가환군이므로 가환군이다.

정리 6.2.1(갈루아 정리)(3)에 의하여 $\{1\} \subseteq G(E/F_1) \subseteq G(E/F)$는 군의 가환정규열이다. 즉 $G(E/F_1) \triangleleft G(E/F)$, $G(F_1/F) \cong G(E/F)/G(E/F_1)$에서 $G(E/F)/G(E/F)$도 가환이다. 따라서 $G(E/F)$는 가해군이다.

다음은 대수적인 방법으로 다항식의 해를 얻을 수 있는가를 판별하는 중요한 정리이다. 이의 역의 증명은 연습문제로 남긴다.

정리 6.2.4 K가 특성이 0인 체 F의 갈루아 제곱근 확대체이기 위한 필요충분조건은 갈루아군 $G(K/F)$가 가해인 것이다.

증명 K의 원소 $\alpha_1, \cdots, \alpha_r$와 양의 정수 $n_1, \cdots, n_r$이 존재하여

$$K = F(\alpha_1, \cdots, \alpha_r)\ ,\ \alpha_1^{n_1} \in F,\ a_i^{n_i} \in F(\alpha_1, \cdots, \alpha_{i-1}) \qquad (1 \le i \le r)$$

이라 하자. $F_0 = F$, $F_i = F(\alpha_1, \cdots, \alpha_{ri-1})(1 \le i \le r)$, $K = F(\alpha_1, \cdots, \alpha_r)$, $n = n_1 \cdots n_r$이라 하자. $x^n - 1$의 원시 n제곱근이 F에 포함되는 경우와 그렇지 않은 경우로 나누어 생각하자.

항등원의 원시 n제곱근이 F에 속한다고 하자. $\xi^n = 1$, $\xi \in F$일 때, $y_i = \xi^{d_i}$, $d_i = n_1 \cdots n_{i-1} n_{n+1} \cdots n_r$라 놓으면 y_i는 F에서의 항등원의 원시 n_i제곱근이다. 또 모든 $y_i \in F \subseteq F_i$이다. 모든 α_i는 $x^{n_i} - \alpha_i^{n_i}$의 근이고 y_i^0

$= 1,\ y_i, \cdots, y_i^{d_i - 1}$은 서로 다르므로 $\alpha_i, y_i\alpha_i, \cdots, y_i^{d_{i-1}}\alpha_i$는 $x^{n_i} - \alpha_i^{n_i}$의 서로 다른 근이다. 이들 근은 모두 $F_{i-1}(\alpha_i) = F_i$에 속하고 서로 다르므로 F_i는 분리다항식 $x^{n_i} - \alpha_i^{n_i} \in F_{i-1}$의 갈루아 확대체이다.

한편으로 K가 F의 갈루아 확대체이므로 각 K는 F_i의 갈루아 확대체이기도 하다. $H_i = G(K/F_i)$에 갈루아 정리를 적용할 수 있다. $H_i = G(K/F_i)$라 놓으면 $G(K/F_i) \triangleleft G(K/F_{i-1})$이므로 $H_i \triangleleft H_{i-1}$, $G(K/F_{i-1})/G(K/F_i) \cong G(F_i/F_{i-1})$에서 모든 H_{i-1}/H_i는 아벨군이다. 그러므로 $G(K/F) = H_0 > H_1 > H_2 > \cdots > H_r = \{1\}$은 정규열이다. 따라서 $G(K/F)$는 가해군이다.

항등원의 원시 n제곱근이 F에 속하지 않는 경우를 생각하자. F의 특성이 0이므로 항등원의 원시 n제곱근 ξ가 존재한다. $K(\xi)$는 $x^n - 1 \in F[x]$의 분해체이다. K가 F의 유한차원 갈루아 확대체이므로 K는 한 분리다항식 $h(x) \in F[x]$의 분해체이다. 그러므로 $K(\xi)$는 분리다항식 $(x^n - 1)h(x) \in F[x]$의 분해체이다. 따라서 $K(\xi)$는 $F(\xi)$의 유한차원 갈루아 확대체이다. 항등원 원시 n제곱근 ξ는 $F(\xi)$에 속하므로 앞의 경우처럼 증명된다.

보기 6 $e^{\frac{2\pi i}{n}}$를 Q 위에서의 제곱근으로 나타내어 보자. $\epsilon = e^{\frac{2\pi i}{n}}$은 $x^n - 1 \in Q[x]$의 근이므로 $x^n - 1$이 제곱근가해임을 보이면 충분하다. $x^n - 1$의 근은 $\epsilon, \epsilon^2, \cdots, \epsilon^{n-1}, \epsilon^n = 1$ 이므로 $Q(\epsilon)$은 Q 위에서의 $x^n - 1$의 분해체이다. 이때 $G(Q(\epsilon)/Q)$가 가해임을 보이자.

$Q(\epsilon)$위의 자기동형사상 ϵ는 $\delta(\epsilon)$의 값에 따라 결정되므로 $\sigma(\epsilon) = \epsilon^k$, $(k, n) = 1$이다. $(k, n) \neq 1$이면 $\sigma(\epsilon)$는 항등원의 원시n제곱근이 아니기 때문이다. $\sigma, \delta \in G(Q(\epsilon)/Q)$에 대하여 $\sigma(\epsilon) = \epsilon^i$, $\delta(\epsilon) = \epsilon^j$라 하면

$$(\sigma \bullet \delta)(\epsilon) = \sigma(\delta(\epsilon)) = \sigma(\epsilon^j) = \epsilon^{ij} = \delta(\epsilon^i) = (\delta \bullet \sigma)(\epsilon)$$

이다. 그러므로 $\sigma \bullet \delta = \delta \bullet \sigma$.즉, $G(Q(\epsilon)/Q)$은 가환이다. 따라서 $G(Q(\epsilon)/Q)$은 가해군이다.

5차 이상의 정수계수다항식은 일반적으로 거듭제곱근에 의하여 가해하지 않음을 증명하기로 하자.

정리 6.2.5 소수 p에 관한 대칭군 S_p의 부분군 H가 하나의 호환과 위수가 p인 하나의 치환을 포함하고 있으면 $H = S_p$이다.

증명 H에 속하는 호환을 $\tau=(ab)$, 길이가 p인 치환을 $\delta=(i_1\,i_2\cdots\ i_p)$라 하자. 각 $i_1,\cdots,i_p$는 $1,\cdots,p$ 중의 어느 하나로 서로 다른 것이므로 $i_1=1, i_2=2, \cdots, i_p=p$라 하여도 무방하다. 같은 이유에서 $\alpha=1, b=2$라 놓을 수 있다. $\tau=(1\,2)$, $\delta=(1\,2\cdots\ p)$가 모두 H의 원소이므로 $\tau\circ\delta(1\,2)(1\,2\cdots\ p)=(2\,3\cdots\ p\ \in H$이다. 모든 $k=1,\cdots,p-1$에 대하여

$$(2\,3\cdots\ p)^k(1\,)(2\,3\cdots\ p)^{-k}=(1,k+1)$$

는 H의 원소이다. 즉 모든 $(1\,2),(1\,3),\ \cdots,(1\,p)$는 H의 원소이다. 또 $(1\,i)(1j)(1i)=(i\,j)$이므로 모든 호환은 H의 원소이다. 그런데 S_p는 $(1\,2),(1\,3),\cdots,(1\,p)$에 의하여 생성되므로 $H=S_p$이다.

정리 6.2.6 차수가 소수 p인 기약다항식 $f(x)\in Q[x]$의 유리수체 Q 위의 분해체를 K라 하면 갈루아군 $G(K/Q)$는 대칭군 S_p와 동형이다.

증명 기약다항식 $f(x)\in Q[x]$의 복소수체 C 내의 한 근 α에 대하여 $[Q(\alpha):Q]=\deg f(x)=p$. 정리 6.1.9에 의하여 $[G(K/Q):G(K/Q(\alpha))]=[Q(\alpha):Q]=p$이다. 그러므로 p는 $G(K/Q)$의 약수이다. 따라서 위수가 p인 $G(K/Q)$ 내의 자기동형사상 τ가 존재한다. 모든 $\alpha=a+bi\,(a,b\in R)$에 대하여 $\tau(\alpha)=\overline{\alpha}$로 정의된 사상 $\tau: C\to C$를 생각하자. $f(x)$의 복소수체 C 내에서의 해집합 $T=\{\alpha_1, \alpha_2, \alpha_3, \cdots, \alpha_p|\alpha_1\neq\alpha_2\in C,\ \alpha_3,\cdots,\alpha_p\in\mathbb{R}\}$에 대하여 $\tau(\alpha_1)=\alpha_2$, $\tau(\alpha_2)=\alpha_1$, $0\tau(\alpha_j)=\alpha_j(3\le j\le p)$가 성립한다.

실제로 $\tau(\alpha_1)=\overline{\alpha_1}$, $\tau(\alpha_2)=\overline{\alpha_2}$, $\tau(\alpha_3)=\overline{\alpha_3}$, $\cdots$, $\tau(\alpha_p)=\overline{\alpha_p}$이다. 그런데 α_1이 $f(x)$의 허근이므로 $\overline{\alpha_1}$도 $f(x)$의 허근이다.

$f(x)$의 허근은 단 두 개뿐이므로 $\tau(\alpha_1)=\overline{\alpha_1}\neq\alpha_1$, $\tau(\alpha_2)=\overline{\alpha_2}\neq\alpha_2$에서 $\tau(\alpha_1)=\alpha_2$, $\tau(\alpha_2)=\alpha_1$이어야 한다. 그러므로 $G(K/Q)$에는 길이가 p인 순환치환에 대응하는 원소와 호환에 대응하는 원소가 존재한다. 따라서 $G(K/Q)\cong S_p$이다.

보기 7 다항식 $2x^5-10x+5$에 관한 갈루아군은 S_5와 동형이다.
$f(x)=2x^5-10x+5$의 근은 세 개의 실근과 서로 다른 두 개의 허근을 갖기 때문이다.

보기 8 다항식 $f(x)=x^5-10x+2\in Q[x]$는 $\sqrt[4]{2}$에서 극소값 $-\sqrt[4]{2}$에서 극대값을 갖는다. 그러므로 $f(x)$는 세 개의 실근과 서로 다른 두 개의 허근을 갖는다. 따라서 갈루아군 $G(K/Q)$는 S_5와 동형이다. 그런데 S_5는 가해군이 아니므로, $G(K/Q)$도 가해군이 아니다.

정리 6.2.7 차수가 5 이상인 유리계수다항식은 일반적으로 거듭제곱근에 의하여 가해가 아니다. 즉 차수가 5 또는 그 이상인 유리계수다항식의 해집합은 대수적인 방법으로 구하는 일의적인 방법은 없다.

증명 차수가 소수 $p(\geq 5)$인 기약다항식 $f(x)\in Q[x]$의 갈루아군 $G(K/Q)$는 정리 6.1.7에 의하여 대칭군 S_p와 동형이다. 정리 3.4.9에 의하여 $S_p(p\geq 5)$는 가해군이 아니다. 그러므로 $G(K/Q)$는 가해군이 아니다. 정리 6.2.4에 의하여 $f(x)$는 거듭제곱근에 의하여 가해하지 않는다.

연습문제 6.2

1 G가 임의의 유한군이고, Q의 갈루아 확대체 E가 존재하여 $G(E/Q) \cong G$가 성립하는가?

2 다항식 $2x^5 - 5x^4 + 5$는 Q 위에서 제곱근 가해가 아님을 보여라.

3 체 $F \le K \le L$에서 L이 F의 거듭제곱근확대체이면 L은 K의 거듭제곱확대체임을 보여라. 또 K가 F의 거듭제곱확대체이고 L이 K의 거듭제곱확대체이면 L은 F의 거듭제곱확대체임을 보여라.

4 F가 원시 n제곱근$(n \ge 1)$ ξ를 포함하고 있는 체이면 n의 약수 d에 대하여 $\xi^{\frac{n}{d}}$은 F에서 항등원의 원시 d제곱근임을 보여라.

5 차수가 5차인 정수계수다항식은 일반적으로 거듭제곱근에 의하여 가해가 아님을 보여라.

6 군 G에 대하여, $G = H_0 \triangleright \cdots \triangleright H_n = \{1\}$, $H_{i-1}/H_i (1 \le i \le n)$는 아벨군인 가환정규열 $\{H_i\}$가 존재할 때 G는 가해군임을 보여라.

7 대칭군 S_2, S_3, S_4 는 모두 가해군임을 보이고, $S_n (n \ge 5)$은 가해군이 아님을 밝혀라.

8 $K = Q(\sqrt{2}, \sqrt{3})$은 Q 위의 분리다항식 $(x^2-2)(x^2-3)$의 분해체임을 증명하여라.

9 차수가 소수 p인 기약다항식 $f(x) \in Q[x]$의 유리체 Q위의 분해체를 K라 하면 갈루아군 $G(K/Q)$는 대칭군 S_p와 동형임을 증명하여라.

10 K는 체 F의 유한 갈루아 확대체이다. 다음 사실을 밝혀라.

$$\phi : \{E | E\text{는 } F \le E \le K\text{의 부분체}\} \to \{H | H\text{는 } G(K/F)\text{의 부분군}\}$$

은 일대일 대응이다.

$$\phi(E) = G(K/E).\ \ \phi^{-1}(H) = K_H$$

에 대하여, 다음 성질이 성립한다.

(1) 체 $F \le E \le K$, $F \le L \le K$에 대하여 $E \le L$일 필요충분조건은 $G(K/E) \supseteq G(K/L)$인 것이다.

(2) 부분군 $H, J \subseteq G(K/F)$에 대하여 $H \supseteq J$일 필요충분조건은 $K_H \le K_J$인 것이다.

CHAPTER X

선정된 해답

연습문제 1.1

2. 두 집합 $A=\{2,\ 3,\ 4\}$와 $B=\{3,\ 4,\ 7,\ 8,\ 9\}$에 대하여 $A\cup B,\ A\cap B,\ B-A,\ A\times B$를 구하여라.

SOL $A\cup B=\{2,3,4,7,8,9\}$

$A\cap B=\{3,4\}$

$B-A=\{7,8,9\}$

$$A\times B=\left\{\begin{matrix}(2,3),(2,4),(2,7),(2,8),(2,9),\\(3,3),(3,4),(3,7),(3,8),(3,9),\\(4,3),(4,4),(4,7),(4,8),(4,9)\end{matrix}\right\}$$

3. 집합 A와 전체집합 U에 대하여, 다음이 성립함을 증명하라.

(1) $A\cup A=A$

SOL $x\in A\cup A \Leftrightarrow x\in A$ or $x\in A$

$\Leftrightarrow x\in A$

4. 집합 A가 전체집합 U의 부분집합일 때 다음을 밝혀라.

(1) $(A^c)^c=A$

SOL $x\in(A^c)^c \Leftrightarrow x\not\in A^c \Leftrightarrow x\in A$

5. 집합 $A,\ B,\ C$ 에 대하여, 다음이 성립함을 증명하라.

(2) $(A\cap B)\cap C=A\cap(B\cap C)$

SOL $x\in(A\cap B)\cap C \Leftrightarrow x\in A\cap B$ and $x\in C$

$\Leftrightarrow x\in A$ and $x\in B$ and $x\in C$

$\Leftrightarrow x\in A$ and $x\in B\cap C$

$\Leftrightarrow x\in A\cap(B\cap C)$

연습문제 1.2

1. 실수 위에서 정의된 아래 함수 의 정의역과 치역을 구하여라.

(1) $y=\sqrt{10^2-x^2}$

SOL 정의역 : $\{x|10^2-x^2\ge 0\} = \{x|x^2-10^2\le 0\}$

$= \{x|(x+10)(x-10)\le 0\}$

$= \{x|-10\le x\le 10\}$

치역 : $x^2\ge 0$ 이기 때문에 $10^2-x^2\le 100$ 이다. 정의역이 $\{x|-10\le x\le 10\}$이기 때문에 $0\le 10^2-x^2\le 100$이다. 따라서 $0\le\sqrt{10^2-x^2}\le 10$이며, 치역은 $\{y|0\le y\le 10\}$이다.

3. 다음 함수의 역함수를 구하여라.

(2) $y=5x+7$

SOL $x=5y+7 \Leftrightarrow y=\dfrac{1}{5}(x-7)$

5. 사상 $f:A\to B$가 주어졌을 때, $A_1,A_2\subseteq A,\ B_1,B_2\subseteq B$에 대하여 다음을 증명하여라.

(1) $f(A_1 \cap A_2) \subseteq f(A_1) \cap f(A_2)$

SOL $y \in f(A_1 \cap A_2) \Leftrightarrow x \in A_1 \cap A_2$인 x가 존재하여 $y = f(x)$ 가 성립한다.

$\Leftrightarrow x \in A_1$ 이면서 $x \in A_2$ 인 x가 존재하여 $y = f(x)$ 가 성립한다.

$\Rightarrow y \in f(A_1)$ 이면서 $y \in f(A_2)$

$\Leftrightarrow y \in f(A_1) \cap f(A_2)$

연습문제 2.1

1. 소수 p에 관하여 $\mathbb{Z}_p^* = \{\bar{1}, \bar{2}, \ldots, \overline{p-1}\} = \mathbb{Z}_p - \{\bar{0}\}$는 곱셈연산에 대하여 위수 $|\mathbb{Z}_p^*| = p-1$인 가환군이다.

[Hint: $(\mathbb{Z}, \ \cdot)$는 가환 반군]

2. 위수가 3인 군은 $G = \{e, a, a^2\}$의 형태뿐임을 보여라.

SOL e를 항등원, $a \neq e$인 G의 원이라 하면 $a^2 \neq e$, $a^2 \neq a$이다. 따라서 $G = \{e, a, a^2\}$

3. 집합 $R^2 = \{(a,b) |\ a,b \in R,\ a \neq 0\}$ 위의 연산이 다음과 같다. 이 군의 항등원과 역원을 구하여라. 또 비가환군임을 보여라.

$(a,b)(c,d) = (ac, bc+d)$

SOL 항등원은 $(1, 0)$, (a, b), 역원은 $(\frac{1}{a}, -\frac{b}{a})$,

$(1, 2)(3, 4) = (3, 10)$, $(3, 4)(1, 2) = (3, 6)$이므로 $(1, 2)(3, 4) \neq (3, 4)(1, 2)$

4. 폐구간 $[0, 1]$ 위의 연속인 실함수 전체의 집합 $C([0, 1])$의 두 함수 f, g의 합이 다음과 같다. 이때 $(C([0, 1]), +)$은 군을 이룸을 보여라.

$(f+g)(x) = f(x) + g(x),\ 0 \leq x \leq 1$

SOL 영원은 영함수, 음원은 $-f$이다.

5. 순서쌍의 집합 $G = \{(0,0), (0,1), (1,0), (1,1)\}$는 법 2(modulo 2)인 덧셈연산에 관하여 군을 이룬다는 것을 밝혀라. 이 군의 항등원과 역원을 구하여라.

SOL 항등원은 $(0, 0)$, 모든 원소의 역원은 그 자신이다.

6. 클라인 4원군의 곱셈표를 만들어라.

SOL

	e	a	b	ab
e	e	a	b	ab
a	a	e	ab	b
b	b	ab	e	a
ab	ab	b	a	e

7. 실수 $\mathbb{R}$ 위의 행렬식이 영이 아닌 2×2행렬 전체의 집합 $M(\mathbb{R})$는 곱셈연산에 관하여 군을 이룬다는 것을 보여라. 이때 행렬 $A = \begin{bmatrix} a & b \\ c & d \end{bmatrix}$의 역원을 구하여라.

SOL $|A| \neq 0$이면 $A^{-1} = \frac{1}{|A|}\begin{bmatrix} d & -c \\ -b & a \end{bmatrix}$, $|A| = 0$이면 역원은 존재하지 않는다.

8. 집합 $R^n = \{(x_1, \cdots, x_n) | x_i \in R,\ i = 1, 2, \cdots, n\}$ 위의 덧셈연산 +가 다음과 같다. 이때 R^n은 가환

군임을 보여라.

$$(x_1,\cdots,x_n)+(y_1,\cdots,y_n)=(x_1+y_1,\cdots,x_n+y_1)$$

SOL 영원은 $(0,\cdots,0)$, $(x_1,\cdots,x_n)$의 음원은$(-x_1,\cdots,-x_n)$.

9. 집합 X의 멱집합 $P(X)$는 다음의 연산에 의하여 군을 이룬다. 이 군의 항등원과 역원을 구하여라.

$$A\triangle B=(A\cup B)-(A\cap B),\ \ \forall A, B\subseteq X$$

SOL $A\triangle\varnothing=A$, $A\triangle A=\varnothing$이므로 항등원은 $\varnothing$, 역원은 그 자신이다.

10. 고정된 양의 정수 n에 대하여, $x^n=1$인 복소수 전체의 집합은 곱셈연산에 관해 군을 이룸을 보여라.

[Hint: $(\mathbb{C},\ \cdot)$는 가환 모노이드]

11. 5차 이면체군 D_5를 열거하여라.

[Hint: $(D_5,\ \cdot)$의 군 Table 이용]

연습문제 2.2

1. 군 G에 대하여 모든 a, $b\in G$에 대하여 $(ab)^2=a^2b^2$이면 G는 가환임을 밝혀라.

SOL $(ab)^2=(ab)(ab)=abab=a^2b^2$, $a^{-1}ababb^{-1}=a^{-1}a^2b^2b^{-1}$, $ba=ab$

2. $a*b\neq b*a$인 군 G의 원소를 a, b라 하면 e, a, b, $a*b$, $b*a$는 서로 다른 원소임을 보여라.

SOL $a*b=e$이면 $b=a^{-1}$이므로 $b*a=a^{-1}*a=e$, 즉 $a*b=b*a$. $a*b=a$이면 $a^{-1}*(a*b)=a^{-1}*a$, $b=e$, $b*a=e*a=a$. $a*b=b*a=a$. $a*b=b$이면 $a=e$이므로 $a*b=b*a$. 따라서 $a*b\neq e$, a, b, $b*a$. e, a, b, $a*b$, $b*a$는 어느 것도 같은 원이 아니다.

3. 위수가 3 이상인 군G 에 $ab=ba$, $a\neq b$, $a\neq$ e, $b\neq$ e 인 원소 a, $b\in G$ 가 존재함을 보여라.

SOL $a\neq e$인$a\in G$에 대하여 e, a, a^{-1}는 서로 다른 원이고, $b=a^{-1}$라 놓으면 $ab=ba=e$. 즉 $ab=ba$, $a\neq e$, $b\neq e$, $a\neq b$.

4. 군 G에 관한 방정식 $x^2=x$의 해(solution)는 $x=e$뿐임을 보여라.

SOL $xx=x$의 양변에 x^{-1}를 곱하면 $x=(x^{-1}x)x=x^{-1}(xx)=x^{-1}x=e$.

5. 군 G에 대하여 $a^{-1}ba=b^{-1}$, $b^{-1}ab=a^{-1}$인 원소 a, $b\in G$는 $a^4=b^4=e$임을 만족한다.

6. 군 G의 고정된 원소 a에 대하여 다음 사상 $f_a: G\to G$을 **좌이동사상**(left translation)이라 한다.

$$f_a(x)=ax,\ \ x\in G$$

(1) f_a는 전단사이다.

(2) f_a, f_b에 대하여 $f_a\circ f_b=f_{ab}$가 성립한다.

(3) $\{f_a|a\in G\}$는 합성 $\circ$에 대하여 군을 이룬다.

SOL (1) 임의의 $x\in G$에 대하여 $x=a(a^{-1}x)=f_a(a^{-1}x)$이므로 $a^{-1}x$는 x의 원상이 된다. $f_a(x)=f_a(y)\Rightarrow ax=ay\Rightarrow x=y$이므로 f_a는 단사이다. 따라서 f_a는 G 위의 전단사 사상이다.

(2) 고정된 원 $a, b \in G$에 대하여 $(f_a \circ f_b)(x) = f_a(f_b(x)) = f_a(bx) = a(bx) = (ab)x$ $= f_{ab}(x), x \in G$. 따라서 $f_a \circ f_b = f_{ab}$.

(3) $f_e \circ f_a = f_{ea} = f_a, f_a \circ f_{a^{-1}} = f_{aa^{-1}} = f_e$이므로 f_e는 항등원, $f_{a^{-1}}$은 f_a의 역원이다.

7. 원소의 개수가 2 또는 3인 군은 모두 가환군임을 보여라.

SOL (i) $G = \{e, a\}$의 임의의 $x \in G$에 대하여 $xe = ex = x$이므로 G는 가환이다.

(ii) $G = \{e, a, b\}$에서 $ab = e, a, b$이다. $ab \neq e$이면 $ab = a$ 또는 $ab = b$에서 $b = e$ 또는 $a = e$이다. 따라서 $ab = e$. 마찬가지로 $ba = e$. 따라서 $ab = ba$. 즉 G는 가환군이다.

8. 원소의 개수가 짝수인 군 G는 $a^2 = e$, $a \neq e$인 원소 a를 적어도 하나 가짐을 보여라.

SOL $x^2 = e \Leftrightarrow x = x^{-1}$. $x^2 = e$, $x \neq e$이면 $\{x, x^{-1}\}$는 두 개의 원을 갖는다.

$G = \{e\} \cup \{x, x^{-1}\} \cup \{y, y^{-1}\} \cup \cdots \cup \{z, z^{-1}\}$에서 $|G|$는 홀수이다. 따라서 $x^2 = e, x \neq e$가 적어도 하나 존재한다.

9. 비가환군은 적어도 여섯 개의 원소를 가짐을 보여라.

SOL G가 비가환군이면 e, a, b, ab, ba는 서로 다른 원이다. 원 a^2, aba 중의 어느 하나는 이들과 같지 않다. 그러므로 $\{e, a, b, ab, ba, a^2\}$ 또는 $\{e, a, b, ab, ba, aba\}$는 G의 서로 다른 원들의 부분집합이다.

10. 군 G에서 $x^n = e$일 필요충분조건은 임의의 $y \in G$에 대하여 $(y^{-1}xy)^n = e$가 되는 것임을 보여라.

SOL $(y^{-1}xy)^n = y^{-1}x^n y = y^{-1}ey = e$

11. 좌우 소거법칙을 만족하는 유한 반군(finite semigroup) G 는 군을 이룬다. 그러나 G가 무한집합이면 군을 이룬다고 할 수 없음을 반례로서 보여라

SOL $G = \{a_1, a_2, \cdots, a_n\}$이면 $\forall x \in G$, $\{xa_1, xa_2, \cdots, xa_n\} = G$ 이므로 $x = xa_i$인 $a_i \in G$가 존재한다. 또한 $G = \{a_1x, a_2x, \cdots, a_nx\}$이므로 $\forall g \in G, \exists a_j \in G, g = a_jx$이다. 여기서, $ga_i = (a_jx)(a_i) = a_j(xa_i) = a_jx = g$이 되어, a_i는 우측 항등원이다.

마찬가지로 $a_kg = g$가 되는 좌측 항등원(left identity) a_k가 존재한다. $a_i = a_ka_i = a_k$이므로 $a_i = a_k =: e$는 항등원이다.

한편, $e \in G = \{xa_1, xa_2, \cdots, xa_n\}$이므로, $xa_t = e$이 되는 a_t가 존재한다. 이 a_t가 x의 우측 역원이다. 따라서 유한반군 $G = \{a_1, a_2, \cdots, a_n\}$은 군이다.

그러나 $(2\mathbb{Z}, \cdot)$은 조건을 만족하는 무한반군이나 군은 아니다.

연습문제 2.3

1. 가환군 G에 대하여 다음 집합이 부분군임을 보여라.

(1) $H = \{a \in G | \, a^n = e, \ n \in Z^+ : fixed\}$

(2) $H = \{a \in G | \, a = b^2, \ \text{for } some \ b \in G\}$

(3) $H = \{a \in G | \, a^3 \in K, \ K < G\}$

(4) $H = \{a \in G | \, (ax)^2 = (xa)^2, \ x \in G\}$.

[Hint: 부분군 criterion 적용]

2. 군 G위의 함수 $f: G \to G$에 대하여,

$$H = \{a \in G | f(x) = f(ax),\ x \in G\}$$

는 G의 부분군임을 보여라

SOL $f(x) = f(ex),\ e \in H.\ f(a^{-1}x) = f(a(a^{-1}x)) = f(x),\ a^{-1} \in H.$
$f(abx) = f(a(bx)) = f(bx) = f(x),\ ab \in H$

3. 잉여류군 $(\mathbb{Z}_6,\ +)$의 부분군의 격자를 만들어라.

SOL $(\mathbb{Z}_6, +) = \langle 1 \rangle,\ \{0, 3\} = \langle 3 \rangle,\ \{0, 2, 4\} = \langle 2 \rangle = \langle 4 \rangle,\ \{0\} = \langle 0 \rangle$

4. Klein 사원군의 부분군의 격자를 만들어라.

SOL $H_1 = \{e, a\},\ H_2 = \{e, b\},\ H_3 = \{e, c\},\ H_0 = \{e\}$

5. $\left\{ \frac{a}{2^n 3^m} | a, n, m \in \mathbb{Z} \right\}$는 $(\mathbb{Q}^+,\ \cdot)$의 부분군이나 순환부분군이 아님을 보여라.

[Hint: 순환군이라 하여 모순성유도]

6. 군 $(\mathbb{Q}^*,\ \cdot),\ \mathbb{Q}^* = \mathbb{Q} - \{0\}$은 순환군이 아님을 보여라.

SOL $(\mathbb{Q}^*,\ \cdot) = \left\langle \frac{a}{b} \right\rangle.\ 2 = (\frac{a}{b})^{n_1},\ 3 = (\frac{a}{b})^{n_2}$이라고 두자. 그러면 $2^{n_2} = 3^{n_1}$이 된다.
만약 $n_1, n_2 \in \mathbb{Z}^-$이면 $3^m = 2^n$이고 $n_1 \in \mathbb{Z}^+, n_2 \in \mathbb{Z}^-$이면 $3^l 2^k = 1$이다. 여기서 $m, n, l, k \in \mathbb{Z}^+$. $3^l 2^k = 1$는 순환성에 모순이므로 $(\mathbb{Q}^*,\ \cdot)$은 순환군이 아니다.

7. 모든 순환군은 가환군임을 보여라.

SOL $H = \langle g \rangle,\ x \in H, y \in H$이면 $x = g^n, y = g^m, m, n \in Z.\ xy = g^n g^m = g^{n+m} = g^m g^n = yx$. 따라서 H는 가환군이다.

8. 오직 하나의 생성원을 갖는 순환군 G의 원소는 한 개 또는 두 개임을 보여라.

SOL $G = \langle g \rangle = \{e, g, g^{-1}, g^2, g^{-2}, \cdots\},\ \langle g^{-1} \rangle = \{e, g^{-1}, (g^{-1})^{-1}, g^{-2}, (g^{-2})^{-1}, \cdots\}$이므로
$G = \langle g \rangle = \langle g^{-1} \rangle.\ g \neq g^{-1}$이면 G의 생성원은 두 개이므로 $g = g^{-1}$이어야 한다.
$g^2 = e$이므로 $G = \{e\}$ 또는 $G = \{e, g\}$.

9. 군 G의 원소 a의 위수가 n이면 $a^k = e$일 필요충분조건은 $n|k$임을 보여라.

SOL $a^k e,\ k = nq + r, 0 \le r < n$에서 $e = a^k = a^{nq+r} = (a^n)^q a^r = a^r$. n의 최소성에 의하여 $r = 0$. 따라서 $n | k$이다. 역으로 $k = nq$이면 $a^k = (a^n)^q = e^q = e$.

10. $G = \langle a,b \rangle$, $ab = ba$ 이면 G는 가환군임을 보여라.

SOL G의 원소는 $a^m b^n, b^{m'} a^{n'}$의 곱으로 $a^m b^n b^{m'} a^{n'} = a^m a^{m'} b^n b^{n'} = a^{m'} b^{n'} b^m a^n$.

11. 군 G의 원소 a의 위수가 n일 때 a^k의 위수가 n일 필요충분조건은 $(k, n) = 1$임을 보여라.

SOL a^k의 위수 $\frac{n}{d},\ d = (k, n)$에서 $d = 1 \Leftrightarrow \frac{n}{d} = n$.

12. 군$(\mathbb{Z}_7^*,\ \cdot)$의 각 원소의 위수를 구하여라.

SOL

원소	$\bar{1}$	$\bar{2}$	$\bar{3}$	$\bar{4}$	$\bar{5}$	$\bar{6}$
위수	1	3	6	3	6	2

13. 무환 순환군 $G = \langle a \rangle$의 생성원은 $a,\ a^{-1}$뿐임을 보여라.

SOL $G=\langle a^k\rangle$, $a\in G$이면 $a=(a^k)^l$, $l\in Z$. $a^{kl}=a$이면 $kl=1$이므로 $k=1$ 또는 $k=-1$.

14. 군 $(\mathbb{Z}_{20},\ +)$는 $\bar{1}$에 의하여 생성된 가환군이다. 부분군들의 격자를 구하여라.

SOL $\langle\bar{1}\rangle=\mathbb{Z}_{20}=\langle\bar{3}\rangle=\langle\bar{7}\rangle=\langle\bar{9}\rangle$, $\langle\bar{2}\rangle=\langle\bar{6}\rangle$, $\langle\bar{4}\rangle=\langle\bar{8}\rangle$, $\langle\bar{5}\rangle$, $\langle\overline{10}\rangle$. 이들의 격자는 아래의 왼쪽이다.

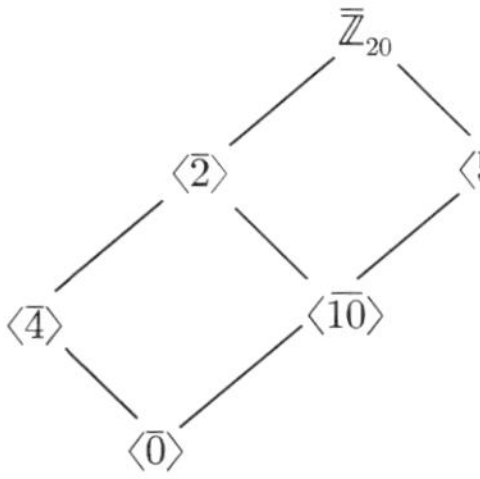

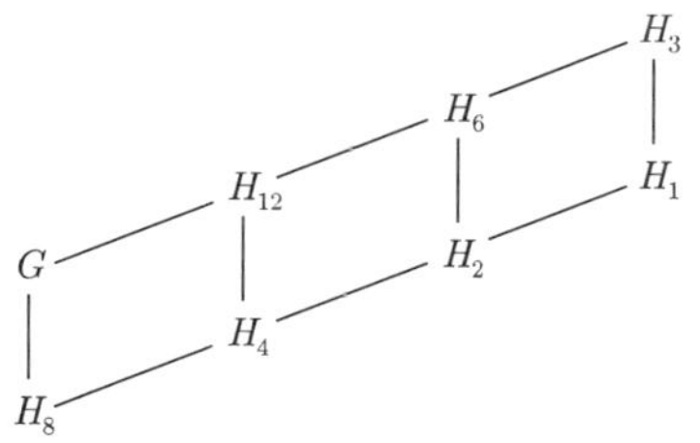

15. 위수가 24인 순환군의 부분군을 모두 구하고, 그의 격자를 그려라.

SOL 위수가 24인 순환군 $G=\langle g\rangle$에서 24의 약수는 1, 2, 3, 4, 6, 8, 12, 24 뿐이다. 각각의 순환군을 $H_1=\langle e\rangle$, H_2, H_3, H_4, H_6, H_8, H_{12}, $H_{24}=G$라 하면 격자는 위의 오른쪽이다.

16. 위수가 n인 순환군 G에 의하여 다음이 성립함을 보여라.

(1) G의 부분군의 위수는 n의 약수이다.

(2) $k|n$, $k>0$이면 위수가 k인 부분군은 존재하며 오직 하나뿐이다.

SOL (1) H가 $G=\langle a\rangle$의 부분이라 하자. $H=\{e\}$이면 $H=\langle e\rangle$의 위수는 1이다. $H\neq\{e\}$이면 $H=\langle a^k\rangle$, $k\in Z^+$. $a^n=e$, $(a^k)^m=e$에서 $n=km$, $m\mid n$.

(2) $n=kr$이면 $\langle a^r\rangle$는 위수가 k인 부분군이다. $|H|=k$인 부분군 H는 $H=\langle a^d\rangle$의 꼴이다. $(a^d)^k=e$, $n\mid dk$. $n=kr$이므로 $r\mid d$. $a^d\in\langle a^r\rangle$, $H\subseteq\langle a^r\rangle$. 따라서 $H=\langle a^r\rangle$.

17. 가환군 G의 유한 위수인 원소 전체의 집합 $H=\{a\in G|\exists n\in Z,\ a^n=e\}$은 부분군임을 보여라. [Hint: 부분군 criterion 적용]

18. 가환군 G의 원소 a, b의 위수가 각각 m, n이면 위수가 m, n의 최소공배수인 원소 $c\in G$가 존재함을 보여라.

SOL $(m,n)=1$이라 하면 $(ab)^{mn}=a^{mn}b^{mn}=e$이므로 ab의 위수는 유한이다. ab의 위수를 s라 하면 $s\mid mn$. $e=(ab)^s=a^sb^s$, $a^s=b^{-a}$이 된다.

a^s의 위수는 a의 위수 m의 약수, $b^{-s}=(b^{-1})^s$의 위수는 b의 위수인 n의 약수이다. 그러므로 $a^s=b^{-s}$의 위수는 m과 n의 공약수이다. $(m,n)=1$이므로 ab의 위수는 1이다. 즉 $a^s=b^{-s}=e$, $b^s=e$. $m\mid s$, $n\mid s$, $(m,n)=1$이므로 $mn\mid s$, $s=mn$.

연습문제 2.4

1. 대칭군 S_3의 모든 진부분군은 순환군임을 보여라.

SOL $|S_3|=6$이므로 진부분군의 위수는 6의 약수인 2, 3이다. 따름정리 2.4.7에 의하여 이들은 순환군이다.

2. 군 G의 부분군 H, K에 대하여 HK가 G의 부분군이 될 필요충분조건은 $<H,K>=KH$가 되는 것임을 보여라.

SOL 모든 $hk \in HK$는 $\langle H, K\rangle$의 원소이므로 $HK \subseteq \langle H, K\rangle$. $H \subseteq HK$, $K \subseteq HK$이므로 HK가 부분군이면 $\langle H, K\rangle \subseteq HK$. 따라서 $\langle H, K\rangle = HK$.

3. 군 G의 부분군 H, K의 위수가 각각 5,7이면 $H \cap K = \{e\}$임을 보여라.

SOL $H \cap K$는 H, K의 부분군으로 위수는 5와 7의 공약수 1이다.

4. 위수가 p^2(P는 소수)인 군 G에는 위수가 p인 부분군이 적어도 하나 존재하고, 이러한 군은 $p+1$개를 넘지 않는다.

SOL $a \in G$의 위수는 p^2의 약수이므로 $|\langle a\rangle| = 1, p, p^2$이다. $a^p \neq e$이면 $a^{p^2} = (a^p)^p = 2$이므로 $|\langle a^p\rangle| = p$. 그러므로 위수가 p인 부분군은 항상 존재한다. 위수가 p인 서로 다른 부분군이 $p+2$개 이상 존재하면 $(p+2)(p-1)+1 = p^2+p-1 \le p^2$이 되어 모순이다.

5. 위수가 $2p$ (p는 소수)인 유한군 G의 모든 부분군은 순환군임을 보여라.

SOL G의 부분군 H의 위수는 $2p$의 약수이므로 $|H| = 2, p$이다. 위수가 소수인군은 순환군이므로 H는 순환군이다.

6. 군 G의 부분군 H에서 $a^{-1}b \in H \Leftrightarrow a \equiv b(\text{mod } H)$로 정의하면 $\equiv$은 동치관계이고, 동치류는 aH임을 보여라.

SOL $\bar{a} = \{x \in G \mid x \equiv a(\text{mod } H)\} = \{x \in G \mid a^{-1}x \in H\} = \{x \in G \mid x \in aH\} = aH$

7. 정리 2.4.7을 이용하여 다음을 증명하여라.

(1) 치환군S_7은 위수가 11인 부분군을 갖지 않는다.

(2) 정이면체군 D_4는 위수가 3인 부분군을 갖지 않는다.

SOL (1) $|S_7| = 7! = 2^4 \cdot 3^2 \cdot 5 \cdot 7$, 11은 7!의 약수가 아니다.

(2) $|D_4| = 8$, 5은 8의 약수가 아니다.

8. 군 $G = (\mathbb{R}^2, +)$의 부분집합 $H = \{(x, mx) | x \in \mathbb{R}\}$에 대하여 다음에 답하여라.

(1) $H = \{(x, 2x) | x \in \mathbb{R}\}$의 잉여류는 평면을 어떻게 분할하는가?

(2) $H = \{(0, x) | x \in \mathbb{R}\}$의 잉여류 전체의 집합을 구하여라.

(3) $H = \{(x, mx) | x \in \mathbb{R}, m$은 상수$\}$는 G의 부분군인가?

SOL (1) $y = 2x$에 평행한 직선

(2) x축에 수직인 직선 전체의 집합.

(3) 부분군이다.

9. 위수가 짝수인 군 G에는 $x^2 = e, x \neq e$인 원소 x가 항상 존재함을 보여라.

SOL $x^2 = e \Leftrightarrow x = x^{-1}$. $G = \{e\} \cup \{x, x^{-1}\} \cup \{y, y^{-1}\} \cup \cdots$,에서 $x \neq x^{-1}$이면, $|G|$는 홀수이다. 따라서 $|G|$가 짝수이면 $x^2 = e, x \neq e$가 항상 존재한다.

10. 군 G의 부분집합 H_i, $a \in G$ 에서 $(\cap H_i)a = \cap H_i a$임을 보여라.

11. 군 G의 부분군 H에 대하여 다음이 성립함을 보여라.

(1) $aH = H \Leftrightarrow a \in H$ (2) $aH = bH \Leftrightarrow a^{-1}b \in H$.

SOL (1) ($\Rightarrow$) $a \in aH$이므로 $a \in H$이다. ($\Leftarrow$) $a \in H$를 가정하자. 그러면 H가 부분군 이므로 $a^{-1} \in H$이고, $aH \subseteq H$ 이다. 그리고 $x \in H$이라면 $x = ex = aa^{-1}x \in aH$. 따라서 $H \subseteq aH$이다. (2)도 같은 방법으로 증명된다.

12. 위수가 유한인 군 G의 부분군 H, K에 대하여 $[H : H \cap K] = [G : K]$일 필요충분조건은 $G = KH$이다.

SOL $[H: H\cap K]$가 유한이고 $[H: H\cap K]=[G: K]$일 필요충분조건은 f가 전사사상인 것이고, f가 전사사상일 필요충분조건은 $G=KH$가 되는 것이다. 실제로 $k\in K$, $h\in H$이면 $(kh)h^{-1}=k\in K$이므로 $Kkh=Kh$이기 때문이다.

연습문제 2.5

1. 군 G의 원소 a, b에 대하여 $[a,b]=a^{-1}b^{-1}ab$라 할 때 모든 $[a, b]$로 생성된 부분군을 G의 교환자군이라 하고, $[a, b]$를 a와 b의 교환자라 한다. 이때 다음에 답하여라.

(1) $[a, b]$의 역원을 구하여라.

(2) $G' =<[x, y]x, y\in G>$는 G'의 정규부분군이다.

(3) G가 가환군이기 위한 필요충분조건은 $G'=\{e\}$이다.

SOL (1) $[x, y]^{-1}=(x^{-1}y^{-1}xy)^{-1}=y^{-1}x^{-1}yx=[y, x]$

(2) $a\in G$, $b\in G'$이면 $a^{-1}ba\in G'$임을 보이자. $b=x^{-1}y^{-1}xy\in G'$이면

$a^{-1}ba=a^{-1}x^{-1}y^{-1}xya=a^{-1}x^{-1}aa^{-1}y^{-1}aa^{-1}xaa^{-1}ya=x_1^{-1}y_1^{-1}x_1y_1=[x_1, y_1]$,

$x_1=a^{-1}xa$, $y_1=a^{-1}ya$. 임의의 $b\in G'$는 교환자와 그의 역의 곱으로 표시되므로

$b=c_1\cdots c_k, c_i$(교환자.)

$a^{-1}ha=a^{-1}(c_1\cdots c_k)a=(a^{-1}c_1a)(a^{-1}c_2a)\cdots(a^{-1}c_ka)=d_1d_2\cdots d_k$, $d_i=a^{-1}c_ia$.

따라서$b\in G'$, $a^{-1}ba\in G'$. 즉 $G'\lhd G$.

(3) G가 가환이면 $ab=ba$이므로 $[a, b]=a^{-1}b^{-1}ab=a^{-1}bba=e$.

$G'=\langle [a, b]\,|\,a, b\in G\rangle=\langle e\rangle=\{e\}$.

역으로 $G'=\{e\}$이면 $[a, b]=a^{-1}b^{-1}ab=e$, $ab=ba$.

2. 군 G의 부분군 H가 정규부분군이기 위한 필요충분조건은 모든 $x,y\in G$에 대하여 $xHyH=xyH$가 되는 것임을 보여라.

SOL $H\lhd G$이면 $xHyH=x(yy^{-1})HyH=xy(y^{-1}Hy)H=xyHH=xyH$. $H \lhd G$이면

$y^{-1}Hy\neq H$인 $y\in G$가 존재하여 $y^{-1}HyH\neq y^{-1}yH=H$. $x=y^{-1}$라 놓으면 $xHyH\neq xyH$.

3. 치환군 S_n의 교환자 군을 구하여라.

SOL $(S_3)'=A_3$

4. 군 G의 부분군 H와 정규부분군 N에서 집합 $HN=\{hnh\in H, n\in N\}$은 G의 부분군임을 보여라.

SOL $e\in H$, $e\in N$이므로 $HN=\varnothing$. $a, b\in HN$이면 $a=h_1n_1$, $b=h_2n_2$, $h_1h_2\in H$, n_1, $n_2\in N$.

$ab^{-1}=h_1n_2n_2^{-1}h_2^{-1}=h_1n_1h_2^{-1}=h_1(h_2^{-1}h_2)n_3h_2^{-1}=h_1h_2^{-1}(h_2n_3h_2^{-1})=h_1h_2^{-1}(h_2^{-1})^{-1}n_3h_2^{-1}$

$=(h_1h_2^{-1})(h_2n_3h_2^{-1})\in HN$.

5. 군 G의 부분집합 S에서 집합 $C(S)=\{a\in G|\cup s\in Sas=sa\}$를 G에서의 부분집합 S의 **중심화군**이라 한다. S가 가환부분군이면 S는 $C(S)$의 정규부분군임을 보여라.

SOL S가 가환이면 $S\subseteq C(S)$. $g\in C(S)$, $a\in S$에 대하여 $ga=ag$, $g^{-1}ag=a\in S$. 따라서 $S\lhd C(S)$.

6. 군 G의 부분집합 S에서 $N(S)=\{a\in G|aS=Sa\}$를 G에서의 S의 **정규화군**(normalizer)이라 한

다. 다음이 성립함을 보여라.

(1) S가 G의 부분군이면 S는 $N(S)$의 정규부분군이다.

(2) S가 G의 정규부분군일 필요충분조건은 $N(S)=G$가 되는 것이다.

SOL (1) $g\in N(S)$, $a\in S$에서 $gs=sg$, $ga'=ag$인 $a'\in S$가 존재한다.

$$g^{-1}ag=g^{-1}(ga')=a'\in S$$

(2) $S\lhd G$이면 $g\in G$, $gs=sg$이므로 $g\in N(S)$, $G\subseteq N(S)$. 즉 $G=N(S)$. 역으로 $N(S)=G$이면 $S\lhd N(S)$에서 $S\lhd G$.

7. 군 G의 정규부분군 N의 위수가 2이면 N은 G의 중심의 부분집합임을 보여라.

SOL $N=\{e,n\}$, $xN=\{x,xn\}=\{x,nx\}=Nx$, $x\in G$. $nx\in\{x,xn\}$이므로 $nx=x$, $nx=xn$. 그런데 $nx\neq x$이므로 $nx=xn$, $n\in Z(G)$. 따라서 $N=\{e,n\}\subseteq Z(G)$.

8. 교대군 $A_n(n\geq 5)$의 정규부분군 N이 길이가 3인 순환 군을 포함하고 있으면 $N=A_n$이다.

9. 교대군 A_n이 치환군 S_n의 단순부분군이기 위한 필요충분조건은 $n\neq 4$가 되는 것이다.

연습문제 2.6

1. 군 준동형사상 $f: G\to G'$에서 다음이 성립함을 보여라.

(1) H'가 G'의 부분군이면 $f^{-1}(H')$도 G의 부분군이다.

(2) $H'\lhd G'$이면 $f^{-1}(H')\lhd G$이다.

SOL $f(e)=e\in H'$이므로 $e\in F^{-1}(H')$. $x\in f^{-1}(H')$. $f(x)\in H'$. H가 부분군이므로 $f(x)^{-1}=f(x^{-1})\in H'$, $x^{-1}\in f^{-1}(H')$. $g, g^{-1}\in f^{-1}(H')$.이면 $f(g), f(g')\in H'$, $f(gAg)=f(g)f(g')\in H'$이므로 $gg'\in f^{-1}(H')$.

2. 군 준동형사상 $f: G\to G'$에서 $Kerf=K$라고 두면, $f(a)=f(b)\Leftrightarrow Ka=Kb$임을 보여라.

SOL $f(a)=f(b)\Leftrightarrow e=f(a)f(b)^{-1}=f(ab^{-1})\Leftrightarrow ab^{-1}\in K$

3. 다음의 사상 중에서 군 준동형사상인지, 아닌지를 조사하여라.

(1) $f:(\mathbb{R},+)\to(\mathbb{R},+)$, $f(a)=-a$, $a\in\mathbb{R}$

(2) $f:(\mathbb{Z},+)\to(\mathbb{Z},+)$, $f(a)=a+1$, $a\in\mathbb{Z}$

(3) $f:(\mathbb{R}^*,\cdot)\to(\mathbb{R}^*,\cdot)$, $f(a)=|a|$, $a\in\mathbb{R}^*$

(4) $f:(\mathbb{Z},+)\to(\mathbb{Q},+)$, $f(a)=\dfrac{a}{b}$, $b\neq 0$, $a, b\in\mathbb{Z}$

(5) $f:(\mathbb{R}^*,\cdot)\to(\mathbb{R}^+,\cdot)$, $f(a)=a^2$, $a\in\mathbb{R}^*$

[Hint: 군 준동형사상 정의 활용]

4. 다음으로 정의된 군 준동형사상 $f: G\to G$는 동형사상임을 보여라.

$$f(x)=axa^{-1},\ x\in G$$

SOL $x, y\in G$, $f(xy)=a(xy)a^{-1}=a(xa^{-1}ay)a^{-1}=(axa^{-1})(aya^{-1})=f(x)f(y)$.

임의의 $g\in G$에 대하여 $f(a^{-1}ya)=y$이므로 y의 원상은 $a^{-1}ya$이다. 또 $f(x)=f(y)$이면 $axa^{-1}=aya^{-1}$, $x=y$이므로 f는 전사이다. 따라서 f는 동형이다.

5. $f(x)=e^{ix}$, $x\in R$로 주어진 사상 $f:(R,+)\to(C^*,\cdot)$에 대하여 다음에 답하여라.

(1) f는 준동형사상인가?

(2) Imf와 $Kerf$를 구하여라.

(3) $(R,+)/\{2\pi n|n\in Z\}\cong\{z\in C||z|=1\}$임을 보여라.

SOL (1) $f(s+y)=e^{i(x+y)}=e^{ix}e^{iy}=f(x)f(y)$

(2) $Imf=\{e^{ix}|x\in R\}=\{z\in C||z|=1\}$. $Kerf=\{x\in R\,|\,e^{ix}=1\}=\{2\pi n\,|\,n\in Z\}$

6. 군 G, G'가 $G\cong G'$를 만족할 때 다음이 성립함을 보여라.

(1) G가 가환이면 G'도 가환이다.

(2) G가 순환군이면 G'도 순환군이다.

SOL (1) $f(G)=G'$, $f(x), f(y)\in G'$에 대하여 $f(x)f(y)=f(y)f(x)$

(2) $f(x)=f(a^k)=f(a)^k=x'$

7. 실수전체의 집합 R에서 군 $(R,+)$와 $(R^*, \bullet)$은 동형이 아님을 보여라.

SOL $(R,+)\cong(R^*, \bullet)$이면 $-1\in R^*$의 원상 $x\in R, f(x)=-1$이 존재한다.
$f(2x)=f(x)f(x)=(-1)(-1)=1$, $f(0)=1$ 그런데 $f(0)=0$이므로 $0=-1$이 되어 모순

8. 위수가 2 또는 3인 모든 유한군은 동형임을 보여라.

SOL $f(e)=e, f(a)=b$는 동형사상이다. 위수가 3인 경우는 각자 구하여라.

9. 군 준동형사상 $f,g:G\to G'$에 대하여 $fg:G\to G'$, $(fg)(x)=f(x)g(x)$, $x\in G$가 준동형사상일 조건을 구하여라.

SOL $h=fg$, $a, b\in G$에서 $h(ab)=f(a)f(b)g(a)g(b)=h(a)h(b)$가 성립하려면 G'가 가환군이어야 한다.

10. 군 $(\mathbb{Z}_8,+)$와 순환군 $G=\langle a\rangle, |G|=12$에서 $f(0)=f(4)=e$, $f(1)=f(5)=a^3$, $f(2)=f(6)=a^6$, $f(3)=f(7)=a^9$로 주어진 사상 f에 대하여 다음에 답하여라.

(1) $Kerf$, Imf를 구하여라.

(2) $H=\{e, a^6\}$의 원상 $f^{-1}(H)$를 구하여라.

SOL (1) $Kerf=\{0, 4\}$, $Imf=\{e, a^3, a^6, a^9\}$

(2) $f^{-1}(H)=\{0, 2, 4, 6\}$

11. f가 단순군 G에서 임의의 군 G로의 전사 준 동형이면 $G\cong G'$ 또는 f는 자명한 준동형사상임을 보여라.

SOL $f(a)=f(b), f(a^{-1}b)=e$, $a^{-1}b\in K$. $K=\ker f=\{e\}$ 또는 G, $G\neq\{e\}$. $K=G$이면 f는 자명한 준동형, $K=\{e\}$이면 $a^{-1}b\in K=\{e\}, a=b$이므로 f는 단사이다.

12. 군 전사사상 $f:G\to G'$, $f(a)=a^{-1}$가 군 준동형사상일 필요충분조건은 G가 가환이 되는 것이다.

SOL $f(ab)=b^{-1}a^{-1}$, $f(a)f(b)\equiv a^{-1}b^{-1}$에서 $b^{-1}a^{-1}=a^{-1}b^{-1}$, $ab=ba$, 또 $ab=ba$이면
$b^{-1}a^{-1}=a^{-1}b^{-1}$, $f(ab)=f(a)f(b)$.

13. $Kerf=\{e\}$인 군 준동형사상 $f:G\to G'$에서 $G\cong Imf$임을 보여라.

SOL $f:G\to f(G)$는 전사이고, $Kerf=\{e\}$이므로 단사이다.

14. 사상 $f:(R^*, \bullet)\to(R^+, \bullet)$, $f(a)=a^2, a\in R^*$에서 제1동형정리가 성립함을 보여라.

SOL $Imf=\{x\,|\,x\in R^*, x>0\}=R^+$, $\ker f=\{x\in R^*|\,f(x)=x^2=1\}=\{1,-1\}$이므로
$\mathbb{R}^*/\{1,-1\}\cong\mathbb{R}^+$.

15. 이차 일반 선형군 $GL2(\mathbb{R})$은 무한 위수를 갖는 비가환군임을 보여라.

SOL $A=\begin{bmatrix}1&0\\1&1\end{bmatrix}$, $B=\begin{bmatrix}1&1\\0&1\end{bmatrix}$, $C=\begin{bmatrix}0&-1\\0&0\end{bmatrix}$, $D=\begin{bmatrix}0&1\\-1&-1\end{bmatrix}$이면 $AB\neq BA$, $CD=DC$.

$C^4=D^3=I$. $(CD)^n=\begin{bmatrix}1&n\\0&1\end{bmatrix}$에서 CD의 위수는 유한이 아니다.

16. 군 준동형사상 $f: G\to G'$, G의 부분군 $H\supseteq Kerf$에 대하여 $f^{-1}(f(H))=H$임을 보여라.

SOL $a\in f^{-1}(f(H))$, $f(a)\in f(H)$이므로 $f(a)=f(h), h\in H$. $f(a)f(h)^{-1}=f(ah^{-1})=e$, $ah^{-1}\in Kerf\subseteq H$. $f^{-1}(f(H))\subseteq H$. $f^{-1}(f(H))\supseteq H$는 분명하므로 $f^{-1}(f(H))=H$.

17. 군 G의 부분군 N, H에 대하여 $N\subseteq H$일 때, $H/N\lhd G/N$이기 위한 필요충분조건은 $H\lhd G$임을 보여라.

SOL $\pi: G\to G/N$, $K/N\lhd G/N$이면 $\pi^{-1}(K/N)=K\lhd G$. $K\lhd G$이면 $\pi(K)=K/N\lhd G/N$.

18. 고정된 양의 정수 n에 대하여 다음 주어진 사상 $f:(\mathbb{Z},+)\to(\mathbb{Z}_n,+)$, $f(a)=\bar{a}$, $a\in\mathbb{Z}$가 전사 준동형사상임을 보이고, 이의 핵을 구하여라.

[Hint: 전사준동형사상 정의 활용]

19. 실수 R 위의 다항식 전체의 집합 $R[x]$는 덧셈군이다. $R[x]$위의 미분연산자 D는 전사 준동형사상임을 보여라.

[Hint: 전사준동형사상 정의 활용]

20. 다음 준동형사상이 동형사상인지 아닌지를 조사하고, 각각의 핵을 구하여라.

(1) $f:(R^*,\ \bullet)\to(R^*,\ \bullet)$, $f(a)=5a$, $a\in\mathbb{R}^*$

(2) $f:(R,\ +)\to(R,\ +)$, $f(a)=5a$, $a\in\mathbb{R}$

(3) $f:\left(\left\{\begin{bmatrix}a&b\\0&d\end{bmatrix}\middle| ad=0\right\},\ \bullet\right)\to(\mathbb{R}^*\times\mathbb{R}^*,\ \bullet)$, $f\left(\begin{bmatrix}a&b\\0&d\end{bmatrix}\right)=(a,d)$

(4) $f:(GL_2(R),\ \bullet)\to(\mathbb{R}^*,\ \bullet)$, $f\left(\begin{bmatrix}a&b\\c&d\end{bmatrix}\right)=(ad-bc)$

SOL (3) $\ker f=\left\{\begin{bmatrix}1&b\\0&1\end{bmatrix}\right\}$

(4) $\ker f=SL_2(\mathbb{R})$

연습문제 2.7

1. G, H가 유한군이면 $|G\times H|=|G||H|$임을 보여라.

SOL $G\times H=(G\times I_H)(I_G\times H)$, $|G\times I_H|=|G|, |I_G\times H|=|H|$이므로 $|G\times H|=|G||H|$

2. G, H가 가환군일 필요충분조건은 $G\times H$가 가환군이 되는 것임을 보여라.

SOL $(g,h)(g',h')=(g',h')(g,h)\Leftrightarrow(gg',hh')\Leftrightarrow gg'=g'g, hh'=h'h, g,g'\in G, h,h'\in H$

3. 군 G, H에서 $Z(G\times H)\cong Z(G)\times Z(H)$임을 보여라.

SOL $a,b\in Z(H,G)$

$\Leftrightarrow(a,b)(a',b')=(a',b)(a,b)$, $(a',b')\in G\times H\Leftrightarrow aa'=a'a, bb'=b'b\Leftrightarrow a\in Z(G)$, $b\in Z(H)$
$\Leftrightarrow(a,b)\in Z(G)\times Z(H)$

4. Klein 4원군 V의 중심과 $(Z_2,\ +)\times S_3$의 중심을 구하여라.

SOL $Z(V)=V$, $Z(Z_2\times S_3)=Z_2\times\{e\}=\{(\bar{0},e),(\bar{1},e)\}$

5. 군 $(Z_3,\ +)$, $(Z_4,\ +)$에 대하여 정리 2.7.1이 성립함을 보여라. 또 $(Z_3 \times Z_4,\ \cdot)$는 $(Z_2,\ +)$와 동형임을 보여라.

SOL $H = Z_3 \times \{0\}$, $K = \{0\} \times Z_4$, $HK = KH = Z_3 \times Z_4$, $H \cap K = \{(0, 0)\}$

6. 위수가 각각 $m,\ n$이 순환군 $G = < a >$, $H = < b >$에서 $(m,\ n) = 1$이면 $G \times H = < (a,\ b) > \cong < ab >$, $Z_m \oplus Z_n \cong Z_{mn}$임을 보여라.

SOL $(a, b) \in G \times H$의 위수를 s라 하면 $|G \times H| = |G|\,|H| = mn$이므로 $s \mid mn$. $(e, e) = (a, b)^s = (a^s, b^s)$이므로 $a^s = e, b^s = e.$ $m \mid s, n \mid s$이므로 $mn \mid s$. 위수의 정의에 의하여 $s = mn$. 따라서 $G \times H = \langle (a, b) \rangle \cong \langle ab \rangle$.

7. $H \cap K = \{e\}$인 G의 정규부분군 $H,\ K$에서 $ab = ba, a \in H,\ b \in K$가 항상 성립함을 보여라.

SOL $a \in H, b \in K, a^{-1} \in H, b^{-1}ab \in H$이므로 $a^{-1}b^{-1}ab = a^{-1}(b^{-1}ab) \in H$.

$a^{-1}b^{-1}a \in K,\ b \in K$이므로 $(a^{-1}b^{-1}a)b \in K,\ a^{-1}b^{-1}ab \in H \cap K = \{e\}$에서

$a^{-1}b^{-1}ab = e, ab = ba$.

8. 위수가 p^2(p는 소수)인 가환군 G는 위수가 p인 두 순환부분군의 직적 이거나 위수가 p^2인 순환군임을 보여라.

SOL $g(\neq e) \in G$의 위수는 p^2의 약수로 p또는 p^2이다. g의 위수가 p^2이면 $\langle g \rangle = G$이다. 위수가 p^2인 원소 $g \in G$가 존재하지 않는다면 모든 $g \in G$의 위수는 p이다.

$a(\neq) \in G, b \in G - \langle a \rangle$에서 $\langle a \rangle, \langle b \rangle$는 위수가 2인 순환부분군이고 $\langle a \rangle \cap \langle b \rangle = \{e\}$, $\langle a \rangle \langle b \rangle = G$. 정리 2.7.2에 의하여, $G = \langle a \rangle \times \langle b \rangle$.

9. 위수가 12인 이면체군 $D_{12} = < a,\ b | a^6 = b^2 =\ e, b^{-1}ab = a^{-1} >$의 정규 부분군

$H = \{e,\ a^3\}$, $K = < a^2,\ b \geq \{e,\ a^2,\ a^{4,}\ b,\ a^2b,\ a^4b\} \cong D_6$에서 $D_{12} = Z_2 \times D_{16}$임을 보여라.

SOL $H, K \lhd D_{12},\ H \cap K = \{e\}, D_{12} = HK,\ H \cong Z_2,\ \ K \cong Z_6,$이므로 $D_{12} \cong H \times K \cong Z_2 \times D_6$.

10. $G = H \times K$에서 $\pi_1(a,\ b) = a, \pi_2(a,\ b) = b, (a,\ b) \in H \times K$를 G에서 H, G에서 K로의 사영사상 (projection map)이라 한다.

(1) $Ker\ \pi_1,\ Ker\ \pi_2$를 구하여라.

(2) N이 G의 정규부분군이면 $\pi_1(N) \lhd H,\ \pi_2(N) \lhd K$임을 보여라.

SOL (1) $\ker \pi_i = H, \ker \pi_2 = K$

(2) π_1, π_2는 전사 군준형형이므로 정리 2.6.3에 의하여 $\pi_1(N) \lhd H,\ \ \pi_2(N) \lhd K$.

11. $G + N_1N_2 \cdots N_n$일 때 정리 2.7.6의 (1)과 (2)는 동치관계임을 보여라.

SOL $a_1a_2 \cdots a_n = e, ee \cdots e = e$이므로 $a_1 = a_2 = \cdots = a_n = e$. 역으로 $a_1a_2 \cdots a_n = b_1b_2 \cdots b_n$이면 $a_i(a_1a_2 \cdots a_{i-1}a_{i+1} \cdots a_n) = b_i(b_1b_2 \cdots b_{i-1}b_{i+1} \cdots b_n)$, $a_ib_i^{-1} = (b_1b_2 \cdots b_{i-1}b_{i+1} \cdots b_n)$ $(a_1a_2 \cdots a_{i-1}a_{i+1} \cdots a_n)^{-1} \in N_i \cap (N_1 \cdots N_{i-1}N_{i+1} \cdots N_n) = \{e\}$. 따라서 $a_ib_i^{-1} = e, a_i = b_i$, $\cdots, n$.

12. 군준동형 $f : G \rightarrow H,\ g : H \rightarrow K$의 합성 $g \circ f : G \rightarrow K$가 동형일 때 다음이 성립함을 보여라.

(1) f는 일대일이다.

(2) g는 전사이다.

SOL (1) f가 일대일이 아니면 $a_1 \neq a_2$, $f(a_1) = f(a_2)$인 $a_1,\ a_2 \in G$가 존재한다. $(g \circ f)(a) = (g \circ f)(b)$, $a_1 \neq a_2$이므로 $g \circ f$가 일대일이라는 가정에 모순이다.

(3) $f(G) \lhd H$, $\ker g \lhd H$. $b \in f(G) \cap \ker g$이면 $b \in f(G)$, $b = f(a)$, $a \in G$가 존재한다. $b \in \ker g$, $g(b) = e$, $(g \circ f)(a) = g(f(a)) = g(b) = e$.

$g \circ f$가 일대일이므로 $a = e$. 그러므로 $f(G) \cap \ker g = \{e\}$. $H = f(G)\ker g$임을 보이기 위하여 $b \in H$, $g(b) = c = (g \circ f)(a)$, $a \in G$, $c \in K$라 하자.

$g(b) = g(f(a)) = c$, $g(f(a)^{-1}) = c^{-1}$이므로 $g(f(a)^{-1})g(b) = g(f(a)^{-1}b) = e$.

$f(a)^{-1}b \in \ker g$, $f(a)^{-1}b = k$, $k \in \ker g$, $b = f(a)k \in f(G)\ker g$.

그러므로 $H = f(G)\ker g$.

정리 2.7.2에 의하여 $H \cong f(G) \times \ker g$.

13. 군 G_i, $H_i(i = 1, \cdots, n)$가 $G_i \cong H_i$를 만족하면 $G_1 \times \cdots \times G_n \cong H_1 \times \cdots \times H_n$임을 보여라.

SOL 동형사상 $f_i : H \to G_i$, $i = 1, \cdots, n$에 대하여 $f : H \to G$, $f(a) = \langle f_1(a), \cdots, f_n(a) \rangle$는 동형사상이다.

14. 직적 $G_1 \times \cdots \times G_n$, 정사영 $\pi_1 : G \to G_i$에 대하여 준동형사상이 성립함을 보여라.

SOL 임의의 군 H, 준동형사상 $f_i : H \to G_i$, i=1, ⋯, n에 대하여 $f : H \to G$, $f(a) = (f_1(a), \cdots, f_n(a))$는 동형사상이다.

연습문제 2.8

1. 군 G 위의 공액관계 $\sim$은 동치관계임을 보여라.

SOL (i) $e^{-1}xe = x$이므로 $x \sim x$.

(ii) $x \sim y$, $a^{-1}xa = y$이면 $x = (a^{-1})^{-1}ya^{-1}$, $y \sim x$.

(iii) $x \sim y, y \sim z$이면 $a^{-1}xa = y$, $b^{-1}yb = z$에서 $b^{-1}a^{-1}xab = (ab)^{-1}x(ab) = y$, $x \sim y$. 따라서 $\sim$은 동치관계이다.

2. H가 군 G의 정규부분군이기 위한 필요충분조건은 H에 대한 공액집합이 H 자신 뿐임을 보여라.

SOL $H \lhd G \Leftrightarrow g^{-1}Hg = H$, $g \in G$이므로 모든 $g^{-1}Hg = H$. 역으로 $g^{-1}Hg = H$이면 $H \lhd G$

3. 군 G의 원소 x에 대하여 집합 $C_G(G) = Z(G)$는 G의 가환정규 부분군임을 보여라.

SOL $e \in C_G(x)$. $a, b \in C_G(x)$이면 $ax = xa$, $bx = xb$이므로

$(ab)x = a(bx) = a(xb) = (ax)b = x(ab)$, $a^{-1}x = xa^{-1}$. 따라서

$C_G(x) \neq \varnothing$, $ab \in C_G(x)$, $a^{-1} \in C_G(x)$

4. x를 포함하는 공액류 ζ의 모든 원소의 위수는 x의 위수와 같음을 보여라.

SOL $0(x) = m$, $0(a^{-1}xa) = n$. $(a^{-1}xa)^m = a^{-1}x^m aa^{-1}ea = e$이므로 $n \leq m$. 또

$e = (a^{-1}xa)^n = a^{-1}x^n a$, $x^n = e$에서 $m \leq n$.

5. G의 몇 개의 공액류합집합이 부분군이면 이 부분군은 G의 정규 부분군임을 보여라.

SOL $N = \{\zeta(a) | a \in G\}$, $n \in N$이면 $n \in \zeta(a)$인 a가 존재한다.

$n = x^{=1}ax$, $x \in G$이면 임의의 $g \in G$에 대하여

$g^{-1}ng = g^{-1}(x^{-1}ax)g = (xg)^{-1}a(xg) \in f(a) \subset N$.

따라서 $g^{-1}Ng = N$. 즉 $N \lhd G$.

6. 위수가 p^2(p는 소수)인 군 G의 중심 $Z(G)$의 위수를 구하라. 또 G는 가환군임을 보여라.

SOL 정리 2.8.6에 의하여 $Z(G) \neq \{e\}$. $|Z(G)|=p, p^2$, $|G/Z(G)|=p$ 또는 1이므로 $G/Z(G)$는 순환군이다. 따라서 G는 가환군이다.

7. 대칭군 S_4의 교대군 A_4를 S_4의 공액류의 합집합으로 나타내어라.

SOL 대칭군 S_4의 정규부분군 A_4는 보기 4의 공액류 ζ_1, ζ_3, ζ_4의 합집합이다.
즉 $A_4=\zeta_1 \cup \zeta_3 \cup \zeta_4$이다.

8. 교대군 A_4는 위수가 6인 부분군을 갖지 않음을 보여라.

SOL $|A_4|=12$이므로 위수가 6인 A_4의 부분군 H의 지수는 2이다. 지수가 2인 부분군은 정규부분군이다. 정리 2.8.8에 의하여 H는 몇 개의 공액류의 합집합이다. 보기 6에 의하여 A_4는 원소의 개수가 각각 1, 4, 4, 3인 네 개의 공액류를 갖는다. 1, 4, 4, 3 중 몇 개를 더하여 6를 얻을 수 없다. 따라서 위수가 6인 A_4의 부분군은 존재하지 않는다.

9. 다음은 대칭군 S_5의 공액류를 나타낸 표이다. 교대군 A_5를 공액류의 합집합으로 나타내어라.

공액류	대표원	위수	공액류	대표원	위수
ζ_1	(1)	1	ζ_5	(1234)	30
ζ_2	(12)	10	ζ_6	(12)(345)	20
ζ_3	(123)	20	ζ_7	(12345)	24
ζ_4	(12)(34)	15			

SOL $|A_5|=\dfrac{120}{2}=60$. 1, 10, 20, 15, 20, 24중에서 1과 나머지 몇 개의 항이 60이 되는 경우는 $1+15+24=40$, $40+20=60$일 뿐이다.
그러므로 $A_5=\zeta_1 \cup \zeta_3 \cup \zeta_4 \cup \zeta_7$ 또는 $A_5=\zeta_1 \cup \zeta_4 \cup \zeta_6 \cup \zeta_{24}$

10. A_5의 공액류를 나타내는 표를 만들어라. 이 표를 이용하여 A_5는 단순군임을 보여라.

SOL 대표원이 1, (123), (12)(34), (12345), (13452)인 공액류 ζ_1, ζ_2, ζ_3, ζ_4, ζ_5의 위수는 각각 1, 20, 15, 12, 12이다. A_5의 부분군 N의 위수는 60의 약수이고 1, 20, 15, 12, 12로 만들 수 있는 것은 1과 60뿐이다. $|N|=1, 60$이면 $N=\{1\}$, $N=A_5$. 그러므로 A_5는 단순군이다.

11. 정리 2.4.7의 라그랑주 정리의 역은 항상 성립하지 않는다. 그 반례(counter example)를 들어라.

SOL $|A_4|=12$, 공액류의 위수는 1, 3, 4, 4이다. 12의 약수로서 1, 3, 4, 4 중 몇 개의 합이 되는 수는 없다. 그러므로 위수가 6인 A_4의 부분군은 존재하지 않는다. $6 \mid |A_4|$이다. $|H|=6$인 A_4의 부분군 H는 존재하지 않는다.

12. 단순가환군 $G(\neq \{e\})$는 위수가 소수인 순환군임을 보여라.

SOL $e \neq g \in G$, $\langle g \rangle$는 G의 순환부분군이다. G가 가환이므로 $\langle g \rangle \lhd G$. $\langle g \rangle = G$. $\langle g \rangle = \{e\}$에서 $|G|$의 약수는 1과 $|G|$뿐이다. 따라서 $|G|$는 소수이다.

13. 대칭군 G의 부분군을 치환군이라 한다. 어떤 기치환을 포함하고 있는 치환군 G는 $G_2 \cong \{1,-1\}$과 같거나 단순군이 아님을 보여라.

SOL $A_n \lhd S_n$, $G \neq A_n$. $A_n=\{1\}$이면 $\dfrac{|G|}{2}=|A_n|=1$, $G \cong C_2$. $A_n \neq \{1\}$이면 G는 단순군이 아니다.

연습문제 2.9

1. 사상 $i_a : G \to G, i_a(x) = a^{-1}xa, x \in G$는 자기동형사상임을 보여라.

SOL 사상 $i_a : G \to G,\ i_a(x) = a^{-1}xa,\ x \in G$에서

$$i_a(e) = e,\ i_a(xy) = a^{-1}(xy)a = (a^{-1}xa)(a^{-1}ya)$$
$$= i_a(x)i_a(y),\ i_a(x^{-1}) = a^{-1}x^{-1}a = (a^{-1}xa)^{-1} = i_a(x)^{-1}$$

2. 사상 $G \times S \to S, (g, s) \mapsto gs$가 존재하여 $es = s, (g_1 g_2)g = g_1(g_2 s),\ s \in S,\ g_1, g_2 \in G$가 성립할 때 군 G는 집합 S 위에서 작용한다(act)고 한다. 집합 $I_n = \{1,\ 2,\ \cdots,\ n\}$ 위에서의 군 S_n의 작용(action)이 되는 예를 들어라.

SOL 사상 $S_3 \times I_n \to S_3,\ (\sigma, xs) \mapsto \sigma(x),\ \sigma \in S_3,\ x \in I_n$은 하나의 작용이다.

3. 클라인 4원군 $V_4 = \{e, a, b, c\}$에서 $Inn(V_4)$, $Aut(V_4)$를 구하여라.

SOL a, b, c의 위수는 모두 2이고 $V_4 = \{e,\ a,\ b,\ c\}$이다. 따라서 $Inn(V_4) = \{1\},\ Aut(V_4) \cong S_3$

4. 군 G의 부분군 H에서 $(h,\ x) \mapsto hx, h \in H,\ x \in G$로 정의된 사상 $H \times\ G \to G$ 를 좌이동(left translation)이라 한다. 군 G의 부분군 H의 좌잉여류 전체의 집합 $S = \{aH | a \in G\}$ 위에서 H의 좌이동을 구하여라.

SOL $H \times S \to H,\ (h, aH) \mapsto haH$는 작용의 조건을 만족한다.

5. 대칭군 S_3, 교대군 A_4의 자기동형과 $\mathbb{Z}_3{}^*, C_2$의 관계를 구하여라.

SOL $Aut(S_3) \cong \mathbb{Z}_3^* = \{\bar{1}, \bar{2}\} \cong C_2,\ Aut(S_3) \cong C_2$

6. 위수가 n인 순환군 G의 자기동형군 $Aut(G)$는 $\mathbb{Z}_n{}^*$와 동형임을 보여라.

SOL $G = \langle a \rangle = \{a^i \mid i \in Z\}$. $\quad a^i = a^j \Leftrightarrow i \equiv j(\mathrm{mod}\,n) \Leftrightarrow \bar{i} = \bar{j}$($\mathbb{Z}_n^*$에서).

$\phi : Aut(G) \to \mathbb{Z}_n^*, \quad \phi(\sigma) = \bar{r},\ \sigma(a) = a^r$은 동형이다.

7. G가 유한군, $[G:H] = p$, p가 $|G|$의 약수인 최소 소수일 때 H는 G의 정규부분군임을 보여라.

연습문제 3.1

1. $G/Z(G)$가 순환군이면 G는 가환군임을 보여라.

SOL $G/Z(G) = \langle aZ(G) \rangle$이면 $Z(G), aZ(G), \cdots, a^i Z(G), \cdots$은 모두 $C_G(a)$의 부분집합이다.
$a \in Z(G),\ G = Z(G)$

2. 군 G가 집합 X에 작용하고 $gs = t$이면 G_s와 G_t는 동형관계에 있음을 보여라.

SOL $gs = t,\ \ s = g^{-1}t,\ \ f \in G_S \Leftrightarrow f_S = s \Leftrightarrow gfs = gs = t \Leftrightarrow gf(g^{-1}t) = t = gfg^{-1}t \Leftrightarrow gfg^{-1} \in G_i$

$\Leftrightarrow f \in g^{-1}G_i g$이다. 따라서 $\tau_g : G \to G,\ \tau_g(x) = gxg^{-1}$는 동형이다.

3. 군 G가 G에 공액으로 작용할 때 다음이 성립함을 보여라.

(1) 각 $g \in G$에 의한 공액작용에 의하여 유도된 자기동형이 존재한다.

(2) $Z(G)$가 핵인 준동형사상 $G \to AutG$가 존재한다.

SOL (1) 작용 $G \times G \to G,\ (g, x) \mapsto gxg^{-1}$에 대하여 $\tau_g : G \to G, \tau_g(x) = gxg^{-1}$는 군준동형사상이다. 그러므로 $\tau_g \in AutG$

(2) $\tau: G \to AutG$, $g \in \ker\tau$이면 $\tau_g = 1_G \Leftrightarrow gxg^{-1} = x \Leftrightarrow gx = xg$이므로 $\ker\tau = Z(G)$

4. 군 G의 부분군 H의 좌잉여류 전체의 집합 X에서 작용 $G \times X \to X$, $(g, xH) \mapsto g(xH) = gxH$에 의하여 유도된 준동형사상 $G \to A(S)$의 핵은 H의 부분집합임을 보여라.

SOL $\tau_g : S \to S, \tau_g(xH) = gxH$와 $\tau_g : G \to A(S), \tau(g) = \tau_g$, $g \in G$에서
$g \in \ker\tau \Rightarrow \tau_g = 1_s, gxH = xH \Rightarrow \geq H = eH = H, g \in H$. 따라서 $\ker\tau \subseteq H$

5. 위수가 55인 군 G가 위수가 18인 집합 X에 작용하면 G는 적어도 두 개의 고정점을 가짐을 보여라.

SOL 정리 3.2.7의 증명과정에서 $18 = |X| = 1 + 1 + 5 + 11$. $|O_1| = |O_2| = 1$. $|O_3| = 5$, $|O_4| = 1$인 경우로 고정점이 적어도 두 개 존재한다.

6. 유한 p-군 G의 정규부분군 $N(\neq \{e\})$에서 $N \cap Z(G) \neq \{e\}$임을 보여라.

SOL $X = N - \{e\}$이라 놓으면 작용 $G \times X \to X$, $(g, x) \mapsto gxg^{-1}$가 존재한다. $|N| \mid |G|$이므로 $|N|$은 p의 거듭제곱이고, $p \mid |N - \{e\}|$.

정리 3.1.7에 의하여 고정점 $x \in X$가 존재한다. 모든 $g \in G$에 대하여 $gxg^{-1} = x$, $gx = xg$. 따라서 $x \in Z(G) \cap N$, $x \neq e$

7. 유한 p-군 G의 $Z(G) \neq \{e\}$임을 보여라.

SOL $X = G - \{e\}$, $G \times X \to X$, $(g, x) \mapsto gxg^{-1}$라 놓으면 $|X| = p^n - 1$이므로 $p \mid |X|$.
정리 3.1.7에 의하여 고정점 $x \in X$가 존재한다. $x \in Z(G)$, $x \neq e$

8. 위수가 p^2(p는 소수)인 모든 군은 아벨군임을 보여라.

SOL $|Z(G)| = p, p^2$. $Z(G) = p^2$이면 $G = Z(G)$. $Z(G) = p$이면 $G - Z(G) \neq \varnothing$. $a \in G - Z(G)$이면 $a \in C_G(a)$, $Z(G) \not\subseteq C_G(a)$. $|Z(G)| < |C_G(a)|$, $|Z(G)| = p$, $|G| = p^2$이므로 $|C_G(a)| = p^2$, $C_G(a) = G$. $G - Z(G)$의 모든 원소가 G의 원소와 가환이므로 G의 모든 원소는 G의 원소와 가환이다. 따라서 $Z(G) = G$

9. 군 G가 집합 G에 공액으로 작용할 때 이 작용의 핵은 G의 중심임을 보여라.

SOL 작용 $G \times G \to X$, $(g, x) \mapsto gxg^{-1}$, $\theta: G \to A(G)$,
$\ker\theta = \{g \mid \theta_g = I\} = \{g \mid \theta_g(x) = gxg^{-1} = I(x) = x, x \in G\} = \{g \mid gx = xg, x \in G\} = Z(G)$

10. 부분군 G가 집합 G에 공액으로 작용할 때 g가 H의 고정점일 필요충분조건은 $g \in C_G(G)$가 되는 것임을 보여라.

SOL 모든 $x \in H$에 대하여 $xgx^{-1} = g \Leftrightarrow xg = gx, x \in H \Leftrightarrow g \in C_G(H)$.
$G^p = G \times \cdots \times G$($p$번 반복, $S = \{(g_1, \cdots, g_p) \in G^p \mid g_1 \cdots x_p = e\}$라 놓으면 $g_1 g_2 \cdots g_{p-1} x = e$인 $x = g_{p-1}^{-1} \cdots g_2^{-1} g_1^{-1}$이다. 그러므로 $|S| = |G|^{p-1}$, $S^* = S - (e, \cdots, e)$라 놓으면 $|S^*| = |G|^{p-1} - 1$, $p \mid |S^*|$.

위수가 p인 순환군 $C = \langle c \rangle$가 S^*에 $c(a_1, \cdots, a_p) = (a_2, \cdots, a_p, a_1)$으로 작용하고 C는 p-군, $p \mid |S^*|$.

정리 3.1.7에 의하여 고정점이 존재한다. 이 고정점은 $(a, \cdots, a)$의 꼴이고 S^*의 원소이므로 $a^p = e$. 따라서 a는 위수가 p인 G의 원소이다.

11. 군 G가 집합 X에 작용하고 궤도가 X뿐일 때 G는 **추이적**(transitive)이라 한다. $|X_g|$를 g의 고정점의 개수 t^*를 G의 궤도의 수라 할 때 $\sum_{g \in G} [|X_g|]^2 = t^* |G|$임을 보여라.

12. 군 G가 집합 X에 작용하고 모든 $x_1, x_2, y_1, y_2 \in X$에 대하여 $gx_1 = y_1$, $gx_2 = y_2$인 $g \in G$가 존재할 때 G는 **이중 추이적**(doubly transitive)이라 한다. 이때 $\sum_{g \in G} [|X_g|]^2 = 2|G|$임을 보여라.

13. $p \mid |G|$인 유한군 G는 위수가 p인 원소를 갖는다. 군의 작용으로 증명하여라.

14. H가 군 G의 부분군일 때 $\overline{H} = \bigcap_{x \in G} xHx^{-1}$는 H에 포함되는 G의 정규부분군 중에서 가장 큰 것임을 보여라.

SOL 정리 3.1.9에서 $\ker\theta = \overline{H} \lhd G$. $\overline{H} \subseteq K \subseteq H$, $K \lhd G$이면 $xKx^{-1} = K \subseteq xHx^{-1}$, $x \in H$. 따라서 $\overline{H} = \bigcap_{x \in G} xHx^{-1} \supseteq K \supseteq \overline{H}$, $K = \overline{H}$.

15. p-군 G가 유한집합 X에 작용하고 $X_0 = \{x \in X \mid gx \neq x, g \neq e\}$일 때 $|X| \equiv |X_0| (\bmod p)$임을 보여라.

SOL $x \in X_0 \Leftrightarrow O(x) = \{x\}$. $X = X_0 \cup O(x_1) \cup \cdots \cup O(x_n)$, $|O(x_i)| > 1$.
$|X| = |X_0| + |O(x_1)| + \cdots + |O(x_n)|$, $|O(x_i)| = [G : G_\xi]$, $|G| = p^n$ 이므로 $p \mid |O(x_i)|$.
따라서 $|X| \equiv |X_0| (\bmod p)$.

연습문제 3.2

1. 위수가 56인 군 G는 단순군이 아님을 보여라.

SOL $56 = 2^3 \cdot 7$이므로 실로우 7-부분군은 존재한다. $1 + 7k$는 $|G|/7 = 8$의 약수이므로 $k = 0, 1$이다. 위수가 7인 부분군은 하나이거나 여덟 개다.
위수가 7인 부분군이 오직 하나뿐이라면 따름정리 3.2.5에 의하여 단 하나의 위수가 7인 정규부분군이 존재한다.
여덟 개의 위수가 7인 부분군이 존재하면 각 부분군은 항등원 이외의 여섯 개의 원소를 갖고 각각의 위수는 7이다. 그러므로 위수가 7인 48개의 원소가 존재한다.
군 G는 실로우 2-부분군 N를 가지며 N의 위수는 8이다. N의 원소는 위수가 7인 G의 원소를 제외한 나머지 모두이므로 N이외의 실로우 2-부분군은 존재하지 않는다. 따름정리 3.2.5에 의하여 N는 G의 정규부분군이다.

2. 위수가 35인 군은 순환군임을 보여라.

SOL 위수가 $35 = 5 \cdot 7$인 군 G는 위수가 각각 5, 7인 정규부분군 H, K를 갖는다. 5, 7은 소수이므로 H, K는 h, k에 의하여 생성된 순환군이다.
H, K가 정규부분군이고 $H \cap K = \{e\}$ 이므로 $hk = kh$, $(hk)^n = h^n k^n$이다. hk의 위수가 35이므로 이는 G의 생성원이다. 따라서 G는 순환군이다.

3. 위수가 200 또는 1975인 모든 군은 단순군이 아님을 보여라.

4. 소수 p, q에 대하여 위수가 pg인 모든 군에는 단순군이 아님을 보여라.

SOL $p = q$이면 가환군이다. $p < q$이면 위수가 q인 부분군은 정규진부분군이다.

5. 위수가 992인 모든 군은 단순군이 아님을 보여라.

SOL 위수가 5^2인 부분군을 S_5, 위수가 7^2인 부분군을 S_7이라 하면 이들은 $S_5 \cap S_7 = \{e\}$인 정규부분군이다.

6. 대칭군 S_4의 실로우 $p-$부분군은 각각 몇 개나 있는가?

SOL 대칭군 S_4는 위수가 각각 8, 3인 실로우의 2-부분군 G_2와 실로우 3-부분군 G_3을 갖는다. G_2는 세 개, G_3은 네 개가 있다.

연습문제 3.3

1. 대칭군 S_3의 교환자군은 교대군 A_3가 됨을 보여라.

SOL $[(1\ 2),(1\ 3)]=(1\ 2)(1\ 3)(1\ 2)(1\ 3)=(1\ 3\ 2), [(1\ 3)(1\ 2)]=[(1\ 2),(1\ 3)]^{-1}=(1\ 2\ 3)$ 이므로 $A_3=\{1,(1\ 2\ 3),(1\ 3\ 2)\}\subseteq S_3{}'$ 이다. $A_3 \lhd S_3$, $S_3/A_3 \cong C_2$ 이므로 S_3/A_3은 위수가 2인 순환군이다. S_3/A_3은 가환군이므로 $S_3{}' \subseteq A_3$. 따라서 $S_3{}'=A_3=\{1,(1\ 2\ 3),(1\ 3\ 2)\}$.

2. 군 G의 부분군 M, N에 대하여 다음이 성립함을 보여라.

(1) $N\subseteq M$이면 $N' \subseteq M'$ 이다.

(2) $M\lhd G$이면 $M' \lhd G$이다.

SOL (1) $x_1, x_2\in N$에 대하여 $x_1, x_2\in M$이므로 $[x_1, x_2]=x_1^{-1}x_2^{-1}x_1x_2\in M'$.
따라서 $N' \subseteq M'$.

(2) $M\lhd G$이면 $x, y\in M$, $z\in G$에 대하여 $x^z y^z\in H$이므로 $[x,y]^z=[x^z, y^z]\in M'$.
$M'=<[x,y]|x,y\in M>$ 이므로 $M' \lhd G$.

3. 군 G의 정규부분군 N과 임의의 부분군 M에 대하여 $(MN/N)'=M'N/N$이 성립함을 보여라.

SOL 표준준동형사상 $\pi: G\to G/N$은 전사이므로 정리 3.4.2에 의하여 $\pi(M')=\pi(M)'$ 이다. $\pi(M)=MN/N$, $\pi(M')=M'N/N$이므로 $(MN/N)'=M'N/N$이다.

4. 4 원수군 $Q=\{\pm 1, \pm i, \pm j, \pm k\}$의 교환자군을 구하여라.

SOL $Q'=\{1,-1\}$

5. H가 멱영군 G의 진부분군이면 H는 $N_G(H)$의 진부분군임을 보여라.

6. 대칭군 $S_n(n=1, 2, 3, 4)$은 모두 가해군임을 보여라.

SOL $S_2=\{1,(1\ 2)\}$는 가환군이므로 가해군이다. S_3에서 $S_3 \rhd A_3 \rhd \{1\}$이고, $S_3/A_3\cong C_2$, $A_3/\{1\}\cong A_3\cong C_3$은 모두 가환군이므로 이 정규열은 가환정규열이다. S_4에서 $S_4 \rhd A_4 \rhd V_4 \rhd H \rhd \{e\}$, $H=\{1,(1\ 2),(3\ 4)\},\{1,(1\ 3),(2\ 4)\},\{1,(1\ 4),(2\ 3)\}$이고, $S_4/V_4\cong C_3$, $V_4/H\cong C_2$, $H/\{1\}\cong C_2$이므로 이 정규열은 모두 가환정규열이다.

7. 정이면체군 $D_n=\{<\sigma,\tau>|\sigma^n=1=\tau^2, \tau^{-1}\sigma\tau=\sigma^{-1}\}$는 가해군임을 보여라.

SOL $D_n \rhd <\sigma> \rhd \{1\}$, $D_n/<\sigma>\cong C_2$, $<\sigma>/\{1\}\cong <\sigma>\cong C_n$ 이므로 이 정규열은 가환정규열이다.

연습문제 4.1

1. 정수환 Z의 이데알 및 부분환은 $n\mathbb{Z}$ 형태임을 보여라. 여기서 정수 $n\geq 0$이다.

SOL $(\mathbb{Z},+)$의 부분군은 어떤 수의 배수 $n\mathbb{Z}=\{nx|x\in\mathbb{Z}, n\geq 0\}$뿐이다. 그러므로 $(\mathbb{Z},+,\cdot)$

의 부분환은 $n\mathbb{Z}$ 의 형태이다.

2. 정수환 $\mathbb{Z}$의 이데알 $n\mathbb{Z}$에 대하여 $\mathbb{Z}$의 잉여환은 $\mathbb{Z}/n\mathbb{Z} = \mathbb{Z}_n$임을 보여라.

3. 법 6에 관한 정수환 $\mathbb{Z}_6$의 부분집합 $\{\bar{0}, \bar{2}, \bar{4}\}$이 환임을 보이고 이의 항등원을 구하여라.

SOL $\bar{4}$를 단위원으로 갖는 가환환이다.

4. 집합 R 위의 연산이 다음과 같을 때 R은 가환인가?

$a \oplus b = a+b+1, a, b \in R, a \cdot b = a+b=ab$

SOL $a \cdot b = a+b+ab = a+b+ba = b \cdot a$

5. 행렬 환 $Mat_2(\mathbb{Z})$는 항등원을 갖는 비가환환임을 보이고, 또한 정역도 아니고 체도 아님을 확인하여라.

[Hint: 행렬은 곱셈에 대하여 가환이 아니다]

6. 환 R에서 모든 $a, b \in R$, $n \in \mathbb{Z}$에 대하여 다음 등식이 성립함을 보여라.

$a(nb) = (na)b = n(ab)$

7. 다음은 체 F의 공집합이 아닌 부분집합 S가 F의 부분체이기 위한 필요충분조건은

(1) $\forall a, b \in S,\ a-b, ab \in S$

(2) $\forall a (\neq 0) \in S,\ a^{-1} \in S$

임을 보여라.

SOL $a \in S,\ a \neq 0,\ a^{-1} \in S$이면 $1 = aa^{-1} \in S$.

8. $S = \left\{ \frac{a}{p^n} | a, n \in \mathbb{Z},\ p\text{는 소수} \right\}$는 유리수체 $\mathbb{Q}$의 부분환임을 보여라.

SOL $\frac{a}{p^n} - \frac{b}{p^m} = \frac{ap^n - bp^m}{p^{m+n}} \in S,\ \frac{a}{p^n} \cdot \frac{b}{p^m} = \frac{ab}{p^{m+n}}$

9. 가환환 R에 대하여 이항정리 $\sum_{i=0}^{n} \binom{n}{i} a^{n-i} b^i$가 성립함을 보여라.

10. 환 R의 이데알 $I_i,\ i = 1, 2, \cdots, n$에 대하여 $I_1 + I_2 + \ \cdots \ + I_n$는 R의 이데알임을 보여라.

SOL $a, b \in I, r \in R, a = a_1 + \cdots + a_n, b = b_1 + \cdots + b_n$이라 놓으면

$a - b = (a_1 - b_1) + \cdots + (a_n - b_n) \in I_1 + \cdots + I_n = I.$ $\qquad ra = (ra_1) + \cdots\ (ra_n) \in I_1 + \cdots + I_n = I,$

$ar = (a_1 r) + \cdots + (a_n r) \in I_1 + \cdots + I_n = I.$ 따라서 I는 이데알이다.

11. 환 R의 이데알 $I_i,\ i = 1, 2, 3$에 대하여 $(I_1 I_2) I_3 = I_1 (I_2 I_3)$, $(I_1 + I_2) I_3 = I_1 I_3 + I_2 I_3$, $I_1 (I_2 + I_3) = I_1 I_2 + I_1 I_3$가 성립함을 보여라.

[Hint: 집합등식 성질 만족]

12. 항등원 1을 갖는 환 R이 나눗셈 환이기 위한 필요충분조건은 R의 좌 이데알과 우 이데알이 $\{0\}$과 R 자신뿐이다.

13. 환 R/I을 이데알 I에 대한 R의 상환일 때, S가 I를 포함하는 R의 부분환이기 위한 필요충분조건은 $S/I < R/I$.

14. 환 R의 이데알 $a \in R$에 대하여, $Ann(a) = \{x \in R | xa = 0\}$는 R의 좌 이데알이다.

[Hint: 좌 이데알 성질 만족]

15. 가환환 R에 대하여, 멱영원의 집합 $N = \{x \in R | x^n = 0, \text{ for some } n \in Z\}$은 R의 이데알이다.

[Hint: 이데알 성질 만족]

16. 법 $n(n \geq 2)$에 관한 잉여류환 $\mathbb{Z}_n = \{\overline{0}, \overline{1}, \cdots, \overline{n-1}\}$의 단원군을 구하여라.

SOL $U(\mathbb{Z}_n) = \mathbb{Z}_n^* = \{\overline{a} \in \mathbb{Z}_n | (a, n) = 1\}$, $U(\overline{X_n}) = \{\overline{1}, \cdots, \overline{p-1}\} = \mathbb{Z}_n^*$

17. 전행렬환 $M_2(Z_2)$의 단원군을 구하여라.

SOL $U(M_2(Z_2)) = \left\{\begin{pmatrix}1&0\\0&1\end{pmatrix}, \begin{pmatrix}0&1\\0&1\end{pmatrix}, \begin{pmatrix}1&0\\1&1\end{pmatrix}, \begin{pmatrix}0&1\\1&0\end{pmatrix}, \begin{pmatrix}0&1\\1&1\end{pmatrix}, \begin{pmatrix}1&1\\1&0\end{pmatrix}\right\}$

18. 환 Z_{10}의 영인자 집합을 구하여라.

SOL $\{2, 4, 5, 6, 8\}$

19. 모든 $x \in R$에 대하여 $x^2 = x$가 성립하는 환 R를 **부울 환**(Boolean ring)이라 한다.

(1) $x = -x$임을 보여라.

(2) 모든 $x, y \in R$에 대하여 $xy = yx$임을 보여라.

SOL (1) $x^2 = (-x)^2$이므로 $x = x^2 = (-x)^2 = -x$.

(2) $(x+y)^2 = x+y$이므로 $x^2 + xy + yx + y^2 = x + xy + yx + y = x + y$, $xy + yx = 0$, $yx = -(xy) = (-x)y = xy$. E라서 $xy = yx$. 즉 R는 가환이다.

20. 환 R에서 다음은 동치임을 보여라.

(1) R은 영원소가 아닌 멱영원을 갖지 않는다.

(2) $a \in R$, $a^2 = 0$이면 $a = 0$이다.

SOL R이 가환이면 $a+b$도 멱영원이다. R가 가환이 아니면 $a+b$가 멱영원이 아닐 수도 있다. (1) $\Rightarrow$ (2)는 명백하다. 역으로, (2)를 가정하자. 예를 들어 $a^3 = 0$라 하면, $(a^2)^2 = a^4 = a^3 a = 0$, 따라서 $a \in R$, $a^2 = 0$. 그러므로. 가정에 의하여, $a = 0$이다. 나머지는 완성 하여라.

21. 환 R에서 $C(R) = \{x \in R | xa = ax, a \in R\}$를 R의 **중심**(center)이라 한다. $C(R)$는 R의 부분환이나 이데알일 필요는 없음을 보여라.

SOL 실수 R 위의 전행렬집합 $M_2(R)$의 중심은 $\left\{\begin{pmatrix}a&0\\0&a\end{pmatrix} | a \in R\right\}$이다. 이는 R의 부분환이나 이데알은 아니다.

22. 폐구간 $[0, 1]$ 위의 실변수 연속함수 전체의 집합 $C[0, 1]$은 다음의 연산에 의하여 항등원을 갖는 가환환임을 보여라.

$(f+g)(x) = f(x) + g(x)$, $(f \cdot g)(x) = f(x)g(x)$는 f의 음원, 항등사상 1은 곱셈에 관한 항등원이다.

23. 다음의 연산표를 만족하는 환 $R = \{0, x, y, z\}$는 단위원을 갖는가?

$+$	0	x	y	z
0	0	x	y	z
x	x	0	z	y
y	y	z	0	x
z	x	y	x	0

$\cdot$	0	x	y	z
0	0	0	0	0
x	0	x	y	z
y	0	x	y	z
z	0	0	0	0

SOL 단위원을 갖지 않는다.

24. 다음 집합은 행렬의 곱과 합에 의하여 환을 이루는가?

(1) $\left\{\begin{bmatrix} a & b \\ c & d \end{bmatrix} \mid a, b, c, d \in Q\right\}$

(2) $\left\{\begin{bmatrix} a & 0 \\ 0 & a \end{bmatrix} \mid a \in R\right\}$

SOL (1), (2)는 환의 성질을 만족하므로 환을 이룬다. [체크!]

25. 모든 $n \in Z, a, b \in (R, +, \cdot)$에 대하여 다음 등식이 성립함을 보여라.

(1) $(na)b = a(nb) = n(ab)$

(2) $(\sum_{i=1}^{n} a_i)(\sum_{j=1}^{m} b_j) = \sum_{i=1}^{n}\sum_{j=1}^{m} a_i b_j$

SOL n, m에 관한 귀납법으로 증명한다. (1)은 (2)의 특별한 경우이다.

26. 집합 S의 부분집합 전체의 집합 B에 덧셈과 곱셈이 다음으로 정의되었다. 다음이 성립함을 보여라.

$$X + Y = X \cup Y - X \cap Y,\ \ X \cdot Y = X \cap Y,\ \ X,\ Y \in B$$

(1) 덧셈항등원은 $\varnothing$, 곱셈항등원은 S이다.

(2) $X \in B$의 음원은 X이다.

(3) B는 단위원을 갖는 환으로 모든 $X \in \eta$에 대하여 $X \cdot X = X$를 만족한다.

SOL $X + Y = X \cup Y - X \cap Y = X + Y,\ X \cdot Y = X \cap Y = Y \cdot X$이므로 B는 가환환이다.

(1) $X + \varnothing = \varnothing + X = X,\ X \cdot S = S \cdot X = X$

(2) $X + X = \varnothing$이므로 $-X = X$

(3) $X \cdot X = X \cap X = X$

27. $GL_2(R) = \{A \in Mat_2(R) \mid |A| \neq 0\}$를 전행렬환 $Mat_2(R)$의 일반선형군이라 한다. $U(Mat_2(R))$를 구하여라.

SOL $U(Mat_2(R)) = CL_2(R)$

28. $x^k = 0$인 양의 정수 k가 존재하는 환 R의 원소 x를 **멱영원**(nilpotent element), $x^2 = x$인 원 x를 **멱등원**(idempotent element)라 한다.

(1) Z_{10}, Z_{20}의 멱영원을 구하여라.

(2) 나눗셈환 R의 멱등원을 모두 구하여라.

SOL (1) Z_{10}의 멱영원은 0뿐이다.

(2) 나눗셈환의 멱등원은 두 개뿐이다.

29. 집합 $R = Q \times Q = \{(r, s) \mid r, s \in Q\}$ 위의 덧셈, 곱셈이 다음과 같이 정의되어 있다.

$$(r_1, s_1) + (r_2, s_2) = (r_1 + r_2, s_1 + s_2),$$

$$(r_1, s_1) \cdot (r_2, s_2) = (r_1 r_2, s_1 s_2)$$

(1) R의 멱영원, 멱등원의 개수를 구하여라.

(2) 영인자의 개수를 구하여라.

(3) R는 체인가?

SOL (1) 멱등원은 네 개, 멱영원은 없다.

(2) 무수히 많다.

(3) 체가 아니다.

30. $i^2 = -1$인 수 i와 실수 a, b에 대하여 $a + bi$인 꼴의 원 전체의 집합 C 위의 연산이 다음과 같다.

$(a+bi)+(c+di)=(a+c)+(b+c)i, a, b, c, d \in R$

$(a+bi) \cdot (c+di)=(ac-bd)+(bc+ad)i$

(1) $(C, +, \cdot)$은 가환환임을 보여라.

(2) $(C, +, \cdot)$은 체인가?

(3) $a+bi(a \neq 0, b \neq 0)$의 역원을 구하여라.

SOL $a+bi \neq 0+0i$이면 $(a+bi)^{-1}=\dfrac{a}{a^2+b^2}-\dfrac{b}{a^2+b^2}i.$

31. a, b가 환 R의 멱영원이면 $a+b$도 멱영원인가?

SOL R이 가환이면 $a+b$도 멱영원이다. R가 가환이 아니면 $a+b$가 멱영원이 아닐 수 있다.

32. 영이 아닌 모든 $a \in R$에 대하여 $aba=a$인 원 b가 단 하나 존재할 때 옳지 않는 것은?

(1) R는 영인자를 갖지 않는다.

(2) $bab=b$

(3) R의 단위원은 존재하지 않는다.

(4) R는 나눗셈환이다.

33. I, J가 $I \cap J=\{0\}$인 환 R의 이데알이면 모든 $a \in I$, $b \in J$에 대하여 $ab=0$임을 보여라.

SOL $b \in R$, $a \in I$이면 $ba \in I, b \in J, a \in R$이면 $ba \in J$이다. 모든 $a \in I, b \in J$에 대하여 $ba, ab \in I.$ 마찬가지로 $ba, ab \in I \cap J=\{0\}$, $ab=ba=0.$

연습문제 4.2

1. 정수환 Z에서 Z로의 준동형사상 $f: Z \to Z$는 $f(n)=kn$의 꼴임을 보여라.

SOL $f(1)=k$라 놓으면 $f(1+1)=f(1)+f(1)=2k$, $f(3)=3k$, $\cdots$, $f(n)=kn$

2. 표수가 소수 p인 가환환 R 위의 사상 $\phi: R \to R$, $\phi(a)=a^p$, $a \in R$는 환준동형사상임을 보여라.

SOL
$$\begin{aligned}\phi(a+b)=(a+b)^p &= a^p+(p \cdot 1)a^{p-1}b+(\frac{p(p-1)}{2} \cdot 1)a^{p-2}b^2+\cdots+(p \cdot 1)ab^{p-1}+b^p \\ &= a^p+0a^{p-1}b+0a^{p-2}b^2+\cdots+0ab^{p-1}+b^p \\ &= a^p+b^p=\phi(a)+\phi(b)\end{aligned}$$
$\phi(ab)=(ab)^p=a^pb^p=\phi(a)\phi(b)$

3. 환 $R=\{a+b\sqrt{3} | a, b \in Z\}$ 위의 사상 $f: R \to R$, $f(a+b\sqrt{3})=a-b\sqrt{3}$은 환동형사상임을 보여라.

[Hint: 환동형사상 정의를 사용]

4. 환 $R=\{a+b\sqrt{3} | a, b \in Q\}$에서 $S=\{a+b\sqrt{7} | a, b \in Q\}$로의 사상 $f(a+b\sqrt{3})=a+b\sqrt{7}$은 환동형인가?

SOL $f(1+\sqrt{3})f(1-\sqrt{3})=(1+\sqrt{7})(1-\sqrt{7})=-6,$

$f((1+\sqrt{3})(1-\sqrt{3}))=f(-2)=-2$이므로

$f(1+\sqrt{3})f(1-\sqrt{3}) \neq f((1+\sqrt{3})(1-\sqrt{3})).$

5. 소수 p에 대하여 $\mathbb{Z}_p$는 체임을 보여라.

SOL $\mathbb{Z}_p$는 $\bar{1}$를 항등원으로 갖는 가환환이다. $\bar{a} \neq \bar{0}$이면 $(a, 0)=1$이므로 $ma+nb=1$인 정수 m, n이 존재한다. 따라서 $\overline{a^{-1}}=\overline{m}.$

6. 사상 $f: Z \to \mathbb{Z}_n$, $f(k) = \bar{k}$는 전사준동형사상이고, 사상 $g: \mathbb{Z}_3 \to \mathbb{Z}_6$, $g(\bar{k}) = \overline{4k}$는 단사준동형사상임을 보여라.

SOL $\overline{4k} = \overline{4l}$, $\bar{k}, \bar{l} = \bar{0}, \bar{1}, \bar{2}$이면 $\bar{k} = \bar{l}$

7. 단위원 1을 갖는 표수가 $n > 0$인 환 R에 다음이 성립함을 보여라.

(1) n은 $n1_R = 0$인 최소양의 정수이다.

(2) 사상 $\phi: Z \to R$, $\phi(n) = n1_R$, $n \in Z$는 $\ker\phi = < n >$인 준동형사상이다.

(3) R이 정역이면 n은 소수이다.

SOL (1) $m1_R = 0$인 최소양의 정수를 m이라 하면 모든 $a \in R$에 대하여 $ma = m(1_R a) = (m1_R)a = 0a = 0$. 또 $ma = 0$인 최소양의 정수를 n이라 하면 $n1_R = 0$. 따라서 $n = m$.

(2) $\phi(m) = m1_R = 0$이면 $m = kn$, $n \in Z$이므로 $\ker\phi = \{kn | k \in G\}$.

(3) $n = kl$, $1 < k$, $l < n$이면 $0 = n1_R = (kl)1_R 1_R = (k1_R)(l1_R)$. $k1_R \neq 0$, $l1_R \neq 0$. 따라서 $n = m$.

8. 덧셈군 $2\mathbb{Z}$ 위의 곱셈 $*$를 $\alpha * \beta = \dfrac{\alpha \cdot \beta}{2}$로 정의하면 $(2Z, +, *)$는 환이다. 이때 $\mathbb{Z}$와 $2\mathbb{Z}$는 동형관계에 있음을 보여라.

SOL $\phi: \mathbb{Z} \to 2\mathbb{Z}$, $\phi(n) = 2n$은 일대일 대응이다. 또
$\phi(nm) = 2nm = (2n) * (2m) = \phi(n) * \phi(m)$.

9. 단위원을 갖는 환 $R \in 1_R$, $S \in 1_S$의 준동형사상 $f: R \to S$으로 $f(1_R) \neq 1_s$인 예를 들어라.

SOL $f: R \to S$, $f(a) = 0$, $a \in R$는 $f(1_R) = 0 \neq 1_S$이며, 환준동형사상이다.

10. 환준동형사상 $f: R \to R$에 대하여 $\ker f = \{0\}$일 필요충분조건은 $R \cong \mathrm{Im}\,\mathrm{f} = \mathrm{f}(\mathrm{R})$이 되는 것임을 보여라.

SOL $\ker f = \{0\} \Leftrightarrow f$: 일대일 환준동형사상$\Leftrightarrow f \cong f(R)$

11. 체 F에서 환 R로의 준동형사상 f는 일대일 준동형사상 또는 영준동형사상임을 보여라.

SOL $\ker f$는 F의 이데알이고, F의 이데알은 $\{0\}$ 또는 F자신 뿐이다. $\ker f = \{0\}$이면 f는 일대일 사상, $\ker f = F$이면 f는 영사상이다.

12. 행렬환 $S = \left\{ \begin{bmatrix} a & 0 \\ 0 & b \end{bmatrix} | a, b \in R \right\}$에서 R로의 사상 $f(\begin{bmatrix} a & 0 \\ 0 & b \end{bmatrix}) = a$, $g(\begin{bmatrix} a & 0 \\ 0 & b \end{bmatrix}) = b$에 대하여 $S/\ker f \cong s/\ker g$임을 보여라.

SOL $\mathrm{Im}\,\mathrm{f} = \mathrm{R} = \mathrm{Im}\mathrm{g}, \ker f = \left\{ \begin{pmatrix} 0 & 0 \\ 0 & b \end{pmatrix} | b \in R \right\}, \ker g = \left\{ \begin{pmatrix} a & 0 \\ 0 & 0 \end{pmatrix} | a \in R \right\}$

13. 항등원을 갖는 환 R, S에 관한 준동형사상 $f: R \to S$이 있다. $u \in R$가 단원이면 $f(u)$도 R의 단원일 때 $f(1_R) = 1_g$, $f(u^{-1}) = f(u)^{-1}$임을 보여라.

SOL $f(u) = f(1_R u) = f(1_R) f(u)$의 양변에 $f^{-1}(u)$를 시행하면 $1_S = f(1_R)$.
$f(1_R) = f(uu^{-1}) = f(u) f(u^{-1}) = 1_S$이므로 $f(u) = f(u^{-1})$

연습문제 4.3

1. 정수환 $\mathbb{Z}$의 정수환 $\mathbb{Z}$의 모든 이데알은 주이데일이고, 소이데알인 동시에 극대이데알이 되는 이데알이 존재함을 보여라.

SOL 정수환 $\mathbb{Z}$의 모든 이데알 I는 $I=aZ\ \ (a\in Z)$형태이다.

소수 p에 관한 이데알 $pZ=(p)$는 소이데알인 동시에 극대이데알이다.

$pZ\subseteq N\subseteq Z$인 이데알 $N=mZ\ \ (m\geq 0)$의 꼴이라 하자. $pZ\subseteq mZ$, $m|p$이다.

p가 소수이므로 $m=1$ 또는 $m=p$. 따라서 $N=Z=(1)$ 또는 $N=pZ$이다.

2. 정수환 $\mathbb{Z}$의 이데알로 소이데알도 아니고 극대이데알도 아닌 것을 구하여라.

SOL $n=ab$, $1<a<n$, $1<b<n$이면 $ab\in nZ$, $a\notin nZ$, $b\notin nZ$이다. $nZ\subsetneq aZ$이다.

3. $R^2=R$인 가환환 R의 모든 극대이데알 M은 R의 소이데알임을 보여라. 이의 역은 성립하는가?

SOL (0)은 소이데알이나 극대이데알은 아니므로 이의 역은 성립하지 않는다. M이 극이데알이고, $ab\in M$이지만 $a\notin M$인 동시에 $b\notin M$이라 가정하자. $0\in(a)$, $0\in(b)$이므로 $M\subsetneq M+(a)$, $M\subsetneq M+(b)$이다. M이 극대이데알이므로 $M+(a)=R$, $M+(b)=R$이다. R이 가환이므로 $(a)(b)\subseteq(ab)\subseteq M$.

$R=R^2=(M+(a))((M+(b))\subseteq M^2+(a)M+(b)M+(a)(b)M\subseteq M$이므로 $R=M$. 이는 M이 R의 진부분집합이라는 가정에 모순이다. 따라서 $ab\in M$이면 $a\in M$ 또는 $b\in M$이 항상 성립한다.

4. 단위원 1을 갖는 가환환 $R\neq\{0\}$에는 적어도 하나의 극대이데알이 존재함을 보여라.

SOL 소른 보조정리(Zorn's lemma)를 이용한다. $I\neq(1)$인 R의 이데알 전체의 집합 S는 영이데알을 원소로 가지므로 공집합이 아니다. 집합이 포함관계에 의하여 S는 반순서집합이다. $\{I_\alpha\}$가 S의 어떤 쇄(chain)이고, $I=\cup I_\alpha$라 하자. 모든 α에 대하여 $1\notin I_\alpha$이므로 $1\notin I$. 그러므로 $I\neq(1)$. 임의의 α,β에 대하여 $I_\alpha\subseteq I_\beta$ 또는 $I_\beta\subseteq I_\alpha$이므로 $1\notin I$. 그러므로 I는 쇄 $\{I_\alpha\}$의 상계(upper bound)이다. S의 모든 쇄가 상계를 가지므로 반순서집합 S의 극대원이 존재한다.

5. $I\neq(1)$이 가환환 R의 이데알일 때 I를 포함하고 있는 R의 극대이데알이 존재함을 증명하여라.

SOL 사영 $\pi: R\to R/I$에 정리 4.2.10을 적용한다. R/I의 극대이데알이 M/I이면 $\pi^{-1}(M/I)$은 I를 포함하고 있는 R의 극대이데알이다.

6. 정수환 $\mathbb{Z}$의 이데알로서 소이데알은 어느 것인가?

(1) $5\mathbb{Z}$

(2) $6\mathbb{Z}$

SOL $5\mathbb{Z}$는 소이데알이지만 $6\mathbb{Z}$는 소이데알이 아니다.

7. 환 $\mathbb{R}\times\mathbb{R}$의 이데알로서 소가 아닌 이데알은 어느 것인가?

(1) $\mathbb{R}\times 0$

(2) $((0,0))$

SOL $\mathbb{R}\times\{0\}$은 소이데알이나 $((0,0))$은 소이데알이 아니다. 실제로 $(0,1)(3,0)=(0,0)$이지만 $(0,1)\neq(0,0)$, $(3,0)\neq(0,0)$.

8. 정수환 $\mathbb{Z}$의 이데알 (6)에 대하여 $\mathbb{Z}/(6)$은 정역이 아님을 보여라.

SOL 정리4.3.1에 의하여 (6)이 소이데알이 아니므로 $\mathbb{Z}/(6)$는 정역이 아니다.

9. 따름정리 4.3.5의 (2)의 역은 성립하지 않는다. 이러한 예를 들어라.

SOL 이데알 (x)는 다항식환 $\mathbb{Z}[x]$의 소이데알이지만 극대이데알은 아니다. $M/I\cong M$, $M/J\cong M$이므로 정리 4.3.2에 의하여 I, J는 극대이데알이다.

10. $I=\left\{\begin{bmatrix}0&b\\0&c\end{bmatrix}|b,c\in R\right\}$, $J=\left\{\begin{bmatrix}a&b\\0&0\end{bmatrix}|a,b\in R\right\}$는 비간환환 $M_{2\times2}=\left\{\begin{bmatrix}a&b\\0&c\end{bmatrix}|a,b,c\in R\right\}$의 극대이데알임을 보여라.

11. 단위원 1을 갖는 가환환 R의 멱영원 전체의 집합 I는 R의 이데알이고, 잉여환 A/I는 영이 아닌 멱영원을 갖지 않음을 보여라.

SOL $a\in R$, $x\in I$이면 $(ax)^n=a^nx^n=a^n\cdot 0=0$이므로 $ax\in I$. $x\in I$, $y\in I$, $x^m=0$이므로 $x\in I$. 따라서 $\bar{x}=I$. 즉 $\bar{x}$는 잉여환 R/I에서 영원이다.

12. 집합족 $\{R_i|i\in I\}$의 첨자집합 I가 무한집합일 때 외적직적 $\prod_{i\in I}R_i$를 정의하고, 외적직합의 의미와 비교하여라.

SOL 유한개의 a_i를 제외한 나머지 모든 원이 0인 순서쌍의 합과 곱을 성분별로 정의한 것이 $\prod_{i\in I}R_i$이다. I가 유한집합이면 $\sum_{i=1}^{n}R_i=\Pi R_i$와 같다.

13. 항등원을 갖는 가환환 R의 이데알 $M(\neq R)$이 극대이데알이기 위한 필요충분조건은 모든 $a\in R-M$에 대하여 $1-ax\in M$인 $x\in M$이 존재하는 것임을 보여라.

SOL 모든 $a\in I$, $b\in J$에 대하여 $ab\in I\cap J=\{0\}$, $ba\in I\cap J=\{0\}$. 따라서 $ab=0$, $ba=0$. 즉 $IJ=\{0\}$

14. I, J가 $I\cap J=\{0\}$인 환 R의 이데알이면 $IJ=\{0\}$임을 보여라.

SOL 모든 $a\in I$, $b\in J$에 대하여 $ab\in I\cap J=\{0\}$, $ba\in I\cap J=\{0\}$. 따라서 $ab=0$, $ba=0$. 즉 $IJ=\{0\}$

15. 환 $\mathbb{Z}_6=\{0,1,2,3,4,5\}$, 이데알 $I=\{0,3\}$, $J=\{0,2,4\}$에 대하여 $\mathbb{Z}_6=I\oplus J$가 성립함을 보여라.

SOL $\mathbb{Z}_6=I+J$, $I\cap J=\{0\}$이므로 $\mathbb{Z}_6=I< J$.

16. 다음은 I, J가 환 R의 서로 직합인자의 관계에 있을 필요충분조건임을 보여라.

(1) 각 $a\in R$는 $a=i+j$, $i\in J$, $j\in J$의 꼴로 유일하게 표시된다.

(2) $i+j=0$, $i\in I$, $j\in J$이면 $i=j=0$이다.

SOL $R=I< J$이면 $I\cap J=\{0\}$이므로 모든 $ab=0$이다.

17. 단위원 1을 갖는 환 R의 모든 이데알 I에 대하여 $R^2+I=R$이 성립함을 보여라.

SOL $R^2\subseteq R$, $R^2+I\subseteq R$. 각 $a\in R$에 대하여 $a=1a\in RR=R^2$이므로 $R\subseteq R^2$. 따라서 $R=R^2+I$.

18. I, J는 단위원 1을 갖는 환 R의 이데알이다. $R=I+J$일 때 $x\equiv x_1(\mathrm{mod} I_1)$, $x\equiv x_2(\mathrm{mod} I_2)$의 해가 존재하여 $R/(I\cap J)\cong R/I\oplus R/J$임을 보여라.

SOL $1\in R=I+J$이므로 $1=a+b$인 $a\in I$, $b\in J$가 존재한다. $x_0=x_1a+x_2b$라 놓으면 $x_0-x_1\in I$, $x_0-x_2\in J$. 따라서 x_0는 $x\equiv x_1(\mathrm{mod} I)$, $x\equiv x_2(\mathrm{mod} J)$의 해이다. 환준동형사상 $f:R\to R/I< R/J$의 $\ker f=\{a\in R|(a+I,a+J)=(I,J)\}=\{a\in R|a\in I, a\in J\}=I\cap J$.

19. 단위원 1을 갖고 있는 가환환 R의 이데알 I, J가 $I+J=(1)$을 만족하면 $I\cap J=IJ$임을 보여라.

SOL $(I+J)(I\cap J)=I(I\cap J)+J(I\cap J)\subseteq IJ$, $IJ\subseteq I\cap J$이므로 $I-J=(1)$이면 $I\cap J=IJ$.

20. 모든 이데알이 주이데알인 정역을 주이데알정역이라 한다. 주이데알정역 D의 영이 아닌 이데알은 모둔 극대이데알임을 보여라.

SOL $(x)\neq(0)$이 소이데알이고 $(x)\subsetneq(y)$이면 $x\in(y)$이므로 $x=yz$, $yz\in(x)$, $y\notin(x)$. 그러므로 $z\in(x)$, $z=tx$. $x=yz=ytx$에서 $yt=1, (y)=(1)$. 따라서 (x)는 극대이데알이다.

연습문제 4.4

1. 정역 D에서 다음은 동치임을 보여라.

$a=br$, r는 단원 $\Leftrightarrow$ a와 b는 동반원

SOL $a=br$이면 $b|a$. $ar^{-1}=(br)r^{-1}=b$에서 $a|b$. 그러므로 $a\sim b$. 역으로 $a\sim b$이면 $a=rb$, $b=sa$, $r,s\in R$이 존재하여 $a=rb=(rs)a$. $a\neq 0$이므로 $rs=1$. 그러므로 r는 단원이다.

2. 정역 D의 임의의 원 a,b,c에 대하여 다음이 성립함을 보여라.

(1) $a|a$

(2) $a|b, b|c\Rightarrow a|c$

(3) $a|b, a|c\Rightarrow a|(bx+cy)$, 모든 $x,y\in D$

SOL $b=aa'$, $c=aa''$이면 $bx+cy=aa'x+aa''y=a(a'x+a''y)$이므로 $a|(bx+cy)$.

3. 정역 D의 기약원의 동반원도 기약원이다. 또 소원의 기약원도 소수임을 보여라.

SOL d가 기약원 c의 동반원이면 $c=du$인 단원 $u\in D$가 존재한다. $d=ab$이면 $c=abu$. c가 기약원이므로 a 또는 bu가 단원이다. bu가 단원이면 b도 단원이다. 따라서 d는 기약원이다.

4. 정역 D의 기약원의 약원은 그의 동반원과 단원뿐임을 보여라.

SOL c가 기약원이고 $a|c$이면 $(c)\subseteq(a)$이다. 정리 4.4.3에 의하여 $(a)=(c)$ 또는 $(a)=R$. $(a)=(c)$이면 a와 c는 동반원, $(a)=R$이면 a는 단원이다.

5. F가 체이고 $\theta(x)=1$, $x\in F$, $x\neq 0$이면 F는 유클리드 정역임을 보여라.

SOL $a,b\in F$, $ab\neq 0$에 대하여 $\theta(a)=\theta(ab)=1$. $a,b\in F$, $b\neq 0$에 대하여

$a=qb+r, q=ab^{-1}, r=0$.

6. 가우스 정수의 집합 $Z[i]=\{a+bi|a,b\in Z\}$는 유클리드 정역임을 보여라.

SOL $\theta(a+bi)=a^2+b^2$라 놓으면 $(Z[i],\theta)$는 유클리드 정역이다.

7. 주이데알환 R의 주이데알의 쇄(chain) $(a_1)\subset(a_2)\subset\cdots$에 대하여 $(a_j)=(a_n)$, $j\geq n$이 되는 정수 j가 존재함을 보여라.

SOL $I=\bigcup_{i\geq 1}(a_i)$는 R의 이데알임을 보인다. $b,c\in I$에 대하여 $b\in(a_i), c\in(a_i)$인 정수 i,j가 존재한다. $i\leq j$이면 $(a_i)\subseteq(a_j)$, $b,c\in(a_j)$. (a_j)가 이데알이므로 $b-c\in(a_j), b-c\in I$. $i\geq j$일 때 $(a_i)\supseteq(b_j)$, $b,c\in(a_i)$이므로 $b-c\in(a_i)$, $b-c\in I$. 임의의 $r\in R, b\in I$에 대하여 $b\in(a_i)$인 i가 존재하여 $rb\in(a_i)$. $br\in(a_i)$이다. R이 PIR이므로 $I=(a)$, $a\in R$가 존재한다. $a\in(a)=\cup(a_i)$이므로 $a\in(a_n)$인 정수 n이 존재한다. $(a)\subseteq(a_n)$이므로 모든 $j\geq n$에 대하여 $(a)\subseteq(a_n)\subseteq(a_j)\subseteq I$. 따라서 $j\geq n$, $(a_n)=(a_j)$.

8. 인수분해정역을 FD라 할 때 ED, PID, UFD, FD의 관계를 밝혀라.

SOL ED $\Rightarrow$ PID $\Rightarrow$ UFD $\Rightarrow$ FD

9. 유클리드 정역 D는 유일인수분해정역임을 유클리드 정역의 정의로부터 증명하여라.

SOL (D,θ)가 유클리드 정역일 때 음이 아닌 정수 $\theta(a)$, $a\neq 0$에 대한 귀납법으로 증명하여라.

연습문제 4.5

1. 다항식환 $R[x]$의 원 $f(x)=\sum_{i=0}^{\infty}a_ix^i$, $g(x)=\sum_{i=0}^{\infty}b_ix^i$, $h(x)=\sum_{l=0}^{\infty}c_kx^k$에 대하여 결합법칙 $[f(x)g(x)]h(x)=f(x)[g(x)h(x)]$가 성립함을 보여라.

SOL $f(x)=\sum_{i=0}^{\infty}a_ix^i$, $g(x)=\sum_{j=0}^{\infty}b_jx^j$, $h(x)=\sum_{k=0}^{\infty}c_kx^k$에 대하여

$$\left[\left(\sum_{i=0}^{\infty}a_ix^i\right)\left(\sum_{j=0}^{\infty}b_jx^j\right)\right]\left(\sum_{k=0}^{\infty}c_kx^k\right)=\left[\left(\sum_{n=0}^{\infty}\left(\sum_{i=0}^{\infty}a_ib_{n-i}\right)x^n\right)\right]\left(\sum_{k=0}^{\infty}c_kx^k\right)=\sum_{x=0}^{\infty}\left[\sum_{n=0}^{s}\left(\sum_{i=0}^{n}a_ib_{n-i}\right)c_{s-n}\right]x^s$$

$$=\sum_{s=0}^{\infty}\left(\sum_{i+j+k=s}a_ib_jc_k\right)x^s=\sum_{s=0}^{\infty}\left[\sum_{m=0}^{s}a_{s-m}\left(\sum_{j=0}^{m}b_jc_{m-j}\right)\right]x^s$$

$$=\left(\sum_{i=0}^{\infty}a_ix^i\right)\left[\sum_{m=0}^{\infty}\left(\sum_{j=0}^{\infty}b_jc_{m-j}\right)x^m\right]=\left(\sum_{i=0}^{\infty}a_ix^i\right)\left[\left(\sum_{j=0}^{\infty}b_jx^j\right)\left(\sum_{k=0}^{\infty}c_kx^k\right)\right]$$

2. F가 체이면 $F[x]$도 체인가?

SOL $Z_2=\{0,1\}$은 체이지만 $Z_2[x]$는 체가 아니다.

3. 정수 n과 $-\infty$에 대하여 다음이 성립함을 보여라.

$n+(-\infty)=(-\infty)+n=-\infty$, $(-\infty)+(-\infty)=-\infty$

SOL $f(x)=a_0+a_1x+\cdots+a_nx^n$, $a_n\neq 0$, $g(x)=0$이면 $f(x)g(x)=g(x)$. 정리 3.5.3에 의하여 $-\infty=\deg g(x)=\deg f(x)+\deg g(x)=n+(-\infty)$. 또 $g(x)=0$, $h(x)=0$이면 $g(x)h(x)=l(x)$, $l(x)=0$이므로 $-\infty=\deg l(x)=\deg(g(x)+h(x))=\deg g(x)+\deg h(x)=(-\infty)+(-\infty)$

4. 다항식 $f(x)=2$, $g(x)=x^3+2x+2$는 환 Z_3에서 함수로서 같은 것임을 보여라.

SOL $f(0)=g(0)=2$, $f(1)=g(1)=1+2+2=2$, $f(2)=g(2)=8+4+2=2$이므로 $f=g$.

5. 다항식 $f(x), g(x)\in F[x]$, $f(x)\neq 0, g(x)\neq 0$에 대하여 $\deg f(x)\leq \deg(f(x)g(x))$임을 보여라.

SOL $\deg(f(x)g(x))=\deg f(x)+\deg g(x)\geq \deg f(x)$

6. 체 F위의 다항식 $g(x)$를 $f(x)$로 나눈 몫과 나머지는 유일하게 결정됨을 보여라.

SOL $g=fq_1+r_1, g=fq_2+r_2, \deg r_1<\deg f, \deg r_2<\deg f$라 하면 $fq_1+r_1=fq_2+r_2$, $f(q_1+q_2)=\deg f+\deg(q_1-q_2)=\deg(r_2-r_1)$이다.

$\deg(r_1-r_2)\leq \max\{\deg r_2, \deg r_1\}$이므로 $\deg(q_1-q_2)=-\infty=\deg(r_2-r_1)$. 따라서 $q_1-q_2=0$, $r_2-r_1=0$. 즉 $q_1=q_2, r_1=r_2$.

7. 다항식 $f(x)\in F[x]$, $\alpha\in F$에 대하여 $f(x)=(x-\alpha)q(x)+f(\alpha)$가 되는 다항식 $q(x)\in F[x]$가 존재함을 보여라.

SOL $f(x)=(x-\alpha)q(x)+r(x)$, $\deg r(x)<\deg(x-\alpha)$dpee서 $\deg(x-\alpha)=1$이므로 $\deg r(x)=0$ 또는 $-\infty$. $r(x)=0$이면 $f(x)=(x-\alpha)q(\alpha)+c$, $f(\alpha)=c$이므로 $f(x)=(x-\alpha)q(\alpha)+f(\alpha)$.

8. 소체 $Z_2=\{0,1\}$위의 기약다항식을 모두 구하여라.

SOL $x^2=x \cdot x, x^2+1=(x+1)(x+), x^2+x=x(x+1)$이므로 기약다항식은 x^2+x+1뿐이다.

9. $\alpha_1, \cdots, \alpha_m$이 다항식 $f(x)\in F[x]$의 서로 다른 근일 때 $(x-\alpha_1)\cdots(x-\alpha_m)|f(x)$임을 보여라.

SOL 정리 4.5.8에 의하여 $f(x)=(x-\alpha_1)q_1(x)$. $\alpha_1\neq\alpha_2$이므로 $f(\alpha_2)=(\alpha_2-\alpha_1)g_1(\alpha_2)=0$. $\alpha_2-\alpha_1\in F$, $q_1(\alpha_2)=0$이 존재한다. $2\in I$이므로 $2=f(x)l(x)$. $x=f(x)m(x)$인 $l(x)$, $m(x)\in Z[x]$가 존재한다. 다항식의 성질에 의하여 $f(x)=\pm 1$이므로 $I=(f(x))=(\pm 1)$ $=Z[x]$. 이는 분명한 모순이므로 $I=(2,x)$는 주이데알이 아니다. 따라서 $Z[x]$는 PID가 아니다. $q_1(x)=(x-\alpha_2)q_2(x)$라 놓으면 $f(x)=(x-\alpha_1)(x-\alpha_2)q_2(x)$. 이러한 과정을 m번 실시하면 $f(x)=(x-\alpha_1)\cdots(x-\alpha_m)q_m(x)$.

10. 다항식 $f(x)=a_nx^n+\cdots+a_0$에 대하여 $f'(x)=na_nx^{n-1}+(n-1)a_{n-1}x^{n-2}+\cdots+a_1$을 $f(x)$의 (형식적) 미분(formal derivation)이라 한다. 체 F위의 다항식 $f(x)$, $\deg f(x)>1$의 근 $\alpha\in F$의 중복도가 1을 초과할 필요충분조건은 $f'(\alpha)=0$임을 보여라.

SOL $f(x)=(x-\alpha)^m g(x)$, $m>1$이면 $f'(x)=m(x-alphg)^{m-1}g(x)+(x-a)^m g'(x)$, $m-1>0$이므로 $f'(\alpha)=0$. 역으로 $f(x)=(x-\alpha)^m g(x)$, $g(\alpha)\neq 0$. α의 중복도라 m이라 하자. $m=1$이면 $f'(x)=g(x)+(x-\alpha)g'(x)$에서 $f'(x)=g(\alpha)\neq 0$.

11. $f(x)$가 체 F 위의 다항식으로 $\deg f(x)=n$이라 하자. F가 n개보다 많은 원소를 가지면 $f(\alpha)\neq 0$인 $\alpha\in F$가 존재함을 보여라.

SOL 정리 4.5.9에 의하여 $f(x)$의 서로 다른 근은 n개 이하이므로 근이 되지 않는 F의 원이 적어도 하나는 존재한다.

12. $f(x)=g(x)h(x)$인 정수계수다항식 $f(x), g(x), h(x)$가 있다. p가 $f(x)$의 계수들의 약수이 소수이면 p는 $g(x)$의 모든 계수의 약수이거나 $h(x)$의 모든 계수의 약수임을 보여라.

SOL b_r를 p의 배수가 아닌 $g(x)$의 최초의 계수, c_t를 p의 배수가 아닌 $h(x)$의 최초의 계수라 하자. $f(x)$의 계수 $a_{r-t}=b_0c_{r+i}+\cdots+b_rc_f+\cdots+b_{r+t}c_0$. 이 식의 오른쪽의 b_rc_t를 제외한 모든 항은 p의 배수이다. 그런데 a_{r+t}가 p의 배수이므로 b_rc_t도 p의 배수가 되어야 한다. 그러므로 b_r 또는 c_r는 p의 배수이다.

13. $f(x)\in Z[x]$가 $Z[x]$에서 기약이면 원시다항식임을 보여라.

SOL $f(x)\in Z[x]$가 원시다항식이 아니면 $f(x)=c\cdot f_1(x)$인 원시다항식 $f_1(x)$와 정수 c (>1)가 존재한다. c는 1이 아닌 $f(x)$의 약수이므로 $f(x)$는 기약이 아니다.

14. 다항식 x^n-p(p는 소수)는 Q 위에서 기약임을 보여라.

SOL $x^n-p\in Z[x]$는 Z위에서 기약인 원시다항식이다. $n>1$이면 $\sqrt[n]{p}$는 무리수이다.

15. 최고차항의 계수가 1인 정수계수다항식의 유리근은 모두 정수임을 보여라.

SOL 정리 4.5.11에서 $a_n=1$이므로 $\frac{s}{t}=\pm s$이다.

16. 다항식 $f(x)\in Q[x]$가 r차다항식 $g(x)\in Q[x]$와 s차다항식 $h(x)\in Q[x]$의 곱으로 표시되면

$f(x)$는 r차다항식 $l(x)\in Z[x]$와 s차다항식 $m(x)\in Z[x]$의 곱으로 표시됨을 보여라.

SOL $f(x)$가 원시다항식이면 정리 4.5.11의 증명과정에서 $\deg g(x)=\deg g_1(x)$, $\deg h(x)=\deg h_1(x)$이고 $f(x)=g_1(x)h_1(x)$인 원시다항식 $g_1(x)\in Z[x]$, $h_1(x)\in Z[x]$가 존재한다. $f(x)$가 원시다항식이 아니면 $f(x)=c\cdot f_1(x)$인 $f(x)$의 내용 c와 원시 다항식 $f_1(x)$가 존재하여 $f(x)=c\cdot(g_2(x)h_2(x))=(c\cdot g_2(x))h_2(x)=g_2(x)\cdot(c\cdot h_2(x))$로 표시된다.

17. 소수 p데 대하여 다항식 $x^{p-1}+x^{p-2}+\cdots+x+1$은 $Q[x]$에서 기약임을 보여라.

SOL $(x-1)(x^{p-1}+x^{p-2}+\cdots+x+1)=x^p-1$이므로 $x^{p-1}+x^{p-2}+\cdots+x+1=(x^p-1)/(x+1)$. $y=x+1$로 치환하고 이항정리에 의하여 전개하면 오른쪽의 식은 기약다항식이다. 따라서 $x^{p-1}+x^{p-2}+\cdots+x+1$은 기약이다.

18. 다항식환 $Z[x]$는 PID도 아니고 ED도 아님을 보여라.

SOL 이데알 $I=(2,x)=\{2g(x)+x\cdot h(x)|g(x),h(x)\in Z[x]\}$는 상수항이 짝수인 다항식의 전체로 이루어진 집합이다. I가 주이데알이라고 가정하면 $I=(f(x))=\{k(x)f(x)|k(x)\in Z[x]\}$가 되는 다항식 $f(x)\in Zp[x]$가 존재한다.

연습문제 5.1

1. 체 $K\le F$, 미지수 x에 대하여 $F(x)=\{f(x)/g(x)|f(x),\ g(x)\in F[x],\ g(x)\neq 0\}$임을 보여라.

SOL F와 x를 포함하고 있는 모든 체는 $E=\{f(x)/g(x)|f(x),g(x)\in F[x],g(x)\neq 0\}$을 부분으로 가지므로 $F(x)\supseteq E$. 또한 E는 $\{x\}$와 F를 포함하고 있는 체이므로 $F(x)\subseteq E$. 따라서 $F(x)=E$.

2. K가 F의 확대체이고 $\alpha\in K$가 F 위에서 초월적이면 $F[\alpha]\cong F[x]$임을 보여라.

SOL 사상 $\varphi:F[x]\to F[\alpha]$, $\varphi(f(x))=f(\alpha)$는 환준동형사상이다. $f(x)\in\ker\varphi$이면 $f(\alpha)=0$. 그런데 $f(x)\neq 0$이면 α가 초월적이라는 가정에 모순이다. 그러므로 $f(x)=0$. 즉 $\ker\varphi=\{0\}$. 또한 $\operatorname{Im}\varphi=\{f(\alpha)|f(x)\in F[x]\}=F[\alpha]$. 따라서 φ는 환동형사상이다.

3. $[C:R],[Q(\sqrt{3}):Q],[R:R]$의 값을 구하여라.

SOL $\{1,i\}$는 $\mathbb{R}$ 위의 벡터공간 $\mathbb{C}$의 기저이므로 $[\mathbb{C}:\mathbb{R}]=2$. 또 $[\mathbb{R}:\mathbb{Q}]=\infty$

4. 체 $F\le K\le L$에서 $[K:F]=\infty$일 때 $[L:F]$의 값을 구하여라.

SOL $[L:F]=\infty$

5. 유리수체 $\mathbb{Q}$ 위에서의 $\sqrt[5]{7}$의 차수와 $\sqrt{2}+\sqrt{3}$의 차수를 구하여라.

SOL $\mathbb{Q}$ 위에서의 $\sqrt[5]{7}$의 최소다항식 x^5-7, $\sqrt{2}+\sqrt{3}$의 최소다항식은 x^4-10x^2+1이다. 그러므로 $[\mathbb{Q}(\sqrt[5]{7}):\mathbb{Q}]=5$, $[\mathbb{Q}(\sqrt{2}+\sqrt{3}):\mathbb{Q}]=4$.

6. $e^{2\pi i/5}$의 $\mathbb{Q}$와 $\mathbb{R}$ 위에서의 차수를 구하여라.

SOL $\alpha=e^2\pi^{i/5}$, $\alpha^5=1$이므로 α는 $x^5-1=(x-1)(x^4+x^3+x^2+x+1)$의 근이다. α는 $x-1$의 근이 아니므로 α는 $x^4+x^3+x^2+x+1=p(x)$의 근이다. $p(x)$는 Q 위에서 기약이므로 $[Q(e^2\pi^{i/5}):Q]=4$이다. $p(x)$는 R위에서 일차인수로 분해되지 않는다. 즉 $x^4+x^3+x^2+x+1=\left(x^2+\frac{1+\sqrt{5}}{2}x+1\right)\left(x^2+\frac{1-\sqrt{5}}{2}x+1\right)$이다.

α는 $x^2+\left[\dfrac{(1+\sqrt{5})}{2}\right]x+1$의 근이므로 $[R(e^2\pi^{i/5}):R]=2$.

7. 유리수체 Q 위에서의 초월수가 이루는 체 $F\le C$는 Q의 유한확대체가 아님을 보여라.

SOL $[F:Q]=n$, $\alpha=2^{1/(n+1)}$이면 α는 $x^{n+1}-2$의 근이다. $x^{n+1}-2$는 아이젠슈타인의 판정법에서 Q 위에서 기약이다. $[Q(\alpha):Q]=n+1>[F:Q]$이므로 $\alpha\in F$라는 가정에 모순이다.

8. $e,\pi,e+\pi$의 초월수에 관한 연구의 역사를 알아보아라.

SOL 에르미트는 1873년에 e가 초월수임을 증명하고, 린데만은 1882년에 π이 초월수임을 증명하였다. 그러나 $e+\pi$가 초월수인지는 알려지지 않고 있다.

9. 실수체 R 위의 벡터공간 C의 기저 $\{1,i\}$를 이용하여 R 위에서의 다항식 $2+3i$의 최소다항식을 구하여라.

SOL $x^2-4x+13$은 R 위에서 기약이다. $q_1(x)=(x-a_2)q_{2(x)}$라 놓으면
$f(x)=(x-a_1)(x-a_2)q_2(x)$. 이러한 과정을 m번 실시하면
$f(x)=(x-a_1)\cdots(x-a_m)q_m(x)$.

12. 특성이 0인 체 K의 소체는 Q와 동형임을 보여라.

SOL $0,1,2,\cdots$은 소체의 서로 다른 원소이다. 소체도 체이므로 $\dfrac{a}{b}(a,b\in Z,b\neq 0)$은 소체의 원소이다. 따라서 소체는 Q와 동형이다.

15. $\mathbb{Q}(1+i)$에서 곱셈에 대하여 닫혀있음을 묘사하여라.

SOL $u=1+i$라 두면, $u^2-2u+2=0$이고 $\mathbb{Q}(u)=\{a+bu|a,\ b\leftarrow\mathbb{Q}\}$
$(a+bu)(c+du)=\alpha+\beta u$인 $\alpha,\beta\leftarrow\mathbb{Q}$를 찾으면 된다.[밝혀라]

연습문제 5.2

1. K가 체 F의 대수적 확대체이고 T가 $F\le T\le K$인 정역이면 T는 체임을 보여라.

SOL $\alpha\in T$이면 α는 F 위에서 대수적이다. $\text{irr}(\alpha,F)=a_0+a_1x+\cdots+a_nx^n\in F[x]$라 하면
$0=a_0+a_1\alpha+\cdots+a_n\alpha^n$, $-a_0=\alpha(a_1+a_2\alpha+\cdots+a_n\alpha^{n-1})$, $a^{-1}=\dfrac{-1}{a_0}(a_1+a_2\alpha+\cdots+a_n\alpha^{n-1})(a_0\neq 0)$. 그러므로 $\alpha^{-1}\in T$. 따라서 T는 체이다.

6. $[(\sqrt{2}+\sqrt{3}):Q]=[Q(\sqrt{2}+\sqrt{3}):Q]=4$을 밝혀라.
[Hint: 최소다항식 정의 이용]

10. $[\mathbb{R}:\mathbb{Q}]=\infty$임을 보여라.

SOL 임의의 $n\ge 1$에 대하여 $x^n-2\in\mathbb{Q}[x]$는 기약다항식이고 $E=\mathbb{Q}(\sqrt[n]{2})$일 때, $[E:\mathbb{Q}]=n$임을 이용한다. 다음은 $\mathbb{Q}<\mathbb{Q}(\sqrt[n]{2})<\mathbb{R}$에서 차원정리 활용하면 된다.

연습문제 5.3

1. 유리수체 Q 위에서의 x^3-8, x^3+x^2+x+1의 분해체를 구하여라.

SOL $x^3-8=(x-2)(x^2+2x+4)$로 기약인수분해된다. $2\in Q$이므로

$\mathbb{Q}\left(\frac{-2\pm\sqrt{4-16}}{2}\right)=\mathbb{Q}(-1\pm\sqrt{3}i)=\mathbb{Q}(\sqrt{3}i)$가 Q 위에서 x^3-8의 분해체이다.

2. 유리수체 Q 위에서의 x^4-2의 분해체 K의 차수를 구하여라.

SOL $[K:Q]=8$

3. 다항식 $p(x)\in\mathbb{R}[x]$의 분해체는 $\mathbb{R}$ 또는 $\mathbb{C}$임을 보여라. 또한 모든 삼차방정식 $p(x)=ax^3+bx^2+cx+d\in\mathbb{R}[x]$는 적어도 하나의 근을 가짐을 보여라.

SOL $p(x)=ax^3+bx^2+cx+d$, $a>0$의 그래프는 x축과 적어도 한 곳에서 만난다.

연습문제 5.4

1. K가 F의 유한차원 확대체이고 정규 확대체이면, K가 F 위의 한 다항식의 분해체임을 보여라.

SOL K가 F의 정규 확대체이고 $[K:F]=n$이라 하자. F 위의 벡터공간 K의 기저를 $\{\alpha_1,\cdots,\alpha_n\}$이라 하면 $K=F(\alpha_1,\cdots,\alpha_n)$이다. 유한확대체 K는 대수적 확대체이므로 모든 $\alpha_i(1\le i\le n)$는 F 위에서 대수적이다. $\mathrm{irr}(\alpha_i,F)=p_i(x)$는 $\alpha_i\in K$를 한 근으로 가지므로 정의에 의하여 $K[x]$내에서 일차인수로 분해된다. $f(x)=p_1(x)\cdots p_n(x)$라 놓으면

$$f(x)=(x-\beta_1)(x-\beta_2)\cdots(x-\beta_m),\ \beta_j\in K,\ j=1,\cdots,m$$

으로 표시된다. 이때 β_j는 K 내에 속하고 적당한 $p_i(x)$의 근이다. 그러므로 $F(\beta_1,\cdots,\beta_m)=F(\alpha_1,\cdots,\alpha_n)=K$이다. 따라서 K는 $f(x)\in F[x]$의 분해체이다.

3. K가 $x^5-7\in Q[x]$의 분해체이면 $[K:Q]=20$임을 보여라.

SOL $x^5-7=(x-7^{\frac{1}{5}})(x-\epsilon 7^{\frac{1}{5}})(x-\epsilon^2 7^{\frac{1}{5}})(x-\epsilon^3 7^{\frac{1}{5}})(x-\epsilon^4 7^{\frac{1}{5}})$이므로 x^5-7의 분해체는 $Q(\epsilon,7^{\frac{1}{5}})$이다. $[Q(\epsilon):Q]=4$, $[Q(7^{\frac{1}{5}}):Q]=5$. 따라서 $[Q(\epsilon,7^{\frac{1}{5}}):Q]=4\cdot 5=20$

4. 특성이 0인 체 F의 대수적 확대체 K는 F의 분리확대체이다.

SOL 기약다항식 $\mathrm{irr}(\alpha,F)=f(x)$에 대하여 $\deg f'(x)\ge 0$이므로 $f'(x)\ne 0$. 정리 5.4.1(2)에 의하여 $f(x)$는 K 내에 단근만을 갖는다. 따라서 K는 F의 분리확대체이다.

연습문제 5.5

1. R을 항등원을 가지고 있는 환이고 $m,n\in\mathbb{Z}$이라 하자. $(m1_R)(n1_R)=(mn)1_R$이라는 것을 증명하라.

[Hint: m, n이 양수인 경우는 보조정리 5.5.1의 증명에서 증명되었다.]

3. R을 항등원을 가지고 특성이 $n\ge 0$인 환이라고 하자. 모든 $a\in R$에 대하여 $na=0_R$임을 증명하라.

SOL $na=a+a+\cdots+a=1_Ra+1_Ra+\cdots+1_Ra=(1_R+1_R+\cdots+1_R)a=(n1_R)a=0_Ra=0_R$이다.

4. K를 소수 특성 p를 가지고 있는 체라고 하자. 그러면 K의 모든 부분체들의 교집합이 K의 소부분체라는 것을 보여라.

[Hint: 소체의 정의를 활용하여라.]

5. F를 유한체 K의 부분체라고 하자. 만약 F의 위수가 q이면 $n=[K:F]$일 때 K의 위수가 q^n이라는 것을 보여라.

SOL p를 F의 특성이자 K의 특성이라고 하자. 정리 5.5.5에 의하여 $m=[F:\mathbb{Z}_p]$일 때 F의 위수는 p^m이다. 그래서 $q=p^m$이다. $[K:F][F:\mathbb{Z}_p]=nm$이기 때문에 정리 5.5.5에 의하여 K의 위수는 $p^{mn}=q^n$이다.

6. 체 K의 위수가 p^n이고 $k=p^n-1$이라 하자. 그러면 K는 1_K의 k제곱근을 모두 포함을 밝혀라.

7. E를 어떤 분해체에서 $x^{p^n}-x\in\mathbb{Z}_p[x]$의 근들의 집합이라 하자. 만약 $a\in E$라면 $-a\in E$라는 것을 보여라.

[Hint: 소수 p가 짝수 2일 때와 홀수일 때를 이용]

8. p를 소수라 하고 $\mathbb{Z}_p(x)$를 다항식 환 $\mathbb{Z}_p[x]$의 상체라 하자. 그러면 $\mathbb{Z}_p(x)$가 특성 p를 가지는 무한체라는 것을 보여라.

[Hint: 다항식 환 $\mathbb{Z}_p[x]$이 무한환임을 이용]

9. R을 특성이 p인 항등원을 가지는 가환환이라 하자. 만약 $a,b\in R$이고 $n\geq 1$이라면 $(a-b)^{p^n}=a^{p^n}-b^{p^n}$이라는 것을 증명하여라.

[Hint: $(a+b)^{p^n}=a^{p^n}+b^{p^n}$를 활용]

10. K를 특성 p인 유한체라 하자. $f(a)=a^p$으로 정의되는 사상 $f:K\to K$가 동형사상이라는 것을 보여라. 그리고 K의 모든 원소들이 K에 p제곱근을 가진다는 결론을 내려라.

11. 특성 p가 소수가 아니거나 R이 비가환이면 보조정리 5.5.6의 Freshman's Dream이 성립하지 않는다는 것을 보여라.

[Hint: $\mathbb{Z}_6$와 $M(\mathbb{Z}_2)$를 고려하라.]

13. 페르마의 작은 정리(Fermat's Little Theorem)을 증명하여라.

만약 p가 소수이고 $a\in\mathbb{Z}$라면 $a^p\equiv a(\mathrm{mod}p)$이다. 만약 a가 p와 서로소이면 $a^{p-1}\equiv 1(\mathrm{mod}p)$이다.

[Hint: $\mathbb{Z}$에서의 합동에 관한 진술을 $\mathbb{Z}_p$상에서 등호에 관한 진술로 바꾸고 정리 5.5.7을 이용하라.]

SOL 정리 5.5.7의 증명에 의하여 $\mathbb{Z}_p$의 임의의 원소 a는 x^p-x의 근이다. 따라서 $\mathbb{Z}_p$에서 $a^p=a$이다. 즉, $\mathbb{Z}$에서 $a^p\equiv a(\mathrm{mod}p)$이다. 만약 $\mathbb{Z}$에서 a가 p와 서로소라면, a는 체 $\mathbb{Z}_p$에서 영이 아닌 원소이다. 따라서 역원이 존재한다.

16. K를 특성 p인 유한체라 하고 F를 K의 부분체라 하고 m을 양의 정수라 하자. $L=\{a\in K|a^{p^m}\in F\}$라 할 때 다음을 증명하여라.

(1) L은 K의 부분집합이고 F를 포함한다.

(2) $L=F$이다.

[Hint: $\{u_1,\cdots,u_n\}$를 F상에서 L의 기저라고 두자. 그리고 연습문제 10을 이용하여 $\{u_1^{p^m},\cdots,u_n^{p^m}\}$이 F상에서 일차독립이라는 것을 보여라. 이는 $n=1$임을 의미한다.]

17. 만약 E와 F가 유한체 K의 부분체이고 E가 F와 동형이라면 $E=F$임을 보여라.

SOL 정리 5.5.7에 의하여 K에서가 $x^{p^n}-x$의 모든 근들을 u_i $(i=1,2,\cdots,t)$라 하면

$E=\mathbb{Z}_p(u_1, u_2, \cdots, u_t)=F$이다.

18. K를 체라 하고 k, n을 양의 정수들이라 하자.

(1) $K[x]$에서 x^k-1_K가 x^n-1_K를 나눌 필요충분조건은 $\mathbb{Z}$에서 $k|n$임을 보이라.

[Hint: 나눗셈 정리에 의하여 $n=kq+r$이다. $h(x)=x^{n-k}+x^{n-2k}+\cdots+x^{n-qk}$일 때 $x^n-1_K=(x^k-1_K)h(x)+(x^r-1_K)$임을 보여라.]

(2) $p \geq 2$이 정수일 때 $(p^k-1)|(p^n-1)$일 필요충분조건은 $k|n$임을 보여라.

[Hint: (1)의 증명에서 x의 자리에 p로 대체하라.]

19. K를 위수가 p^n인 유한체라 하자.

(1) F가 K의 부분체라 할 때 $d|n$인 어떤 d에 대하여 F의 위수가 p^d임을 보여라.

[Hint: 연습문제 18]

(2) $d|n$라 하자. K의 위수가 p^d인 부분체가 일의적으로 존재한다는 것을 증명하여라.

[Hint: 연습문제 17를 참고하고 유일성 부분에서는 따름정리 5.5.9를 참고하라.]

연습문제 5.6

1. α가 작도가능하면 $\sqrt{|\alpha|}$도 작도가능함을 도형으로 보여라.

SOL $\sqrt{|\alpha|}$는 한 변의 길이가 $\frac{|\alpha|}{2}$인 직각이등변삼각형의 빗변이다.

2. $p=2^n+1$인 소수 p에 대하여 정 p-각형은 작도가능함을 보여라.

SOL $\alpha=e^{\frac{2\pi i}{n}}$, $\alpha^p=1$에서 α는 x^p-1의 근이다.

$x^p-1=(x-1)(x^{p-1}+x^{p-2}+\cdots+x+1)$에서 α는 $x^{p-1}+x^{p-2}+\cdots+x+1$의 근이다.

$x^{p-1}+x^{p-2}+\cdots+x+1$은 Q 위에서 기약다항식이다. $\alpha=\cos\left(\frac{2\pi}{p}\right)$,

$[Q(\alpha), Q]=p-1$이므로 $p=2^n+1$일 때 한하여 $[Q(\alpha):Q]=2^n$이다.

연습문제 6.1

1. K가 체 F의 유한확대체이고 $\alpha \in K$, $\text{irr}(\alpha, F)=p(x)$라 하자. K 내의 $p(x)$의 서로 다른 근 전체의 집합 $T=\{\alpha=\alpha_1, \cdots, \alpha_k\}$와 군 $G=G(K/F)$의 부분군 $H=G(K/F(\alpha))$의 잉여류 전체의 집합 $S=\{H\sigma | \sigma \in G\}$에 대하여 $\varphi(H\sigma)=\sigma(\alpha)$로 정의된 사상 $\varphi: S \to T$는 단사함수임을 보여라.

SOL $\sigma \in G$에 대하여 $\sigma(\alpha)$도 $p(x)$의 근이므로 φ는 잘 정의된 사상이다.

임의의 $H\sigma$, $H\delta \in S$에 대하여 $H\sigma=H\delta \Leftrightarrow H\sigma\delta^{-1}=H$,

$\sigma\delta^{-1} \in H \Leftrightarrow (\sigma\delta^{-1})(\alpha)=\alpha \Leftrightarrow \delta^{-1}(\alpha)=\sigma^{-1}(\alpha) \Leftrightarrow \sigma(\alpha)=\delta(\alpha)$. 그러므로 φ는 단사함수이다.

2. 위의 문제에서 K가 분리다항식 $p(x)$의 분해체이면 φ는 전단사함수임을 보여라.

SOL $|R|=\deg p(x)=m=[F(\alpha):F]$. β가 R의 임의의 원소이면 β는 $p(x)$의 근이므로

$\sigma(\alpha)=\beta$, $\sigma|_F=1_F$인 $\sigma: K\to K$가 존재한다. $\varphi(H\sigma)=\sigma(\alpha)=\beta$인 $\sigma\in G=G(K/F)$가 존재하므로 φ는 전사함수이다. 단사함수는 각자 보여라.

5. 유리수체 Q 위의 자기 동형사상은 항등사상뿐임을 보여라.

SOL $\alpha: Q\to Q$가 Q위의 자기 동형사상이라고 하자. 그러면 $\alpha(1)=1$, $\alpha(1+1)=\alpha(2)=2$, $\alpha(n)=n$, $n\in Z$이다. $n, m(\neq 0)\in Z$에 대하여 $\alpha(nm^{-1})=\alpha(n)\alpha(m)^{-1}=nm^{-1}$이다. 모든 $\frac{n}{m}(m\neq 0)\in Q$에 대하여 $\alpha\left(\frac{n}{m}\right)=\frac{n}{m}$. 따라서 $\alpha=1_{\mathbb{Q}}$.

연습문제 6.2

2. 다항식 $2x^5-5x^4+5$는 Q 위에서 제곱근 가해가 아님을 보여라.

SOL $f(x)=2x^5-5x^4+5$의 갈루아군 G는 대칭군 S_5와 동형이다. S_5가 가해군이 아니다. 따라서 G도 가해군이 아니다.

3. 체 $F\leq K\leq L$에서 L이 F의 거듭제곱근확대체이면 L은 K의 거듭제곱확대체임을 보여라. 또 K가 F의 거듭제곱확대체이고 L이 K의 거듭제곱확대체이면 L은 F의 거듭제곱확대체임을 보여라.

[Hint: 거듭제곱확대체의 정의 이용]

4. F가 원시 n제곱근$(n\geq 1)$ ξ를 포함하고 있는 체이면 n의 약수 d에 대하여 $\xi^{\frac{n}{d}}$은 F에서 항등원의 원시 d제곱근임을 보여라.

SOL $U_n=\{1, \xi, \cdots, \xi^{n-1}\}$, $\frac{n}{d}=k$에 대하여 $\xi^{\frac{n}{d}}=\xi^k$는 위수는 $\frac{n}{k}=d$.

참고문헌

1. 김응태, 박승안, 현대대수학 (제6판), 경문사 2008
2. 임근빈, 전송기, 임동만, 현대대수학, 경문사, 1995
3. 조용욱, 알기쉬운 선형대수학과 응용, 경문사. 2007
4. 조용욱, 기초수리과학의 응용, 교우사. 2004
5. 조용욱 외 3인, 현대대수학 (제3판), 경문사. 2007
6. 조용욱 외 3인, 현대대수학 (제4판), 경문사. 2009
7. 조용욱, 알기쉬운 자연과학사, 형설출판사, 2001
8. 조용욱, 생활과 수리과학, 경문사, 2008
9. 조용욱, 생활 속의 수리과학, 경문사, 2015
10. T. W. Hungerford, Abstract Algebra (An Introduction) (2-nd edition), Saunders College Publishing, 1997

찾아보기

ㅈ

ㅎ

기타

알기 쉬운

현대대수학

지은이 조용욱
펴낸이 조경희
펴낸곳 경문사
펴낸날 2015년 9월 1일 1판 1쇄
2020년 9월 1일 1판 3쇄
등 록 1979년 11월 9일 제1979-000023호
주 소 04057, 서울특별시 마포구 와우산로 174
전 화 (02)332-2004 팩스 (02)336-5193
이메일 kyungmoon@kyungmoon.com
facebook facebook.com/kyungmoonsa

값 18,000원

ISBN 978-89-6105-944-2